国家"十一五"高职高专计算机应用型规划教材

Java 程序设计
基础与项目实训

文 东　刘荷花　主 编

韩毓文　李东亮　鲁法明　副主编

科学出版社

内 容 简 介

本书采用项目驱动模式，以"办公固定资产管理系统"综合实训项目贯穿全书，并精选了大量编程实例，详细讲解了 Java 程序设计的基本原理、开发方法、开发过程和解决实际问题的技巧，使初学者能够快速掌握利用 Java 设计开发可视化程序以及使用 Java 开发 Windows 应用程序的方法。

全书共 10 章，分为 3 个部分。基础部分（第 1～8 章）主要介绍了 Java 语言基础、程序设计的原理和开发方法。其中，第 1～3 章介绍了 Eclipse 基础、Eclipse 集成开发环境、Java 语言基础等知识；第 4～8 章结合"办公固定资产管理系统"这个综合实训项目部分模块的开发，详细介绍了 Java 程序设计的原理和开发方法，内容包括 Java 的类和接口、Java 图形用户界面编程、Java 输入/输出流编程、Java 网络编程和 Java 数据库编程等内容。项目实训部分（第 9 章）综合前面所学知识并结合在第 4～8 章开发的部分模块，完整地介绍了"办公固定资产管理系统"这个综合实训项目的实现过程，通过这个项目，学生可以掌握 Java 开发应用程序的思路、流程、技巧与方法。课程设计部分（第 10 章）提供了"记事本"、"计算器"、"扫雷游戏" 3 个课程设计，并给出了界面设计提示和大体开发流程，方便教师安排课程设计作业，增强学生的动手能力，帮助学生进一步了解实际应用并掌握解决实际问题的方法。

本书可作为高等职业院校、大中专院校及计算机培训学校相关课程的教材，也可供程序设计开发人员和爱好者学习参考。

图书在版编目（CIP）数据

Java 程序设计基础与项目实训/文东，刘荷花主编.—北京：科学出版社，2009

国家"十一五"高职高专计算机应用型规划教材

ISBN 978-7-03-025919-6

I. J… II.①文…②刘… III. JAVA 语言—程序设计—高等学校：技术学校—教材 IV. TP312

中国版本图书馆 CIP 数据核字（2009）第 198554 号

责任编辑：桂君莉 ／ 责任校对：杨慧芳
责任印制：新世纪书局 ／ 封面设计：周智博

科 学 出 版 社 出版
北京东黄城根北街 16 号
邮政编码：100717
http://www.sciencep.com

中国科学出版集团新世纪书局策划
北京市艺辉印刷有限公司印刷
中国科学出版集团新世纪书局发行　各地新华书店经销

*

2010 年 5 月 第 一 版　　　开本：16 开
2010 年 5 月第一次印刷　　　印张：19
印数：1—3 000　　　　　　字数：462 000

定价：29.80 元

（如有印装质量问题，我社负责调换）

丛 书 序

本套丛书的重点放在"基础与项目实训"上，这里的基础是指相应课程的基础知识和重点知识，以及在实际项目中会用到的知识，基础为项目服务，项目是基础的综合应用。

我们力争使本套丛书符合精品课程建设的要求，在内容建设、作者队伍和体例架构上强调"精品"意识，力争打造出一套满足现代高等职业教育应用型人才培养教学需求的精品教材。

丛书定位

本丛书面向高等职业院校、大中专院校、成人教育院校、计算机培训学校的学生，以及需要强化工作岗位技能的在职人员。

丛书特色

>> 以项目开发为目标，提升岗位技能

本丛书中的各分册都是在一个或多个项目的实现过程中，融入相关知识点，以便学生快速将所学知识应用到工程项目实践中去。这里的"项目"是指基于工作过程的，从典型工作任务中提炼并分析得到的，符合学生认知过程和学习领域要求的，模拟任务且与实际工作岗位要求一致的项目。通过这些项目的实现，可让学生完整地掌握并应用相应课程的实用知识。

>> 力求介绍最新的技术和方法

高职高专的计算机与信息技术专业的教学具有更新快、内容多的特点，本丛书在体例安排和实际讲述过程中都力求介绍最新的技术（或版本）和方法，强调教材的先进性和时代感，并注重拓宽学生的知识面，激发他们的学习热情和创新欲望。

>> 实例丰富，紧贴行业应用

本丛书作者精心组织了与行业应用、岗位需求紧密结合的典型实例，且实例丰富，让教师在授课过程中有更多的演示环节，让学生在学习过程中有更多的动手实践机会，以巩固所学知识，迅速将所学内容应用到实际工作中。

>> 体例新颖，三位一体

根据高职高专的教学特点安排知识体系，体例新颖，依托"基础+项目实践+课程设计"的三位一体教学模式组织内容。

- ❖ 第1部分：够用的基础知识。在介绍基础知识部分时，列举了大量实例并安排有上机实训，这些实例主要是项目中的某个环节。
- ❖ 第2部分：完整的综合项目实训。这些项目是从典型工作任务中提炼、分析得到的，符合学生的认知过程和学习领域要求。项目中的大部分实现环节是前面章节已经介绍过的，通过实现这些项目，学生可以完整地应用、掌握这门课程的实用知识。

❖ 第3部分：典型的课程设计（最后一章）。通常是大的行业综合项目案例，不介绍具体的操作步骤，只给出一些提示，以方便教师布置课程设计。大部分具体操作的视频演示文件将在多媒体教学资源包中提供，方便教学。

此外，本丛书还根据高职高专学生的认知特点安排了"光盘拓展知识"、"提示"和"技巧"等小项目，打造了一种全新且轻松的学习环境，让学生在专家提醒中技高一筹，在知识链接中理解更深、视野更广。

丛书组成

本丛书涵盖计算机基础、程序设计、数据库开发、网络技术、多媒体技术、计算机辅助设计及毕业设计和就业指导等诸多课程，具体如下：

- Dreamweaver CS3 网页设计基础与项目实训
- 中文 3ds Max 9 动画制作基础与项目实训
- Photoshop CS3 平面设计基础与项目实训
- Flash CS3 动画设计基础与项目实训
- AutoCAD 2009 中文版建筑设计基础与项目实训
- AutoCAD 2009 中文版机械设计基础与项目实训
- AutoCAD 2009 辅助设计基础与项目实训
- 网页设计三合一基础与项目实训
- Access 2003 数据库应用基础与项目实训
- Visual Basic 程序设计基础与项目实训
- Visual FoxPro 程序设计基础与项目实训
- C 语言程序设计基础与项目实训
- Visual C++程序设计基础与项目实训
- ASP.NET 程序设计基础与项目实训
- Java 程序设计基础与项目实训
- 多媒体技术基础与项目实训（Premiere Pro CS3）
- 数据库系统开发基础与项目实训——基于 SQL Server 2005
- 计算机专业毕业设计基础与项目实训
- 计算机组装与维护基础与项目实训
- ASP.NET 程序设计基础与项目实训（Visual Studio 2010 版）
- C 语言程序设计基础与项目实训（修订版）
- 中文 3ds Max 9 动画制作基础与项目实训（修订版）
- Flash CS3 动画设计基础与项目实训（修订版）
- Photoshop CS3 平面设计基础与项目实训（修订版）
- Access 2003 数据库应用基础与项目实训（修订版）
- 多媒体技术基础与项目实训（Premiere Pro CS3）（修订版）
- 计算机组装与维护基础与项目实训（修订版）

丛书作者

本丛书的作者均系国内一线资深设计师或开发专家、双师技能型教师、国家级或省级精品课教师，有着多年的授课经验与项目开发经验。他们将经过反复研究和实践得出的经验有机地分解开来，并融入字里行间。丛书内容最终由企业专业技术人员和国内职业教育专家、学者进行审读，以保证内容符合企业对应用型人才培养的需求。

多媒体教学资源包

本丛书各个教材分册均为任课教师提供一套精心开发的 DVD（或 CD）多媒体教学资源包，根据具体课程的情况，可能包含以下几种资源。

(1) 所有实例的素材文件、最终工程文件（必有）

(2) 电子课件（必有）

(3) 赠送多个相关的大案例，供教师教学使用 （必有）

(4) 本书实例的全程讲解的多媒体语音视频教学演示文件 （必有）

(5) 工程项目的语音视频技术教程

(6) 拓展文档、电子教案、参考教学大纲、学时安排

(7) 习题库、习题库答案、试卷及答案

用书教师请致电 (010) 64865699 转 8033 或发送 E-mail 至 bookservice@126.com 免费获取多媒体教学资源包。此外，我们还将在网站 (http://www.ncpress.com.cn) 上提供更多的服务，希望我们能成为学校倚重的教学伙伴、教师工作的亲密朋友。

编者寄语

希望经过我们的努力，能提供更好的教材服务，帮助高等职业院校培养出真正的熟练掌握岗位技能的应用型人才，让学生在毕业后尽快具备实践于社会、奉献于社会的能力，为我国经济发展做出贡献。

在教材使用中，如有任何意见或建议，请直接与我们联系。

联 系 电 话: (010) 64865699 转 8033

电子邮件地址: l-v2008@163.com

丛书编委会
2010 年 4 月

本书编委会

主　编　文　东　刘荷花

副主编　韩毓文　李东亮　鲁法明

编　委　申　锐

前　言

Java 语言是 SUN 公司于 1995 年推出的一门编程语言。现在，已经广泛应用于生活中的各个领域，无论是网络编程还是数据库编程，甚至是 Web 开发都有 Java 语言的身影，它以"一次编译，随处执行"的特点，受到广大程序开发人员的追捧，使其成为目前最流行的面向对象程序设计语言之一。

本书采用项目驱动模式，以"办公固定资产管理系统"综合实训项目贯穿全书，并精选了大量编程实例，详细讲解了 Java 程序设计的基本原理、开发方法、开发过程和解决实际问题的技巧，使初学者能够快速掌握利用 Java 设计开发可视化程序以及使用 Java 开发 Windows 应用程序的方法。

全书共 10 章，分为以下 3 个部分。

- 基础部分（第 1～8 章）主要介绍了 Java 语言基础、程序设计的原理和开发方法。其中，第 1～3 章介绍了 Eclipse 基础、Eclipse 集成开发环境、Java 语言基础等知识，通过这 3 章的学习，学生能够学会一些 Java 语言的基础知识；第 4～8 章结合"办公固定资产管理系统"这个综合实训项目部分模块的开发，详细介绍了 Java 程序设计的原理和开发方法，内容包括 Java 的类和接口、Java 图形用户界面编程、Java 输入/输出流编程、Java 网络编程和 Java 数据库编程，这 5 章的重点是掌握 Java 程序设计的开发方法，学习编写一些常用的应用程序。

- 项目实训部分（第 9 章）综合前面所学知识并结合在第 4～8 章开发的部分模块，完整地介绍了"办公固定资产管理系统"这个综合实训项目的实现过程，通过这个项目，学生可以掌握 Java 开发应用程序的思路、流程、技巧与方法。

- 课程设计部分（第 10 章）提供了"记事本"、"计算器"、"扫雷游戏" 3 个课程设计，并给出了界面设计提示和大体开发流程，方便教师安排课程设计作业，增强学生的动手能力，帮助学生进一步了解实际应用并掌握解决实际问题的方法。

为方便教学，本书特为任课教师提供教学资源包（1DVD），包括 56 小节长达 119 分钟的多媒体视频教学课程（AVI）、书中相应实例程序的源代码文件和电子教案。用书教师请致电（010）64865699 转 8033 或发送 E-mail 至 bookservice@126.com 免费获取多媒体教学资源包。

本书结合大量实例，以项目工程的实现为主线，以应用为目的，循序渐进地讲解 Java 的具体应用，易学易用，可作为高等职业院校、大中专院校及计算机培训学校相关课程的教材，也可供程序设计开发人员和爱好者学习参考。

本书是作者长期教学经验和软件开发经验的总结。在本书的编写过程中，得到了宾晟老师的大力支持，在此表示感谢。尽管我们力求精益求精，但难免存在一些不足之处，敬请广大读者批评指正。

编　者
2010 年 5 月

目　　录

第 1 章

Eclipse 概述

　　"工欲善其事，必先利其器"，要熟练使用 Java 语言，必须首先熟悉并掌握其开发工具。目前，Eclipse 正逐步成为众多 Java 程序开发人员首选的集成开发环境。本章我们将简单介绍 Eclipse 的发展及其主要特点，并在此基础上详细介绍 Eclipse 最新版本的安装和配置步骤，使读者能够独立搭建起 Java 开发环境。

知 识 点

◉ Java 语言的产生与发展

◉ Java 语言的特点

◉ Eclipse 语言的特点

◉ Eclipse 的下载和安装

◉ Eclipse 的配置和启动

1.1 Java 语言的产生与发展

Java 语言是一种产生于 Internet 快速发展年代的编程语言，其本身的产生与发展注定了它在现今软件编程领域的主流地位。

1.1.1 Java 语言的产生

1991 年 4 月 Sun 公司推出了一个绿色项目（Green Project），该项目旨在推出一种可以为家用消费电子类产品开发一个分布式代码系统，这样可以对电冰箱、电视机等家用电器进行控制和信息交流。

项目开始时，准备采用 C++语言，但 C++不擅长家用消费电子类产品的嵌入式编程，细微的硬件变化都意味着使用 C++编写的软件要做大量的改动，而在消费电子类产品中要面临多种硬件平台，这使得软件编程变得极为复杂。最后该项目基于 C++开发了一种新的语言，其最大的优势在于跨平台，可做到"编写一次，随处运行"（Writing Once，Running Everywhere）。语言的创建者 James Gosling 将该语言命名为 Oak（橡树），后来得知该名和其他语言重名，其他开发人员在咖啡屋休息时得到灵感，建议使用 Java 这个名字，得到了大家的认同并沿用至今。

但是这个项目在开发过程中困难重重，由于智能化电子消费产品的市场并不像 Sun 公司所预期的那样发展迅速，该项目面临着被取消的危险。值得庆幸的是，1993 年，随着 Internet 的迅速兴起，开发人员立即发现了有着跨平台优势的 Java 在该领域的巨大潜力，利用它可以在网页上添加交互操作和动画等动态内容，而不必考虑网页运行的客户端环境的差异。

经过对原来语言的进一步调整和优化，Sun 公司在 1995 年 5 月正式对外发布了 Java 语言。由于当时业界对于 Internet 的浓厚兴趣，Java 迅速得到了广泛的关注和应用。

1.1.2 Java 语言的发展

Java 自 1995 年公布第一个版本以来，经过了数次大的变革与发展，其主要的发展过程如表 1.1 所示。

表 1.1　Java 语言发展历史

时间	事件	说明
1995	Java JDK 1.0a2 发布	重点是可以嵌入在页面上运行的小程序 Applet
1996	Java JDK 1.0 发布	主要增加了核心层的功能 Socket、I/O、GUI 等
1997	Java JDK 1.1 发布	主要引入了 Java GUI（图形用户界面）、JDBC 数据控制、RMI 分布对象等
1998	Java JDK 1.2 发布	Java 语言规范的版本从 1.0 升至 2.0，主要新增了 JFC/Swing 等新特性，并对网络、数据库、图形界面等方面进行了大量的扩展与优化
1999	Java 技术被分成 J2SE、J2EE 和 J2ME	Java Server Pages（JSP）技术公诸于众，J2EE 平台标准推出

（续表）

时间	事件	说明
2000	J2SE 1.3 发布	主要新增了对 CORBA、声音媒体信息等方面的处理，并在 RMI、网络编程、Swing 等方面做了扩展与优化
2002	J2SE 1.4 发布	主要在性能和安全上进行了提高，在 2D 图形处理、Java 图形、I/O 结构、ATW 与 Swing 等进行了扩展与优化，新增了 XML 处理功能、打印服务、故障记录、Java Web Start、JDBC 3.0 API、断言工具等新的功能
2004	Java SE 5.0 发布	J2SE 更名为 JavaSE，添加的主要新特性包括范型（generics）、枚举类型（enumeration）、元数据（metadata）、自动拆箱（unboxing）/装箱（autoboxing）、可变个数参数（varargs）、静态导入（static imports）以及新的线程架构（thread framework）等
2006	Java SE 6.0 发布	主要在运行性能、故障处理、各种操作系统下本地化外观与操作风格、开发环境以及对于 Web Service 的支持等方面做了改善。新增了对 JavaScript 的支持，完全支持 JDBC 4.0，并在 JDK 中新增了 Java 数据库

1.2 Java 语言的特点

Java 从产生至今已经经历了 10 多年的发展历史，它在最初设计时就具有一些优良的特性，这些特性被很好地保持并发展到了今天，具体包括以下特性。

（1）简单性

Java 是一种基于 C++产生的语言，其语法上继承了 C++的风格，但是又比 C++简单很多，它去掉了一些复杂和容易混淆的概念。如无指针概念，不支持多重继承与运算符重载等。

（2）面向对象

Java 彻底全面地应用了面向对象的设计思路，它是彻底支持面向对象的，但其保持了简单类型非"纯面向对象"语言，兼顾了程序运行的效率。

（3）健壮

Java 是严格的强类型语言，在编译和程序执行时都进行代码检查，可避免一些通常难以追踪的错误，同时具有非常好的故障追踪和处理机制，保障了其程序运行的健壮性，如对象的垃圾回收机制、错误异常处理机制等。

（4）多线程

Java 对于多线程的支持是最基本的特性之一，在之前的很多编程语言中，多线程编程往往非常复杂，但是 Java 实现多线程编程非常简单，程序员在编码时不必关心后台的复杂实现。

（5）跨平台

Java 在最初的时候就被设计成了跨平台的，这个特性被很好地保持和发扬下来了。到目前为止，主流软件编程语言中，也只有 Java 语言可以做到在多个平台系统下"编写一次，随处运行"。当然，在具体的程序实现时，还是会遇到一些问题，在早期也曾有程序员称 Java 是"一次编写，到处错误"，随着不断地完善和改进，这种说法已经很少有人提及了。

（6）解释性

Java 是解释执行的语言，但是有别于传统的解释执行语言，程序源码编写完后，先要进行"预编译"，但是结果并不是操作系统可以直接识别运行的二进制机器码，而是 Java 虚拟机能够识别、解释、执行的二进制字节码。当然，这也是 Java 能够跨平台的秘密所在，即不同的系统环境中安装了相应的 Java 虚拟机，便可以解释执行相同的 Java 字节码。

（7）高性能

Java 作为解释执行的语言，其运行效率一直是广为关注的问题。它的运行速度明显低于编译语言，特别是在桌面应用系统中，这应该算是 Java 的一个弱点。之所以还说 Java 是高性能的，原因在于它的"预编译"机制，这使得它比传统的解释执行语言的性能要高很多，同时 Java 在性能上不断提升优化，包括计算机硬件性能的提升，都使得 Java 系统在性能表现上比较令人满意。

（8）分布式

Java 在一开始就被设计成用来实现分布式系统的，所以分布式是 Java 的本质特点之一。Java 支持网络编程、RMI 分布对象、CORBA 等，应该说 Java 基本能够与所有主流的分布式技术进行交互，因此 Java 也常常被用来作为企业系统集成的首选技术。

（9）动态性

Java 语言的动态性是与其适应的复杂网络应用环境有关的，在很多情况下，运行的代码要在运行期动态加载，因此 Java 程序运行时，虚拟机会管理多种运行信息，运行时对对象进行检查，控制对象访问，可安全有效地在运行时动态连接代码。

1.3 Eclipse 的特点

目前，Java 开发领域的各种集成开发环境（IDE）多种多样，从 Borland 的 JBuilder、Oracle 的 JDeveloper、WebGain 的 Visual Cafe，到开放源代码的 Eclipse、NetBeans 等。在所有这些集成开发环境中，Eclipse 可以说是应用最广泛、最有发展前途的。

Eclipse 是一个开放源码的、可扩展的应用开发平台，该平台为编程人员提供了一流的 Java 集成开发环境。Eclipse 最初针对 Java 语言而设计，但是它的用途并不局限于 Java 语言，通过安装不同的插件，Eclipse 可以支持 C/C++、COBOL 等语言的开发。

Eclipse 作为一个 Java 集成开发环境，与其他的集成开发环境相比，具有以下主要特点。

- 开放的可扩展的 IDE：Eclipse 平台是一个开放的可扩展的 Java 集成开发环境，它允许工具开发者独立开发可以与其他工具无缝集成的工具。
- 独立的底层图形界面 API：Java 语言默认的图形界面开发包 AWT 和 Swing 无论在速度还是外观上都难以让人接受。Eclipse 中使用了自己编写的 SWT 开发包，在性能和外观的美化程度上都得到了极大的提高。
- 强大的插件加载功能：整个 Eclipse 体系结构就像一个大拼图，可以通过不断地加载插件来实现功能的扩展，除了可以使用系统的插件之外，还支持用户插件，因此可以无限扩展，这也正是 Eclipse 的潜力和精华所在。
- 便于实现版本管理：Eclipse 平台提供了支持团队开发操作的能力，允许开发人员并发地与几个独立的资源库以及不同版本的代码或项目进行交互。

1.4 Eclipse 的下载和安装

　　Eclipse 是开源的软件，可以从 Eclipse 的官方站点 http://www.eclipse.org 上下载。本书编写时 Eclipse 最新版本为 3.3。该版本需要 JDK 5.0 及以上版本的支持。Eclipse 3.3 下载页面如图 1.1 所示。

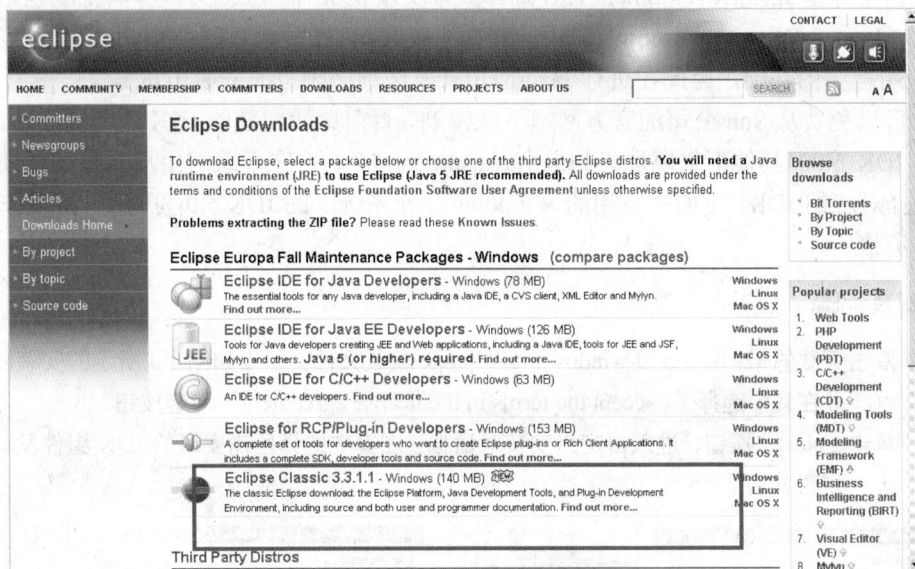

图 1.1　Eclipse 3.3 下载页面

　　Eclipse 是一个绿色软件，不需要运行安装程序，更不需要向 Windows 的注册表写入信息，只需要把下载后的压缩包解压到某个路径下就可以运行了。例如，将 Eclipse 压缩文件直接解压到 "F:\" 下，解压后的目录名称为 eclipse，如图 1.2 所示。

图 1.2　Eclipse 3.3 安装目录

1.5 Eclipse 的配置和启动

与其他的 Java 集成开发环境相似，Eclipse 同样要求在启动前，系统中必须正确安装并配置 JDK。因此，下面将介绍如何在系统中安装并配置 JDK。

1.5.1 JDK 的安装与配置

JDK 的全称是 Java Development Kit，翻译成中文就是 Java 开发工具包，其主要包括了 Java 运行环境（Java Runtime Environment）、一些命令工具和基础的类库文件。JDK 是开发任何类型 Java 应用程序的基础，因此在进行 Java 应用开发之前必须首先安装 JDK。

JDK 可以免费从 Sun 公司的官方网站下载得到，目前比较成熟的 JDK 版本是 JDK 5.0，最新版本是 JDK 6.0。具体下载地址为 http://java.sun.com/j2se/，在下载时用户要根据所使用的操作系统选择对应的 JDK，下面以常用的 Windows 操作系统下的 JDK 5.0 为例，介绍其安装和配置的具体步骤。

1. 安装步骤

Step 01 双击下载的 J2sdk-1_5_0-windows-i586-p.exe 安装文件，弹出如图 1.3 所示的安装协议对话框，并在其中选择 "I accept the terms in the license agreement" 单选按钮。

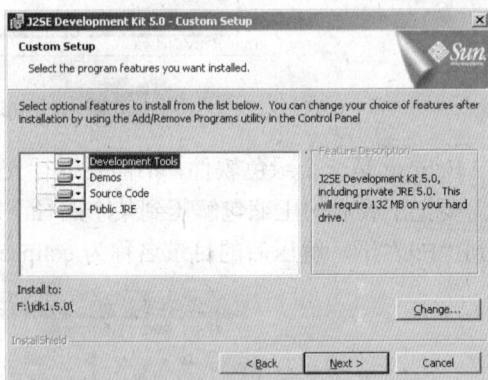

Step 02 单击 "Next" 按钮，进入自定义安装对话框，在其中选择所需安装的 JDK 组件及其安装目录，如图 1.4 所示。

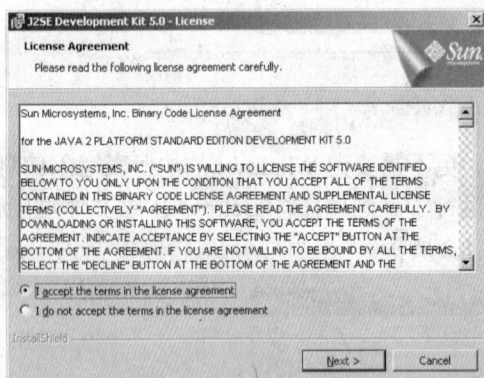

图 1.3 安装协议对话框　　　　　　　　图 1.4 自定义安装对话框

Step 03 修改安装路径后，单击 "Next" 按钮，将自动开始 JDK 的安装。在安装完 JDK 后，自动进入到 JRE 的安装。JRE 的安装步骤同 JDK，进入 JRE 自定义安装对话框后，单击 "Change" 按钮选择要安装 JRE 的路径，如图 1.5 所示。

Step 04 单击 "Next" 按钮，将显示如图 1.6 所示的浏览器注册对话框。

Step 05 在其中单击 "Next" 按钮，将进入自动安装过程，如图 1.7 所示。

Step 06 安装完成后，将显示如图 1.8 所示的安装成功界面。

至此，已经成功地在系统中安装了 JDK 5.0，但如果要正常使用 JDK，还需要通过设置环境变量进行配置。

2. 配置步骤

具体配置步骤如下：

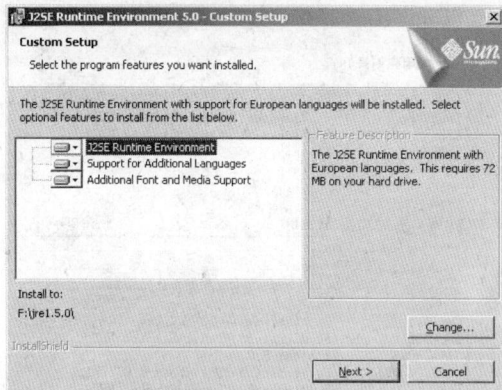

图 1.5　JRE 自定义安装对话框

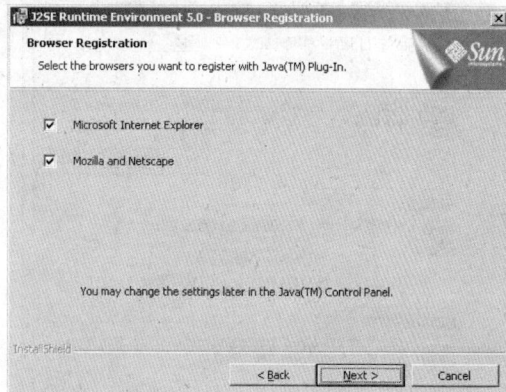

图 1.6　浏览器注册对话框

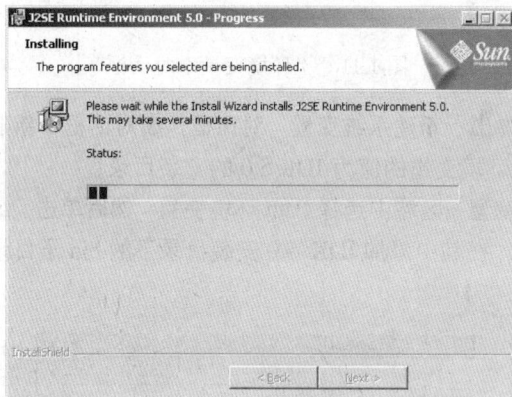

图 1.7　JDK 安装过程

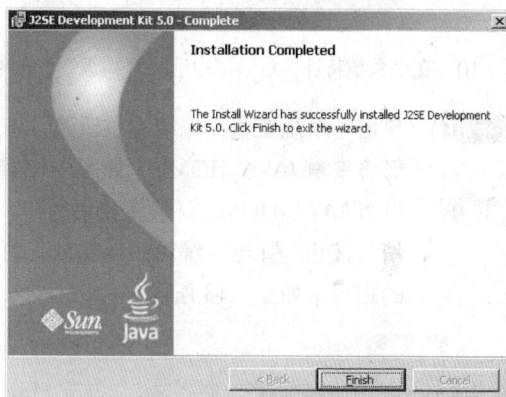

图 1.8　JDK 安装完成

Step 01　在 Windows 操作系统中右键单击桌面上的"我的电脑"图标，弹出快捷菜单，如图 1.9 所示，然后在菜单中选择"属性"选项。

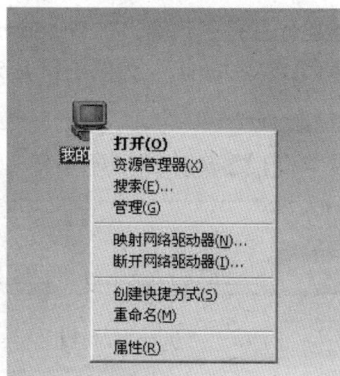

图 1.9　弹出快捷菜单

Step 02 在弹出的对话框中选择"高级"选项卡，如图 1.10 所示。

Step 03 单击"环境变量"按钮，弹出"环境变量"对话框，如图 1.11 所示。

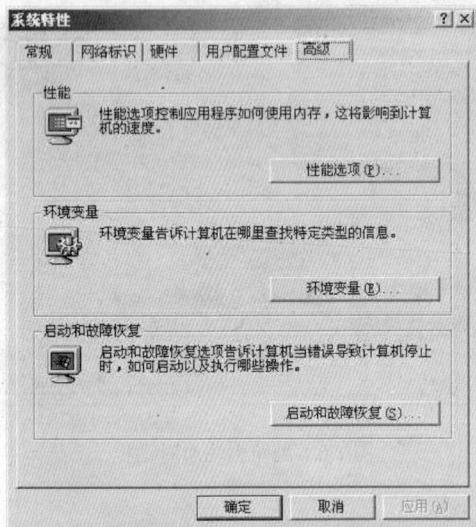

图 1.10　在"系统特性"对话框中选择"高级"选项卡　　　　图 1.11　　"环境变量"对话框

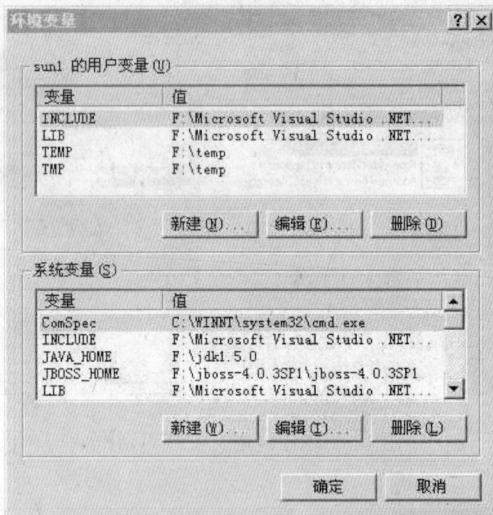

Step 04 单击"系统变量"区域的"新建"按钮，弹出"新建系统变量"对话框，在对话框中新建环境变量 JAVA_HOME，如图 1.12 所示，环境变量的值为 JDK 5.0 的安装目录。

Step 05 设置 JAVA_HOME 环境变量后，在"系统变量"区域中选择 Path 环境变量，然后单击"编辑"按钮，弹出"编辑系统变量"对话框，在其中添加 JDK 5.0 安装目录下的 bin 子目录的路径，如图 1.13 所示。

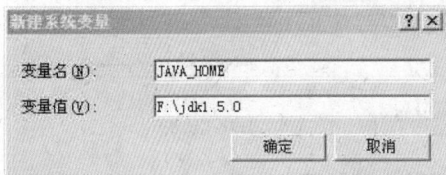

图 1.12　设置 JAVA_HOME 环境变量　　　　图 1.13　向 Path 环境变量添加 JDK 路径

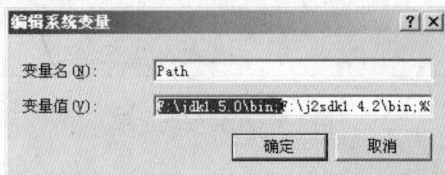

Step 06 JDK 配置完毕后，下面检验配置是否正确。在 Windows 操作系统中单击"开始"|"运行"选项，在"运行"对话框中输入"cmd"，如图 1.14 所示。

图 1.14　　"运行"对话框

Step 07 在命令提示符下输入"java -version"命令，出现如图 1.15 所示的运行界面，说明环境变量配置成功。

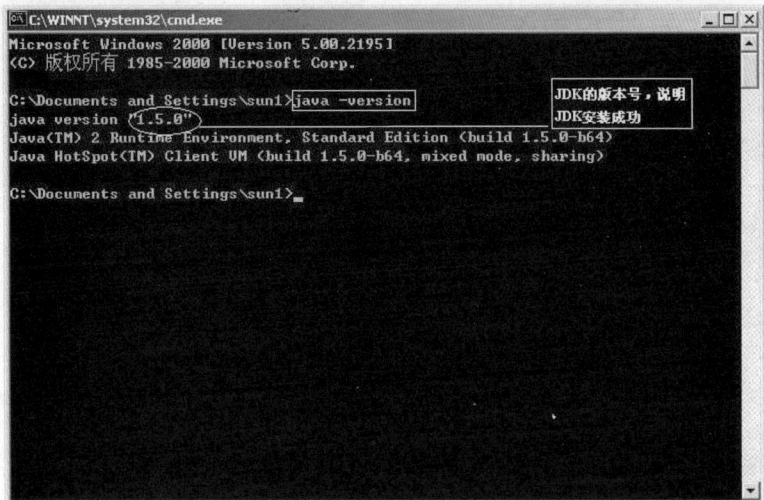

图 1.15　JDK 安装配置成功

1.5.2　Eclipse 的启动

　　JDK 安装并配置成功后，双击 Eclipse 安装目录下面的 eclipse.exe 执行文件，弹出如图 1.16 所示的启动界面。

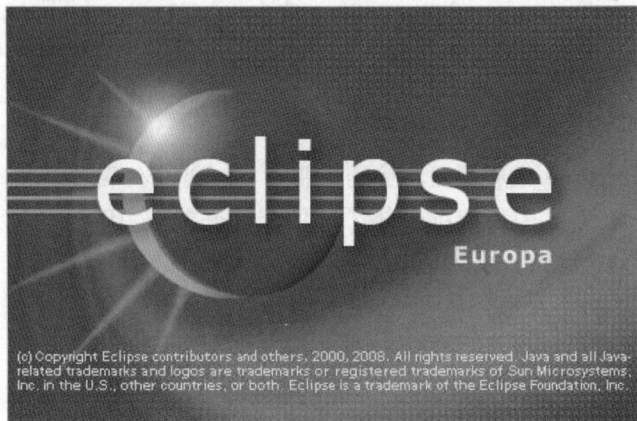

图 1.16　Eclipse 启动界面

　　启动界面过后，将显示如图 1.17 所示的选择 Eclipse 工作台的对话框，在其中设置工作台的路径后，单击 "OK" 按钮，就将进入 Eclipse 的主界面，如图 1.18 所示。单击屏幕最右边的按钮就可以进入 Eclipse 的工作台。

　　如果在启动 Eclipse 之前未正确安装和配置 JDK，系统就会出现如图 1.19 所示的错误信息提示框，提示用户必须先安装 JDK 并正确配置后再重新启动。

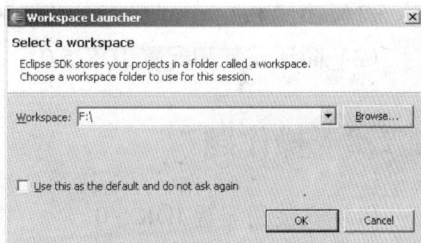

图 1.17　选择 Eclipse 工作台

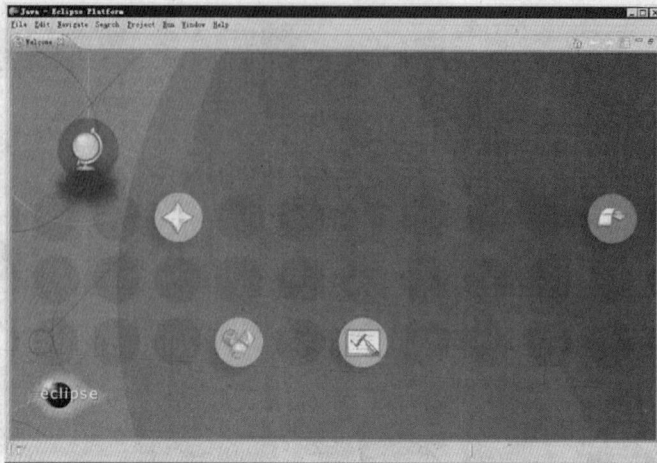

图 1.18　Eclipse 欢迎主界面

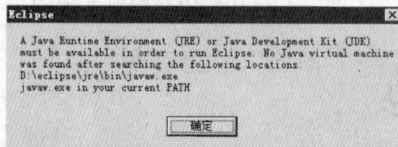

图 1.19　未安装 Java 运行环境错误信息

1.6 小结

本章详细讲述了 Eclipse 集成开发环境的主要特点，通过本章的学习，读者将会对 Eclipse 有更加清楚的认识。在本章中还详细介绍了如何安装并配置 JDK，如何下载、安装和运行 Eclipse。通过学习本章，读者一定会信心百倍地开始 Java 语言的学习之旅。

1.7 习题

1.7.1 思考题

（1）简述 Eclipse 集成开发环境的特点。
（2）简述安装和配置 JDK 5.0。

1.7.2 操作题

（1）安装和配置 JDK 5.0。
（2）安装并启动 Eclipse。

第 **2** 章

Eclipse 集成开发环境

　　Eclipse 集成开发环境在开发 Java 程序时具有很好的易用性，因此全面掌握 Eclipse 集成开发环境并不困难。本章通过对 Eclipse 集成开发环境中各组成部分的详细介绍，并结合 Eclipse 开发 Java 程序中一些最常用的技巧，使读者能够对 Eclipse 有一个快速的了解，为后续章节中学习 Java 程序开发打下基础。

知 识 点

- Eclipse 工作台
- Eclipse 的资源管理
- Eclipse 的常用操作
- 创建 Java 应用程序

2.1 Eclipse 工作台

对于 Eclipse 集成开发环境来说，其界面的外在表现形式为工作台窗口。所谓工作台（WorkBench）就是一个桌面开发环境，是用户开发程序的主要场所，其主要的目标是通过创建、管理和导航工作空间资源、提供公共范例来获得无缝工具集成。

如图 2.1 所示的工作台窗口主要由标题栏、菜单栏、工具栏和透视图（包括视图和编辑器）4 部分组成，下面主要介绍菜单栏、工具栏和透视图。

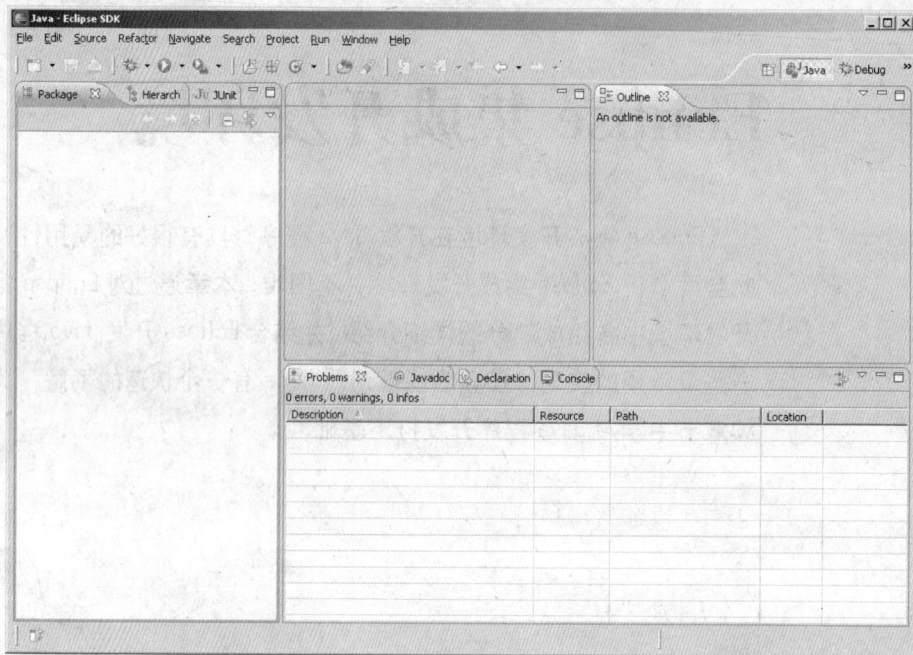

图 2.1　Eclipse 工作台窗口

2.1.1　Eclipse 的菜单栏

Eclipse 工作台最上面的是蓝色标题栏，紧接着就是菜单栏，通过菜单栏可以执行 Eclipse 中大部分的操作。菜单栏中包含菜单和菜单项，在菜单项下面则可能显示子菜单。Eclipse 的菜单栏如图 2.2 所示。

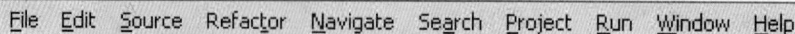

图 2.2　Eclipse 菜单栏

下面我们详细介绍各个主菜单的功能。

1. File（文件）菜单

"文件"菜单允许用户创建、保存、关闭、打印、导入和导出工作台资源，以及退出工作台，其详细的菜单功能说明如表 2.1 所示。

表 2.1 "文件"菜单功能说明

菜单	功能说明
New（新建）	新建文件或项目
Open File（打开文件）	打开一个已经存在的文件
Close（关闭）	关闭当前编辑器
Close All（全部关闭）	关闭所有编辑器
Save（保存）	保存当前编辑器的内容
Save As（另存为）	将当前编辑器的内容另存为新名
Save All（全部保存）	保存工程中的所有文件
Revert（还原）	使当前编辑器的内容还原为已保存文件的内容
Move（移动）	移动资源
Rename（重命名）	重命名资源
Refresh（刷新）	刷新所选元素的内容
Convert Line Delimiters To（转换行定界符）	改变活动部件中所选文件的行定界符
Print（打印）	打印当前编辑器的内容
Switch Workspace（切换工作空间）	重新启动工作台，切换至其他工作空间
Import（导入）	打开导入向导对话框
Export（导出）	打开导出向导对话框
Properties（属性）	打开所选元素的属性页面
Exit（退出）	退出 Eclipse

2．Edit（编辑）菜单

"编辑"菜单可用于处理编辑器区域中的资源，其具体的菜单功能说明如表 2.2 所示。

表 2.2 "编辑"菜单功能说明

菜单	功能说明
Undo（撤销）	撤销最近一次编辑操作
Redo（重做）	重做最近撤销的操作
Cut（剪切）	除去选择的内容并将它放置在剪贴板上
Copy（复制）	将选择的副本放置在剪贴板上
Copy Qualified Name（复制限定名）	将当前选择元素的标准名称复制到剪贴板
Paste（粘贴）	将剪贴板上的内容放至编辑器当前光标位置处
Delete（删除）	删除当前选择
Select All（全部选中）	选择当前编辑器中的所有文本或对象
Expand Selection To（将选择范围扩展到）	扩大选择的范围
Find/Replace（查找/替换）	查找或替换编辑器中的内容
Find Next（查找下一个）	搜索当前所选项下一次出现的位置
Find Previous（查找上一个）	搜索当前所选项上一次出现的位置
Incremental Find Next（增量式查找下一个）	搜索时会自动增量跳到编辑器中下一个精确匹配
Incremental Find Previous（增量式查找上一个）	搜索时会自动增量跳到编辑器中上一个精确匹配

菜单	功能说明
Add Bookmark（添加书签）	将书签添加到活动文件中当前显示光标的行上
Add Task（添加任务）	将任务添加到活动文件中当前光标所在的行上
Smart Insert Mode（智能插入模式）	切换插入模式，当禁用智能插入方式时，将禁用输入辅助
Show Tooltip Description（显示工具提示）	将出现在当前光标位置的悬浮提示的值
Content Assist（内容辅助）	在当前光标位置打开内容辅助对话框
Word Completion（文字补全）	补全活动编辑器中当前正在输入的文字内容
Quick Fix（快速修正）	光标位于问题处，将打开带有解决方案的对话框
Set Encoding（设置编码）	更改在活动编辑器中用来读写文件的文件编码

3. Source（代码）菜单

"代码"菜单命令都是和代码相关的一些命令，其详细的功能说明如表 2.3 所示。

表 2.3 "代码"菜单功能说明

菜单	功能说明
Toggle Comment（添加或取消注释）	对当前选择的所有行添加注释或取消注释
Add Block Comment（添加块注释）	对包含当前选择的所有行添加块注释
Remove Block Comment（移除块注释）	从包含当前选择的所有行中除去块注释
Generate Element Comment（生成元素注释）	对选择的元素添加注释
Shift Right（缩进右移）	增加当前选择行的缩进的级别
Shift Left（缩进左移）	减少当前选择行的缩进的级别
Correct Indentation（更正缩进）	更正当前选择的文本所指示行的缩进
Format（格式化）	格式化当前文本
Format Element（格式化元素）	格式化当前文本中选择的元素
Add Import（添加导入）	为当前所选择的类型引用创建导入声明
Organize Imports（组织导入）	在当前打开或所选择的编译单元中组织导入声明
Sort Members（成员排序）	按照指定的排序顺序对类型的成员进行排序
Clean Up（代码清理）	执行各种更改以清除代码
Override/Implement Method（覆盖/实现方法）	打开允许覆盖或实现当前类型中的方法的对话框
Generate Getters and Setters（生成 Getter 和 Setter 方法）	打开生成 Getter()方法和 Setter()方法的对话框
Generate Delegate Methods（生成代理方法）	打开为当前类型中的字段创建方法代理的对话框
Generate hashCode() and equals()（生成 hashCode()和 equals()方法）	打开生成 HashCode 和 Equals 对话框，在当前类中创建并控制 hashCode()和 equals()方法的生成
Generate Constructor using Fields（使用字段生成构造函数）	添加构造函数，这些构造函数初始化当前选择的类型的字段
Generate Constructors from Superclass（从基类中生成构造函数）	对于当前所选择的类型，按照其基类中的定义来添加构造函数

（续表）

菜单	功能说明
Surround With（包围方法）	使用代码模板包围所选语句
Externalize Strings（外部化字符串）	使用语句访问属性文件来替换代码中的字符串
Find Broken Externalize Strings （查找损坏的外部化字符串）	搜索错误的外部字符串

4．Refactor（重构）菜单

"重构"菜单向用户提供了有关项目重构的相关操作命令，其详细的功能说明如表 2.4 所示。

表 2.4 "重构"菜单功能说明

菜单	功能说明
Rename（重命名）	重命名所选择的元素
Move（移动）	移动所选择的元素
Change Method Signature（更改方法结构）	更改方法参数名称、参数类型和参数顺序
Extract Method（抽取方法）	创建一个包含当前所选择的语句或表达式的新方法，并将选择替换为对新方法的引用
Extract Local Variable（抽取局部变量）	创建为当前所选择的表达式指定的新变量，并将选择替换为对新变量的引用
Extract Constant（抽取常量）	从所选表达式创建静态常量及替换字段的引用
Inline（内联）	直接插入局部变量、方法或常量
Convert Anonymous Class To Nested （将匿名类转换为成员类）	将匿名内部类转换为成员类
Convert Member Type to Level （将成员变量转换为顶级）	为所选成员类型创建新的 Java 编译单元，并根据需要更新所有引用
Convert Local Variable to Field （将局部变量转化为字段）	将局部变量转换为字段
Extract SuperClass（抽取基类）	从一组同代类型中抽取公共基类
Extract Interface（抽取接口）	使用一组方法创建接口并使选择的类实现该接口
Use Supertype Where Possible（尽可能使用父类型）	将某个类型的出现替换为它的一个父类型
Push Down（下推）	将一组方法和字段从一个类移至它的子类
Pull Up（上拉）	将字段或方法移至其声明类的基类
Introduce Indirection（引入间接）	创建委托给所选方法的静态间接方法
Introduce Factory（引入工厂方法）	创建一个新的工厂方法
Introduce Parameter Object（引入参数对象）	表达式替换为对新方法参数的引用，该参数类型为对象
Introduce Parameter（引入参数）	表达式替换为对新方法参数的引用
Encapsulate Field（包括字段）	将对字段的引用替换为 getter()和 setter()方法
Generalize Declared Type（通用化已声明的类型）	允许用户选择引用当前类型的超类型，如果可以将该引用安全地更改为新类型，则执行此更改

（续表）

菜单	功能说明
Infer Generic Type Arguments（推断通用类型参数）	在标识所有可以将通用类型的原始类型出现替换为已参数化的类型的位置之后，执行该替换
Migrate JAR File（迁移 JAR 文件）	将项目构建路径中的 JAR 文件迁移到较新的版本
Create Script（创建脚本）	创建已在工作空间中应用的重构的脚本
Apply Script（应用脚本）	在工作空间中将重构脚本应用于项目
History（历史记录）	浏览工作空间的重构历史记录，并提供用于从重构历史记录中删除重构的选项

5. Navigate（浏览）菜单

浏览菜单允许操作用户定位和浏览显示在工作台中的资源和其他工件，其详细的功能说明如表 2.5 所示。

表 2.5 "浏览"菜单功能说明

菜单	功能说明
Go Into（进入）	将视图输入设置为当前所选择的元素
Go To（转至）	跳转至视图中的不同资源中
Open（打开声明）	解析代码中引用的元素并打开声明该引用的文件
Open Type Hierarchy（打开类型层次结构）	解析在当前选择的代码中引用的元素，并在类型层次结构视图中打开该元素
Open Call Hierarchy（打开调用层次结构）	解析在当前选择的代码中引用的方法
Open Super Implementation（打开超实现）	对当前所选方法的超实现打开编辑器
Open External Javadoc（打开外部 Javadoc）	打开当前选择的元素或文本选择的 Javadoc 文档
Open Type（打开类型）	通过打开类型对话框来在编辑器中打开类型
Open Type In Hierarchy（在层次结构中打开）	通过打开类型对话框来在编辑器和类型层次结构视图中打开类型
Open Resource（打开资源）	通过打开资源对话框打开工作空间中的任何资源
Show In（显示位置）	在不同的位置显示当前选择的编译单元
Quick Outline（快速大纲）	打开当前所选类型的轻量级大纲视图
Quick Type Hierarchy（快速类型层次结构）	打开当前选择的类型的轻量级层次结构查看器
Next（下一个注释）	选择下一个注释
Previous（上一个注释）	选择上一个注释
Last Edit Location（上一个编辑位置）	显示上一个编辑操作的发生位置
Go to Line（跳转到行）	输入并跳转到编辑器应该跳至的行号
Back（后退）	显示位置历史记录中的上一个编辑器位置
Forward（前进）	显示位置历史记录中的上一个编辑器位置

6. Search（搜索）菜单

"搜索"菜单中列出了和搜索相关的命令操作，其详细的功能说明如表 2.6 所示。

表 2.6　"搜索"菜单功能说明

菜单	功能说明
Search（搜索）	打开"搜索"对话框
File（文件）	打开"文件搜索"页面上的"搜索"对话框
Java（Java）	打开"Java 搜索"页面上的"搜索"对话框
Text（文本）	在特定范围中进行查找
References（引用）	查找对所选 Java 元素的所有引用
Declaration（声明）	查找所选 Java 元素的所有声明
Implementors（实现器）	查找所选接口的所有实现器
Read Access（读访问）	查找对所选字段的所有读访问权
Write Access（写访问）	查找对所选字段的所有写访问权
Occurrences in File（文件中的出现位置）	查找所选 Java 元素在其文件中的所有出现
Referring Tests（引用测试）	转移至引用了此 Java 元素的测试

7. Project（项目）菜单

"项目"菜单允许操作用户对工作台中的项目执行操作（构建或编译），其详细的功能说明如表 2.7 所示。

表 2.7　"项目"菜单功能说明

菜单	功能说明
Open Project（打开项目）	选择已关闭的项目并打开该项目的对话框
Close Project（关闭项目）	关闭当前所选择的项目
Build All（全部构建）	在工作空间中构建所有项目
Build Project（构建项目）	构建当前所选择的项目
Build Working Set（构建工作集）	构建当前工作集中包含的项目
Clean（清理）	显示一个对话框，可以从中选择要清理的项目
Build Automatically（自动构建）	选中此项，则保存已修改的文件时都将自动重建
Generate Javadoc（产生 Javadoc）	对当前选择的项目打开生成 Javadoc 向导
Properties（属性）	对当前选择的项目打开属性页面

8. Run（运行）菜单

"运行"菜单列出了和程序运行相关的各种操作，其详细的功能说明如表 2.8 所示。

表 2.8　"运行"菜单功能说明

菜单	功能说明
Run（运行上次启动）	允许以受支持的运行方式快速重复最近的启动
Debug（调试上次启动）	允许以受支持的调试方式快速重复最近的启动
Run History（运行历史记录）	显示以调试方式启动的启动配置的最近历史记录
Run As（运行方式）	显示已注册的运行启动快捷方式的子菜单
Open Run Dialog（打开启动对话框）	实现启动配置对话框来管理运行方式启动配置

（续表）

菜单	功能说明
Debug History（调试历史记录）	显示以调试方式启动的启动配置的最近历史记录
Debug As（调试方式）	显示已注册的调试启动快捷方式的子菜单
Open Debug Dialog（打开调试对话框）	实现启动配置对话框来管理调试方式启动配置
All References（所有引用）	用于创建显示项目中所有的引用的项
All Instances（所有实例）	用于创建显示项目中所有的实例的项
Watch（查看）	用于创建查看项
Inspect（检查）	当线程暂挂时，显示在该线程的堆栈帧或变量的上下文中对所选表达式或变量进行检查的结果
Display（显示）	当线程暂挂时，显示在该线程中的堆栈帧或变量的上下文中对所选表达式进行求值的结果
Execute（执行）	在 Java 代码段编辑器中，允许对表达式进行求值但不显示结果
Force Return（强制返回）	在程序执行过程中强制返回
Step Into Selection（单步跳入选择的内容）	单步跳入到所选择的方法
Toggle Breakpoint（切换断点）	允许添加或除去在编辑器中的断点
Toggle Line Breakpoint（切换行断点）	允许添加或除去在编辑器中所选中行的行断点
Toggle Method Breakpoint（切换方法断点）	允许添加或除去当前方法的方法断点
Toggle Watchpoint（切换观察点）	允许添加或除去当前 Java 字段的字段观察点
Skip All Breakpoints（跳过所有断点）	跳过已经设定的所有断点
Remove All Breakpoints（清除所有断点）	清除已经设定的所有断点
Add Java Exception Breakpoint（添加 Java 异常断点）	允许创建异常断点
Add Class Load Breakpoint（添加类加载断点）	允许创建类加载断点
External Tools（外部工具）	用于运行控制台以外的工具

9. Window（窗口）菜单

"窗口"菜单允许用户可以显示、隐藏或处理工作台中各种视图、透视图和操作，其详细的功能说明如表 2.9 所示。

表 2.9　"窗口"菜单功能说明

菜单	功能说明
New Window（新建窗口）	将打开一个新的工作台窗口
New Editor（新建编辑器）	根据当前的活动编辑器打开编辑器
Open Perspective（打开透视图）	在工作台窗口中打开新的透视图
Show View（显示视图）	在当前透视图中显示所选视图
Customize Perspective（定制透视图）	定制透视图中的操作
Save Perspective As（透视图另存为）	可以保存当前透视图并创建用户的定制透视图
Reset Perspective（复位透视图）	将当前透视图的布局更改为其原始配置

（续表）

菜单	功能说明
Close Perspective（关闭透视图）	关闭活动透视图
Close All Perspectives（关闭所有透视图）	关闭工作台窗口中所有打开的透视图
Navigation（导航）	提供视图、透视图和编辑器之间浏览的快捷键
Working Sets（工作集）	此子菜单包含用于选择或编辑工作集的条目
Preferences（首选项）	设置和配置工作台中的各部分的外观和行为

10. Help（帮助）菜单

"帮助"菜单提供了有关使用工作台的帮助信息，其详细的功能说明如表 2.10 所示。

表 2.10 "帮助"菜单功能说明

菜单	功能说明
Welcome（欢迎）	打开一个欢迎窗口
Help Contents（帮助内容）	在帮助窗口或外部浏览器中显示帮助内容
Search（搜索）	显示帮助信息中的"搜索"页面
Dynamic Help（动态帮助）	显示帮助信息中的"相关主题"
Key Assist（快捷键列表）	显示快捷键绑定列表
Tips And Tricks（提示和技巧）	查看相关提示和技巧
Cheat Sheets（备忘录）	打开备忘单选择对话框
Software Updates（软件更新）	允许更新产品并下载和安装新功能部件
About Eclipse SDK（关于 Eclipse SDK）	显示产品、已安装功能部件和可用插件的信息

2.1.2 Eclipse 的工具栏

位于菜单栏下的就是工具栏，如图 2.3 所示。

图 2.3 Eclipse 的工具栏

工具栏中包含了 Eclipse 最常用的功能。拖动工具栏上的 可以更改按钮显示的位置。表 2.11 列出了常见的 Eclipse 工具栏按钮及其对应的功能。

表 2.11 Eclipse 工具栏按钮及其功能

工具栏按钮	功能说明
	新建文件或项目
	保存文件或项目
	打印
	调试程序
	运行程序

（续表）

工具栏按钮	功能说明
	运行外部工具
	新建 Java 项目
	新建包
	新建 Java 类
	打开类型
	搜索
	匹配单词间切换
	跳转到后一标注
	跳转到前一标注
	跳转到上次修改的位置
	跳转到上次访问的文件

2.1.3 Eclipse 的透视图

工作台窗口中包含一个或多个透视图，而且这些透视图共享同一代码编辑器。透视图用于定义工作台窗口中视图的初始设置和布局，目的在于完成特定类型的任务或便于使用特定类型的资源。

在 Eclipse 集成开发环境中提供了几种常用的透视图，例如 Java 透视图、资源透视图、调试透视图、团队同步透视图等。开发者可以在不同的透视图之间自由切换，但是同一时刻只有一个透视图是活动的，该活动的透视图可以控制哪些视图显示在工作台的界面上，并控制这些视图的大小和位置。

在 Java 应用开发中最常用的就是 Java 透视图。单击 Eclipse 菜单栏中的"Windows"→"Open Perspective"→"Other"选项，在弹出的如图 2.4 所示的"Open Perspective"对话框中选择"Java（default）"就将打开 Java 透视图。

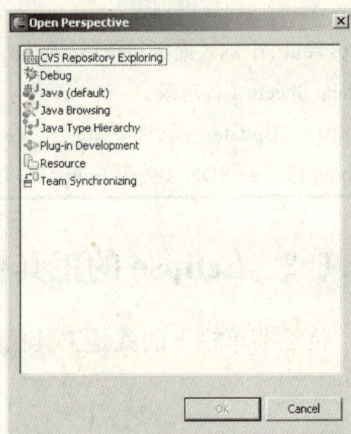

图 2.4 "打开透视图"对话框

2.1.4 Eclipse 的视图

视图支持编辑器并提供浏览工作台中信息的方法。视图可能在工作台中单独出现，也可能与其他视图一起出现。在工作台窗口中，可以打开和关闭视图，并修改它们停放的位置，进而改变透视图的布局。

在使用 Java 透视图中，将会连带打开几个与 Java 相关的视图，通过这些视图可以方便地对 Java 项目进行管理。

1．包资源管理器视图

包资源管理器视图用来显示工作台中的 Java 项目的 Java 元素层次结构。元素层次结构是从项目的构建类路径中派生出来的。对于每个项目来说，其源文件和引用的类库都显示在树中，开发者可以打开和浏览内部或外部 JAR 文件的具体内容。包资源管理器视图如图 2.5 所示。

2．大纲视图

大纲视图主要用来显示当前 Java 类的结构，包括包声明、导入声明、字段和方法等。当在"大纲"视图中选择 Java 类的方法或字段时，将在 Java 代码编辑器中直接跳转到对应的代码位置。大纲视图如图 2.6 所示。

3．层次结构视图

层次结构视图允许用户查看类型的完整层次结构，并且可以只查看它的子类型或者只查看它的超类型。在包资源管理器视图中，右键单击项目名称，在弹出的菜单中选择"Open Type Hierarchy"选项，将显示如图 2.7 所示的层次结构视图。

图 2.5　包资源管理器视图

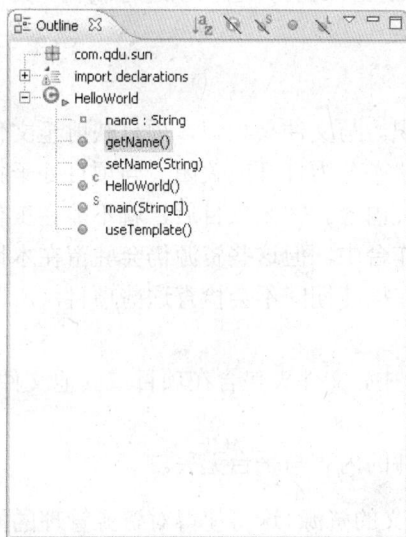

图 2.6　大纲视图

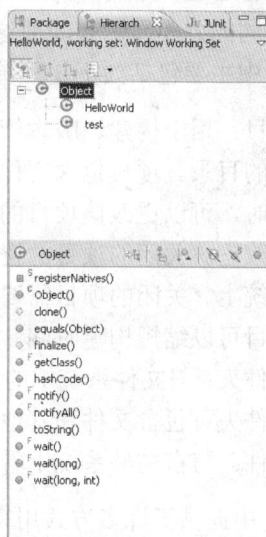

图 2.7　层次结构视图

2.1.5　Eclipse 的编辑器

编辑器是工作台上的一个主要的部件。在任何给定的透视图中都会包含一个编辑器区域，该区域可以包含一个编辑器以及一个或多个相关的视图。

Java 代码编辑器是 Eclipse 中用来编写 Java 源代码的特殊功能功能部件，主要用来进行 Java 代码的输入和修改，并提供了语法突出显示、代码快速修正等辅助功能。Java 代码编辑器如图 2.8 所示。

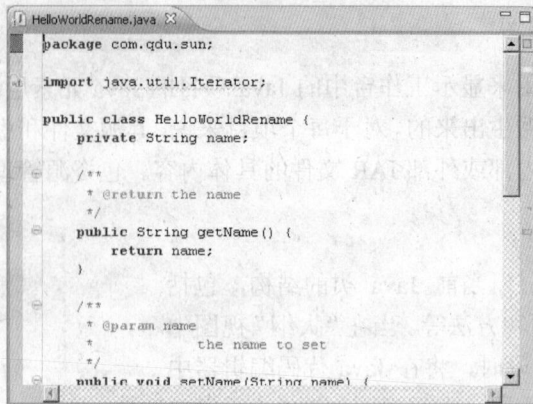

图 2.8　Java 代码编辑器

2.2 Eclipse 资源管理

资源是工作台中的项目、文件夹和文件以及配置信息的总称。工作台可以通过导航器视图对资源进行管理。导航器视图提供了资源的分层视图并允许打开它们以进行编辑。其他工具也可以以不同的方式显示和处理这些资源。

工作台中主要包括如下 3 种基本资源类型。

- 项目：用于构建、版本管理、共享和资源组织。与文件夹相似，项目映射至文件系统中的目录。项目包含文件夹和文件。项目的状态分为打开或关闭。当项目处于打开状态时，可以更改该项目的结构，且可看到有关内容。关闭项目后，就不能在工作台中更改它。关闭的项目的资源将不会出现在工作台中，但这些资源仍会驻留在本地文件系统上。关闭的项目需要较少的内存。由于在构建期间不会检查这些项目，所以关闭项目可以缩短构建时间。
- 文件夹：与文件系统中的目录类似。在工作台中，文件夹包含在项目或其他文件夹中。文件夹可包含文件和其他文件夹。
- 文件：与在文件系统中看到的文件类似，文件的内容与平台无关。

Eclipse 中提供了许多方式用来组织和管理用户定义的资源。这将使得对资源管理的操作非常快捷、方便。其中，工作空间就是 Eclipse 中用来组织资源的一种默认形式。

默认条件下，用户定义的资源会被保存在 Eclipse 安装目录的子文件夹 Workspace 中。其中.metadata 文件夹中存储的就是关于工作空间的信息。每个项目下面都有一个.project 文件，里面保存有这个项目特定的信息。

工作空间中的资源实际上是以文件形式存储的，因此，用户也可以从 Eclipse 外部来访问这些文件，并对其进行更改。这种情况的发生将会导致 Eclipse 中保存的文件信息和文件实际存储信息不一致，如果不及时进行更新，就会产生错误。例如，用户在 Eclipse 外部删除了某个文件，而在 Eclipse 的"导航器"视图中依然显示存在这个文件，如果对文件进行复制操作，就会发生错误。因此，如果从 Eclipse 外部对资源进行修改，重新在 Eclipse 上对资源进行操作之前，必须对资源进行刷新操作。

导航器视图提供了对工作台中资源的分层显示。从这里可以打开文件以进行编辑，或者选择资源以进行某些操作，例如导入和导出等。

在导航器视图中的任何资源上单击鼠标右键，都将弹出右键菜单，该菜单允许用户执行诸如复制、移动、创建新资源、对资源进行相互比较等操作。

2.3 Eclipse 的常用操作

在 Eclipse 中开发 Java 应用程序时有一些经常被开发者用到的操作，我们将其集中起来，方便初学者能够快速地掌握。

2.3.1 配置 JRE

如果需要选择新的 JDK，则需要在 Eclipse 中重新配置 JRE。配置的具体步骤如下。

Step 01 单击 Eclipse 菜单栏中的"Window"→"Preferences"菜单选项，在弹出的"首选项"对话框中选择"Java"→"Installed JREs"选项，将打开如图 2.9 所示的供在 Eclipse 编写程序所使用的 JRE 列表。其中，复选框选中的 JRE 是默认的 JRE，它将被 Eclipse 中所有的项目作为编译和启动的 JRE。

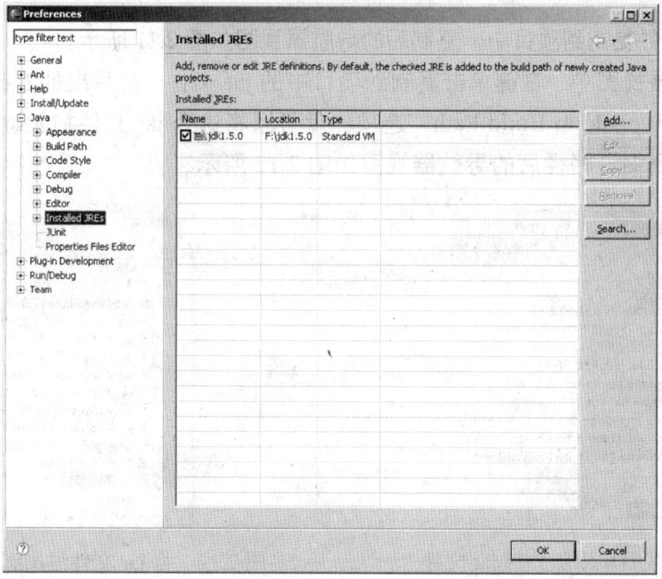

图 2.9 Eclipse 中的 JRE 列表

Step 02 如果要添加新的 JRE，可以单击"Add"按钮，在弹出的如图 2.10 所示的"Add JRE"对话框中添加新的 JRE 定义。其中，"JRE name"文本框用于输入新建的 JRE 的名字，"JRE home directory"文本框用于设置 JDK 的安装目录。

Step 03 单击"OK"按钮后，新创建的 JRE 就将出现在 JRE 列表中，选中不同的 JRE 前面的复选框就可以将其设置为 Eclipse 默认的 JRE。

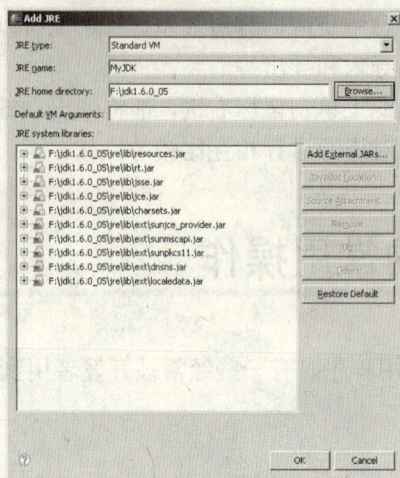

图 2.10　添加新 JRE

2.3.2　设置编译路径

使用 Eclipse 开发 Java 项目的过程中，除了必须使用 JRE 中所包含的 jar 之外，有时还需要引入外部的 jar 文件，并将其添加到项目的编译路径中。

向项目的编译路径中添加外部 jar 文件的具体步骤如下。

Step 01　将 jar 文件复制到项目中。复制后的导航器视图如图 2.11 所示。

Step 02　在导航器视图中，右键单击复制到项目中的 jar 文件，在弹出的右键菜单中单击″Build Path″→″Add to Build Path″选项，就可以将这个 jar 文件加入编译路径中。将 jar 文件添加到编译路径后的导航器视图如图 2.12 所示。

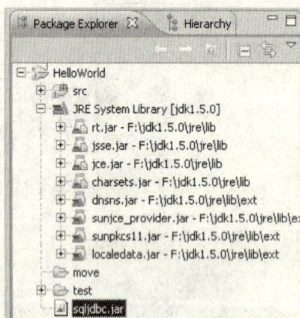

图 2.11　向项目中添加外部 jar 文件

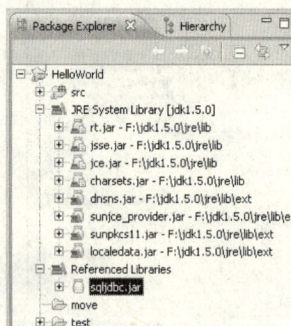

图 2.12　将 jar 文件添加到项目编译路径中

Step 03　要从项目的编译路径中去掉这个 jar 文件，可以右键单击该 jar 文件，从弹出的右键菜单中单击″Build Path″→″Remove from Build Path″选项。

2.4　创建 Java 应用程序

使用 Eclipse 集成开发环境创建 Java 应用程序非常简单，主要包括以下几个步骤。

2.4.1 创建 Java 项目工程

Java 项目工程是 Java 应用程序在 Eclipse 中的组织形式，它主要由 Java 的类文件和其他相关文件组成。在 Eclipse 中开发 Java 应用程序首先必须创建一个 Java 项目工程，具体步骤如下。

Step 01　单击 Eclipse 菜单栏中的 "File" → "New" → "Java Project" 选项，将弹出如图 2.13 所示的 "New Java Project" 对话框，用来新建一个空的 Java 项目。

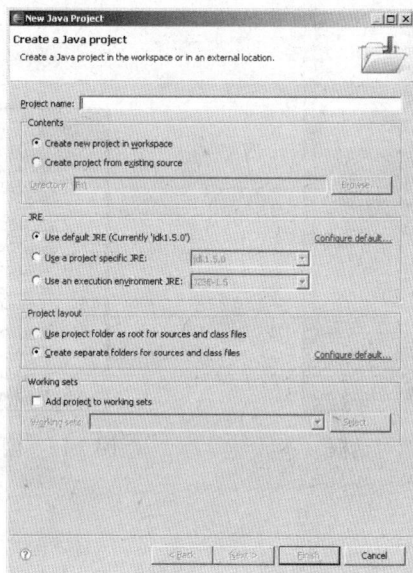

图 2.13　New Java Project" 对话框

该对话框中各属性的详细说明如表 2.12 所示。

表 2.12　创建 Java 项目对话框中的属性说明

属性	说明
Project name	创建项目的名称
Create new project in workspace	在工作区中创建新项目
Create project from existing source	从现有代码中创建项目
Use default JRE	使用 Eclipse 当前默认的 JRE
Use a project specific JRE	使用一个项目特定的 JRE
Use an execution environment JRE	使用一个可运行环境的 JRE
Use project folder as root for sources and class files	使用项目目录作为源代码和类的根目录，不推荐这种方式，因为 java 和 class 文件混杂一起
Create separate folders for sources and class files	使用分开的目录来分别存放源代码和类文件，推荐使用这种方式

Step 02　在 "Project name" 文本框中输入项目名称，这里我们输入 "HelloWorld"，其余的属性采用默认值，这样在工作空间就会建立一个同名的目录。然后单击 "Next" 按钮，将显示如

图 2.14 所示的 "Java Settings" 对话框。在其中可以设置项目的编译路径、输出设置等属性。

Step 03 单击 "Finish" 按钮，就将完成 Java 项目工程的创建。创建完成后，在 Package 视图中将会增加一个项目，此项目最初只有 src 文件夹和 JRE 系统库，如图 2.15 所示。

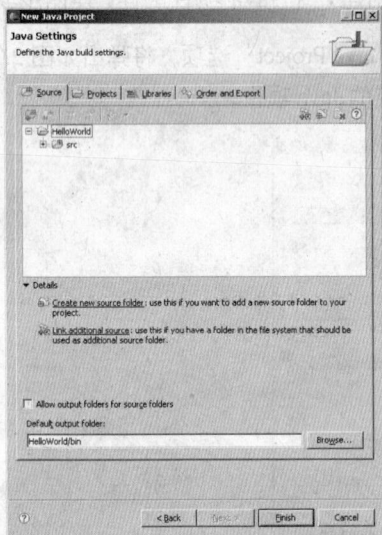

图 2.14 "Java Settings" 对话框

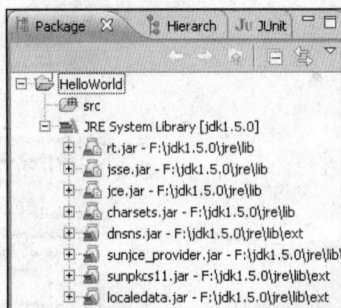

图 2.15 创建的 Java 项目组织结构

2.4.2 创建 Java 类

Java 项目工程创建完成后，接下来需要在项目中创建一个用来执行的 Java 类，具体步骤如下。

Step 01 单击菜单栏中的 "File" → "New" → "Class" 选项，将弹出如图 2.16 所示的对话框。

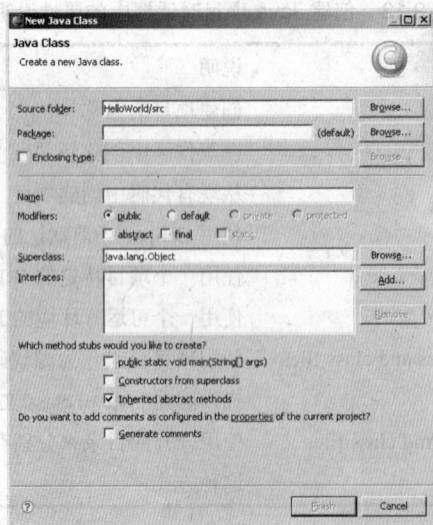

图 2.16 "New Java Class" 对话框

该对话框中各属性的详细说明如表 2.13 所示。

表 2.13　新建 Java 类对话框中的属性说明

属性	说明
Source folder	新建 Java 类的源代码的存放目录
Package	新建 Java 类的包名
Name	新建 Java 类的类名
Modifiers	新建 Java 类的类修饰符
Superclass	新建 Java 类所继承的父类
Interface	新建 Java 类所实现的接口
public static void main(String[] args)	新建 Java 类是否包含主函数
Constructors from superclass	新建 Java 类是否从父类中派生构造函数
Inherited abstract methods	新建 Java 类是否要继承父类中的抽象方法

Step 02　在该对话框中，输入类名 HelloWorld 和包名 com.qdu.sun 后，单击"Finish"按钮，将打开一个代码编辑器，可以看到左边的视图中已经增加了对应的包和 Java 类，如图 2.17 所示。

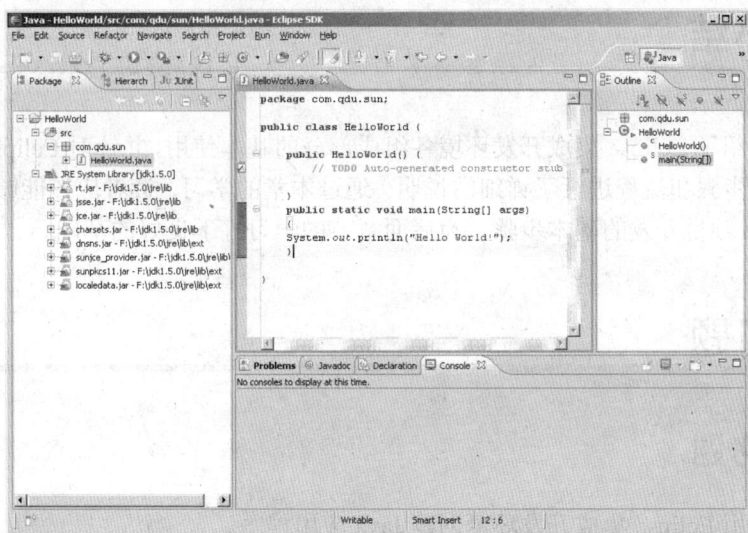

图 2.17　创建 Java 类

2.4.3　添加 Java 代码

在打开的 Java 代码编辑器中，可以根据要实现的功能直接添加 Java 代码。

例如，在之前创建的 HelloWorld 类的 main() 函数中添加如下代码：

```
System.out.println("Hello World!");
```

运行上述代码，将会输出"Hello World!"字符串。

当代码编写完毕并保存后，Eclipse 会自动将 Java 源文件编译成类文件。

2.4.4 执行 Java 应用程序

Java 应用程序编写完成后，接下来就可以在 Eclipse 中运行了。单击菜单栏中的"Run"→"Run"选项或者按下快捷键 Ctrl+F11，就会自动调用 Eclipse 中的 Java 解释器，如果程序代码没有语法错误，就将在 Console 视图中输出执行的结果。

执行上面编写的程序后，将在 Console 视图中输出"Hello World!"字样，如图 2.18 所示。

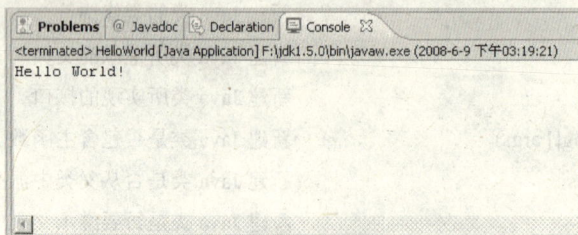

图 2.18　Java 程序执行结果

2.5 小结

本章主要介绍了 Eclipse 集成开发环境各组成部分的基本使用，并针对 Eclipse 中 Java 应用程序开发的基本步骤和流程进行了详细的说明。通过本章的学习，读者应该能够熟练掌握使用 Eclipse 进行 Java 项目开发的基本步骤，为后面章节的学习打下良好的基础。

2.6 习题

2.6.1 思考题

简述如何使用 Eclipse 集成开发环境创建 Java 应用程序。

2.6.2 操作题

（1）启动 Eclipse。
（2）在 Eclipse 中创建一个 Java 应用程序的项目工程 Test。
（3）在项目工程中创建一个 Java 类 Hello。
（4）在 Java 类的 main()方法中添加输出"This is my first Java Application!"字符串的代码。

第 3 章

Java 语言基础

人们生活中通过语言进行交流，语言必须要遵循一定的语法才能让别人理解。与生活中的语言一样，Java 语言也离不开语法的支持，并且对语法的要求比日常生活中的语言的语法更严格，对于初学者而言，所犯的错误通常也是语法错误，所以学习 Java 基本语法非常重要。因此本章将重点介绍 Java 语言的基本语法，为后面学习 Java 程序设计打下良好的基础。

知 识 点

- 字符和注释
- Java 数据类型
- 变量与常量
- 运算符与表达式
- Java 程序基本结构
- 数组

3.1 字符和注释

符号是构成程序的基本单位。Java 采用 Unicode 字符集，它由 16 位数表示，整个字符集包含 65 535 个字符，这样不同的系统都采用统一的符号表示方法，从而为 Java 的跨平台性打下了基础。

3.1.1 标识符

标识符是对程序中的各个元素命名时使用的命名记号，它可以是一个字母或者是一串以字母开头的由字母、数字或者符号组成的字符串。使用带有特定意义的名字更易于程序的理解，便于调试程序。标识符可用作变量名、方法名、接口名、类名等，表明了它们在程序中的唯一性。

Java 语言中对标识符的定义有如下的规则。

- 标识符由字母、下划线（_）、美元符（$）、数字组成，但不能以数字作为标识符的开头。
- 标识符区分大小写，长度没有限制，当然，过长的标识符会造成编程的烦琐。
- 标识符中不能含有其他符号和空格。
- Java 关键字不能作的标识符。

下面是合法的标识符定义：

```
Identiffer username Username username User_name _sys_varl $change sizeof
```

因为 Java 标识符区分大小写，所以 Username、username 和 userName 是 3 个不同的标识符。

下面是非法的标识符定义：

```
2Sun     //以数字 2 开头
class    //Java 关键字
#myname  //含有符号#
```

3.1.2 关键字

Java 关键字也称"保留字"，是 Java 语言本身定义的具有特殊含义和用途的单词，是保留给 Java 编译器识别用的。Java 的关键字如表 3.1 所示。

表 3.1　Java 关键字

abstract	boolean	break	byte	case	catch	char	class
const	continue	default	do	double	else	extends	false
final	finally	float	for	goto	int	interface	if
implements	import	instanceof	long	native	new	null	package
private	protected	public	return	short	static	strictfp	super
switch	synchronized	this	throw	throws	transient	true	try
void	volatile	while					

所有关键字均为小写字母，其中关键字"const"和"goto"虽然被保留但未被使用，"true"、"false"、"null"是表示值的关键字。

3.1.3 分隔符

在 Java 语言中，字符除了可以作为标识符和关键字之外，还有一些字符被当作分隔符使用。Java 常用分隔符如表 3.2 所示。

表 3.2 Java 分隔符

符号	名称	用　途
( )	圆括号	在定义和调用方法时，用来容纳参数表
		在控制语句或强制类型转换组成的表达式中，用来表示执行
		在各种计算表达式中，用来表示计算的优先级
{ }	花括号、大括号	在编码时，用来定义程序块、类、方法以及局部范围
		初始化数组时，用来包括数组初始值
[ ]	方括号、中括号	在数组类型的使用时，用来声明数组的类型和对数组某个元素进行引用
;	分号	在编码时，用来表示终止一个语句
,	逗号	在同时声明同一类型多变量时，用来分隔变量
		在 for 控制语句中，用来分隔控制循环变量计算语句
.	句号（点）	在声明引用包和类时，用来分隔包、子包和类
		在引用对象或类的属性方法分时，用来分隔对象或类与属性和方法

3.1.4 注释

注释是程序中的说明性文字，是程序的非编译执行部分。它的作用是为程序添加说明，增加程序的可读性。作为编程人员，应该养成使用注释的习惯，这便于自己及他人在查看程序时对代码的修改与理解。

Java 中的注释有以下 3 种形式。

- "//" 符号：单行注释，表示从 "//" 符号开始到此行末尾的位置都视为注释。
- "/*　注释部分　*/" 符号：多行注释，表示从 "/*" 开始到 "*/" 结束都视为注释部分。
- "/**　注释部分 */" 符号：文件注释，也是多行注释。此形式是第二种注释的特别类型，可用 javadoc.exe 命令来生成 HTML 形式的 Java API 帮助文档。

下面代码中就包含了这 3 种不同注释的具体应用方式。

```
/*
* 这是第一个 Java 程序的例子！
* 公共类为 Example1
*/
public class Example1 //类声明
{
   /**
   *main()方法是 Java 应用程序的必须方法
   *也是 Java 应用程序的入口
   *此例的运行结果是在显示器上输出引号内的内容
   */
   //类的主函数定义
   public static void main (String args[ ])
```

```
    {
        System.out.println("这个第一个 Java 例子！");  //输出语句
    }
}
```

3.2 数据类型

Java 语言是强类型语言，在程序设计中，每个变量都有类型，而且每种类型是严格定义的。在 Java 中提供两大类数据类型，一种是基本数据类型（Primitive type），一种是引用数据类型 (Reference type)。其中，基本数据类型包括整数类型、浮点类型、字符类型、布尔类型，引用类型包括类、接口、数组。它们的具体关系如图 3.1 所示。

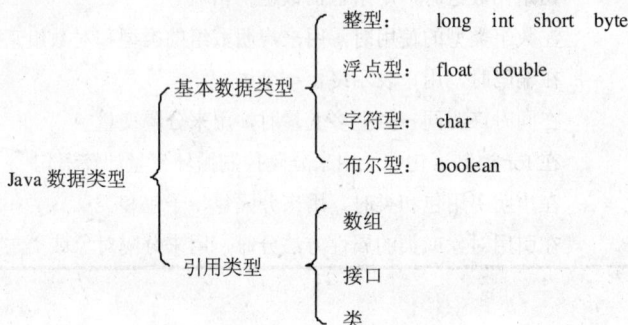

图 3.1　Java 数据类型

3.2.1　基本数据类型

基本数据类型也称为简单数据类型，直接代表简单值，而不是复杂的对象。Java 是完全面向对象的，但基本数据类型不是，它类似于其他非面向对象语言的简单数据类型，引入基本数据类型主要是对于执行效率的考虑。

在中学时代，我们可以将数值分为自然数、小数、有理数、无理数等类型。而在程序设计中，数值在编译时会被分配一块内存空间，用来存放它，程序中数值的改变其实就是存储区域中存放内容的改变。但是应该为每个数值分配多大的空间呢？如果将一个很大的数值分配一个很小的存储空间就会溢出，将一个很小的数值分配一个很大的存储空间就会造成存储空间的浪费。因此，在程序设计中，对于数值变化的范围就可以通过数据类型来体现，为不同的数据类型分配不同的存储空间。

Java 定义了 8 个基本数据类型，其类型的标识都是小写字母，其中整数和浮点数都是有符号数，这些类型可分为以下 4 组。

- 整数类型：字节型（byte）、短整型（short）、整型（int）、长整型（long）。
- 浮点数类型：浮点型（float）、双精度型（double）。
- 字符类型：字符型（char）。
- 布尔类型：布尔型（boolean）。

1．整数类型

Java 定义了 4 个整数类型：字节型（byte）、短整型（short）、整型（int）、长整型（long），这些都是有符号的数。整数数据类型所占存储空间和表示的范围如表 3.3 所示。

表 3.3　整数数据类型

类型名称	类型标识	类型长度	表示数的范围
字节型	byte	8 位（1 字节）	$-2^7 \sim 2^7-1$　（$-128 \sim 127$）
短整型	short	16 位（2 字节）	$-2^{15} \sim 2^{15}-1$　（$-32\,768 \sim 32\,767$）
整型	int	32 位（4 字节）	$-2^{31} \sim 2^{31}-1$　（$-2\,147\,483\,648 \sim 2\,147\,483\,647$）
长整型	long	64 位（8 字节）	$-2^{63} \sim 2^{63}-1$ （$-9\,223\,372\,036\,854\,775\,808 \sim 9\,223\,372\,036\,854\,775\,807$）

下面我们列举各种整数类型的实例。

- 十进制整数：123　–456　0
- 八进制整数：0123　–011（以数字 0 开头，0123 表示十进制数 83，–011 表示十进制数–9。）
- 十六进制整数：0x123（以 0x 或 0X 开头，0x123 表示十进制数 291。）
- long 类型常值：123L（整型常值占 32 位，如果要定义一个 long 类型常值，则要在数字后加字母 L（或者小写形式 l），如 123L 表示一个长整数占 64 位。）

2．浮点数类型

Java 定义了 2 个浮点类型：单精度浮点型（float）和双精度浮点型（double），这些也都是有符号的数，浮点数数据类型所占存储空间和表示的范围如表 3.4 所示。

表 3.4　浮点数数据类型

类型名称	类型标识	类型长度	表示数的范围
浮点型	float	32 位（4 字节）	3.4E–038～3.4E+038
双精度型	double	64 位（8 字节）	1.7E–308～1.7E+308

下面我们列举了各种浮点数类型的实例。

- 十进制数形式：0.123　.123　123.　123.0（由数字和小数点组成，必须有小数点。）
- 科学计数法形式：123e3　123E3（e 或 E 之前必须有数字，且 e 或 E 后面必须有整数，表示 10 的幂次。）
- float 类型常值：12.3F（浮点常数在机器中占 64 位，对于 float 型的常值，则要在数字后加 f 或 F，如 12.3F 表示一个单精度浮点常数占 32 位，表示精度较低。）

3．字符类型

Java 定义了存储字符的数据类型 char，该类型长度是 16 位（2 字节），其表示范围是 0～65 536。Java 使用 Unicode 码作为字符集，Unicode 是国际化的字符集，能表示迄今为止人类语言的所有字符集，是几十个字符集的统一，如中文、英文、拉丁文、希腊语、阿拉伯语、希伯来语等。这样很好地解决了 Java 跨语言问题，而这也恰恰是网络应用系统所需要的。

字符类型的值是用单引号括起来的单个字符，例如 'b'、'B'，此外 Java 还提供转义字符，以反斜杠 "\" 开头，将其后的特殊信息符号转变为表示的相应字符。Java 中常用的转义字符如表 3.5 所示。

表 3.5　Java 中常用的转义字符

转义字符	说明
\ddd	表示编码为 ddd 的字符，其中 ddd 为八进制数
\uxxxx	表示 Unicode 编码为 xxxx 的字符，其中 xxxx 十六进制数
\'	单引号字符'
\"	双引号字符"
\\	反斜杠字符\
\r	回车
\n	换行
\f	换页
\t	水平制表符
\b	退格

4．布尔类型

布尔类型是 Java 中定义的表示逻辑真假值的基本类型，用来作为关系运算或逻辑运算的返回类型。它的值只能是 true 或 false 这两个关键字中的一个。该类型的长度只有 1 位，在计算机中用 0 和 1 来表示。

3.2.2　引用类型

引用类型也称为复杂数据类型，代表 "类" 类型（"类" 的详细概念将在后面章节中详细介绍）。引用类型既可以是 Java 中本身的系统类，也可以是用户自定义的任何类。引用类型的变量用来引用类的实例对象，引用类型的首字母一般都是大写的，这与基本数据类型是有区别的。

在 Java 中最常用的引用类型就是 String 类型，它是表示字符串数据的类型，该类型的值是用双引号括起来的，声明 String 类型变量的示例如下：

```
String userName="Tom";    //定义了名为 userName 的字符串变量，赋初值"Tom"
String name="";           //定义了名为 name 的字符串变量，赋初值""，即空字符串
```

上一小节介绍的 Java 中的 8 个基本数据类型也有相对应的引用类型，它们是基本类型的封装类，在具体编码时要特别注意区分。这些封装类除了包含相关数据信息外，还包含了对相关数据的操作方法。基本数据类型与封装类的对应信息如表 3.6 所示。

表 3.6　基本数据类型与封装类

基本数据类型	封装类
byte	Byte
short	Short
int	Integer
long	Long

（续表）

基本数据类型	封装类
float	Float
double	Double
char	Character
boolean	Boolean

　　这里需要提醒读者的是，基本数据类型的封装类不具备基本数据类型的运算法则，例如，两个 int 型的变量可以进行加法运算，而两个 Integer 类的对象却不可以直接进行加法运算。

3.2.3 数据类型的转换

　　Java 语言中数据类型的转换分为自动类型转换和强制类型转换两种，在这里将主要讨论基本类型的数据转换问题。

1. 自动类型转换

　　Java 中要实现自动类型转换，必须满足以下两个条件。

- 这两种类型是兼容的。
- 目的类型的范围比源类型大。

　　例如，int 与 byte 类型都是整数类型，int 的范围比 byte 范围大，因此将 byte 类型的变量转换为 int 类型将进行自动类型转换，自动类型转换时不需要任何显式的声明。

　　byte 类型自动转换为 int 类型的示例代码如下：

```
byte b=36;
int i=b;    //自动类型转换不需要任何声明
```

　　同样，自动类型转换也可以在整数类型之间和浮点数类型之间进行，当然，整数类型向浮点数类型转化也是可以的，只要被转化的整数类型数据包含在相关浮点数范围之内即可。除了数值类型之间的转换之外，字符类型 char 也可向 int 和 long 类型作自动类型转换，但是数据表示的意义不再是一个字符，而是对应字符的编码，例如，下面的代码表示将字符 "b" 转化成 int 类型，转换后其值变为 "98"。

```
char c='b';
int i=c;                    //自动类型转化不需要任何声明
System.out.print(i);        //输出值为 98
```

2. 强制类型转换

　　自动类型转换适用于兼容类型之间从小范围数据类型转化成大范围数据类型，而在编程过程中，经常要把兼容类型的大范围数据类型转化成小范围的，例如，把 short 类型数据转换为 byte 类，这样将可能造成数据丢失，因此必须采用强制类型转换来实现。强制类型转化语法格式为：(类型名)变量名，例如，下面的代码实现了从 short 类型强制转换为 int 类型的功能。

```
short s=25;
byte b=(byte)s;             //将 short 类型强制转化为 byte 类型
System.out.print(b);        //输出值为 25
```

3.3 变量与常量

变量与常量是编程中最常使用的概念，在 Java 编程中的变量与常量的概念与其他语言基本相同，本小节将主要说明在 Java 语言中变量、常量的相关规则和使用方法。

变量就是指在程序运行中其值可以被改变的量。例如，要计算全班学生的平均成绩，就要知道每个学生的成绩，也就需要把用户所输入的学生成绩保存在程序中的某个地方，这就需要在程序中使用标识符来进行标识，如 result1=80，result2=90，result3=85，这 3 个标识符的值可以改变，在程序运行过程中可以使 result1=60，result2=85，这样 result1 和 result2 的值就改变了，因此标识符 result1、result2、result3 就称为变量。

变量有两个含义，一是变量的名称；二是变量的值。变量名称就是用户自己为变量定义的标识符，变量的值就是存储在用变量标识符所标记的存储位置处的数据。

3.3.1 变量的命名规范

Java 语言的变量名也是 Java 标识符之一，所以其命名首先要符合 Java 标识符的相关规定，读者可参考 3.2.1 小节。在这里所要说明的是 Java 变量的标准命名规则，虽然这些规则在程序编写过程中不像标识符相关规则那样要求强制遵守，但是这些规范是编写出可读性强的高质量规范代码必不可少的，规范的变量命名将会减少代码编写的错误。

Java 中变量命名的基本规范如下。

- 首字母为小写字母。
- 变量的命名要有实际的意义，能够表明所代表的数据的含义。
- 命名的方法采用匈牙利命名法，多个单词连接时后面的单词首字母为大写。

规范的变量命名示例如下：

userName userID userPassword adminName

当然，在命名中，由于有的单词太长，在编程过程中经常会使用缩写，例如 "password" 缩写成 "pwd"，一些项目还会根据具体的需要把一些常用的长命名进行统一的缩写规定，从而提高编写代码的可读性。

3.3.2 变量的声明

在程序设计过程中，要使用变量，首先要对变量进行声明，然后才可以对变量进行赋值和使用。声明变量一方面是防止对不存在的变量进行操作，另一方面是给变量分配存储空间。

变量声明有两层含义：第一是声明变量的名称，第二是声明变量的数据类型。变量声明的一般格式如下：

类型名   变量名 1[,变量名 2] [,变量名 3] ...

或者

类型名   变量名 1[=初值 1] [,变量名 2] [=初值 2] [,变量名 3] [=初值 3] ...

其中，方括号中的内容为可选项。

通过上述格式可以看出，同一类型的多个变量可以在同一条语句中声明，也可以在多条语句中声明，但不同类型的多个变量必须用多条语句声明。

变量声明的示例代码如下：

```
int a;              //声明了名为 a 的 int 类型的变量
String userName;    //声明了名为 userName 的 String（字符串）类型的变量
```

3.3.3 变量的赋值

变量声明之后，就可以给变量赋值了，如果没有对变量进行赋值就使用，程序编译时就会出现语法错误。

变量赋值操作可以在声明一个变量的同时进行，也可以在变量声明后的任何时候进行。变量在声明的同时赋值，这个过程通常被称作变量的初始化。

变量赋值的示例代码如下：

```
int count=9;     //声明 int 类型变量 count，并初始化了值 9
int total ;      //声明 int 类型变量 total
total =9*7;      //为变量 total 赋值整数 63
int i=total ;    //声明 int 类型变量 i，赋初始值 total
```

下面代码中的变量 i 没有进行赋值就使用，在编译时将会显示"可能尚未初始化变量 i"的错误提示信息。

```
public class InitValueError{
    public static void main(String[] args)    {
        int i;   //只声明变量 i 未初始化
        System.out.println(i);
    }
}
```

3.3.4 变量的作用域

变量的作用域是指它的存在范围，只有在这个范围内，程序代码才能使用它。变量的作用域是从它被声明的地方开始到它所在代码块的结束处，代码块是指位于一对大括号"{}"以内的代码，一个代码块定义了一个作用域。

变量的作用域决定了变量的生命周期。变量的生命周期是指从一个变量被创建并分配内存空间开始，到这个变量被销毁并清除其所占用内存空间的过程。变量在其作用域内被声明创建，离开其作用域时将被撤销，一个变量的生命周期就被限定在它的作用域中。

按照作用域的不同，Java 类中的变量可以分为成员变量和局部变量。

- 成员变量：在类的所有方法的外部声明，它的作用域是整个类。
- 局部变量：在一个方法的内部或方法的一个代码块的内部声明。如果在一个方法内部声明，它的作用域就是这个方法体；如果在一个方法的某个代码块的内部声明，它的作用域就是这个代码块。

下面的代码定义了 Java 类的成员变量和局部变量。

```
public class Example7{
    static int x=1;//定义成员变量
    static int y=3;//定义成员变量
    public static void main(String[] args)
```

```
    {
    int a=2;    //定义局部变量
    int b=6;    //定义局部变量
    System.out.println("x="+x+" "+"y="+y);
    System.out.println("a="+a+" "+"b="+b);
    function();
    }
public static void function()
    {
        int c=3;  //定义局部变量
        int d=5;  //定义局部变量
        System.out.println("x="+x+" "+"y="+y);
        System.out.println("c="+c+" "+"d="+d);
    }
}
```

在上述代码中，变量 x、y 是声明在类的内部方法的外面，其作用域是整个类，在类的任何地方都可以调用变量 x 和 y。局部变量 a、b、c、d 是在各自的方法体内定义，因此各局部变量的作用域就是其所在的方法内部。因此，变量 a、b 只能在 main()方法的一对大括号内使用，变量 c、d 也只能在 function()方法的一对大括号内使用。如果在 function()方法中添加语句 System.out.println("a="+a+" "+"b="+b)，在程序编译时将会出现编译错误，因为变量 a、b 超出了其作用域。

3.3.5 常量的概念与使用

在程序运行过程中其值始终固定不变的量在 Java 语言中称为常量。按照数据类型的不同，常量又分为整型常量、浮点型常量、布尔型常量、字符型常量、字符串型常量和布尔型常量等。

1. 整型常量

整型常量在计算机中的表示可以分为十进制（decimal）、十六进制（hexadecimal）或八进制（octal）3 种形式。我们重点介绍十六进制和八进制两种进制形式。

（1）十六进制：十六进制是计算机中数据的一种表示方法，它由 0、1、2、3、4、5、6、7、8、9、A、B、C、D、E、F 组成，并且采用逢十六进一的进位法。以十六进制表示时，需以 0x 或 0X 开头，例如，0x87、0xAe、0x34。

（2）八进制：八进制是计算机中数据的一种常用表示方法，它由 0、1、2、3、4、5、6、7 组成，采用逢八进一的进位法。八进位必须以 0 开头，例如，0732、0327。

这里需要注意的是，使用 long 型常量时，最后必须以 L 结尾，如 789L。

2. 浮点型常量

浮点型常量就是可以带小数点的数据，其表现形式有两种。

- 小数点形式，例如 12.37、−0.567 等。
- 指数形式，例如 2.3E4（表示 2.3×10^4）、2.3E−4（表示 2.3×10^{-4}）。

这里需要注意的是，在 Java 语言中，使用浮点型常量时默认的类型为双精度型，即 double 型，如果要指定为 float 型或 double 型，可以采用在浮点型常量后面加上 F(f)或者 D(d)的方式。例如 23.34F、−78.34D。

3. 字符型常量

字符型常量是由英文字母、数字以及一些特殊字符所表示，其值就是字符本身。表示方法是用两个单引号将字符括起来，例如'A'、'@'。

另外，与 C 语言一样，Java 的字符集中也包括一些控制字符，但是这些字符是不能显示的，可以通过转义字符来表示。这些转义字符如表 3.7 所示。

表 3.7 转义字符

转义字符	功能
\b	退格
\t	水平制表
\n	换行
\f	换页
\r	回车

4. 字符串型常量

字符串型常量是由两个双引号所括起来的由零个或多个字符组成的字符串。例如 "Hello World!"。这里需要提醒读者的是，一定要分清空字符串常量和未初始化的字符串变量之间的区别。下面的代码显示了这两者之间的区别：

```
String str1="";
String str2;
```

其中字符串变量 str1 的值是空字符串常量，而字符串变量 str2 是未初始化的变量，它的值为 null，表示不确定，而不是空字符串。

5. 布尔型常量

布尔型常量的值只有两种：true（真）与 false（假），它表示逻辑的两种状态。

3.4 运算符与表达式

Java 语言的运算符与 C++非常类似，包含算术运算符、关系运算符、逻辑运算符、赋值运算符、位运算符等，是要用来表示和处理运算和操作的符号，不同的运算符之间存在着不同的运算优先级。

3.4.1 算术运算符

顾名思义，算术运算符是用来进行算术计算的，可以分为基本运算符、算术复合赋值运算符、递增和递减运算符等。算术运算符的运算数必须是基本数字类型的，也可以是 char 类型数据，但不能是布尔类型的数据。

1. 基本算术运算符

Java 的基本运算符及其具体含义如表 3.8 所示。

表 3.8　Java 的基本运算符及含义

运算符	含义
+	两个运算数作加法运算
−	两个运算数作减法运算或右侧单个运算数取负数
*	两个运算数作乘法运算
/	两个运算数作除法运算
%	两个运算数作除法取其余数的运算，也叫取模运算

算术运算符的示例代码如下：

```
int i = 12/5;        // i=2，整数除法，舍余数
double d = 12/5;     // d=2.0，整数除法，舍余数结果为 2 , 被自动转换成 2.0
float f=12.0/5;      // f=2.4，结果为精确值
```

2．算术复合赋值运算符

基本算术运算符和赋值运算符组合形成算术复合赋值运算符，其符号和具体含义如表 3.9 所示。

表 3.9　Java 的算术复合赋值运算符及含义

运算符	含义
+=	a+=b 等价于 a=a+b，将运算符左侧运算数加右侧运算数后，结果再赋给左侧运算数变量
−=	a−=b 等价于 a=a−b，将运算符左侧运算数减去右侧运算数后，结果再赋给左侧运算数变量
*=	a*=b 等价于 a=a*b，将运算符左侧运算数乘以右侧运算数后，结果再赋给左侧运算数变量
/=	a/=b 等价于 a=a/b，将运算符左侧运算数除以右侧运算数后，结果再赋给左侧运算数变量
%=	a%=b 等价于 a=a%b，将运算符左侧运算数与右侧运算数进行取模运算后，结果再赋给左侧运算数变量

3．递增和递减运算符

递增和递减运算符用来使变量的值自增 1 或自减 1，其符号和具体含义如表 3.10 所示。

表 3.10　Java 的递增和递减运算符及含义

运算符	含义
++	a++或++a 等价于 a=a+1，将运算数数值加 1
−−	a−−或−−a 等价于 a=a−1，将运算数数值减 1

在使用递增、递减运算符时，要注意运算数在运算符左侧和右侧（如++i 与 i++）的区别：运算数在左侧时，运算数先参与相关计算与赋值，然后运算数再递增、递减；而运算数在右侧时运算数将先递增、递减，递增/递减后的结果参与相关的计算与赋值。当然，无论运算数在运算符的哪边，运算数的结果都将递增或递减。

递增和递减运算符的示例代码如下：

```
int i = 1;
int j = i++;   //运算结果为 i=2,j=1,i 在运算符左侧,先赋值,后自增
int k = 1;
int l= ++k;    //值的结果为 k=2,l=2,k 在运算符右侧,先自增,后赋值
```

3.4.2 关系运算符

关系运算符是用来判断数值之间的关系的，其运算的结果是布尔值，关系运算符常常用在控制语句和各种循环语句中。其符号和具体含义如表 3.11 所示。

表 3.11 Java 的关系运算符及含义

运算符	含义
==	判断左边的数值是否等于右边的数值，如果等于结果为 true，否则为 false
!=	判断左边的数值是否不等于右边的数值，如果不等于结果为 true，否则为 false
>	判断左边的数值是否大于右边的数值，如果大于结果为 true，否则为 false
<	判断左边的数值是否小于右边的数值，如果小于结果为 true，否则为 false
>=	判断左边的数值是否大于或等于右边的数值，如果大于或等于结果为 true，否则为 false
<=	判断左边的数值是否小于或等于右边的数值，如果小于或等于结果为 true，否则为 false

关系运算符的示例代码如下：

```
int a = 1;
int b=2;
boolean b1=(a==b);   //b1 的值为 false
boolean b2=(a!=b);   //b2 的值为 true
boolean b3=(a>b);    //b3 的值为 false
boolean b4=(a<b);    //b4 的值为 true
boolean b5=(a>=b);   //b5 的值为 false
boolean b6=(a<=b);   //b6 的值为 true
```

3.4.3 逻辑运算符

逻辑运算符是用来专门对布尔类型的值进行逻辑运算的，因此，参与逻辑运算符的运算数只能是布尔型，结果也是布尔类型的。其符号和具体含义如表 3.12 所示。

表 3.12 Java 的逻辑运算符及含义

运算符	含义
&	两个运算数作逻辑与运算
|	两个运算数作逻辑或运算
!	运算符右侧单个运算数作逻辑非运算
^	两个运算数作逻辑异或运算
||	两个运算数作短路或运算
&&	两个运算数作短路与运算
&=	a&=b 等价于 a=a&b，将运算符左侧运算数与右侧运算数逻辑与后，结果再赋给左侧运算数变量
|=	a|=b 等价于 a=a|b，将运算符左侧运算数与右侧运算数逻辑或后，结果再赋给左侧运算数变量
^=	a^=b 等价于 a=a^b，将运算符左侧运算数与右侧运算数逻辑异或后，结果再赋给左侧运算数变量
==	判断两边的运算数是否相等，如果相等结果为 true，否则为 false
!=	判断两边的运算数是否不相等，如果不相等结果为 true，否则为 false

3.4.4 赋值运算符

赋值运算符是指为变量指定值的符号，在 Java 语言中，赋值运算的一般语法格式为：

变量名=表达式;

其中 "=" 为赋值运算符，表示将右面的数值赋给左边的变量。

由于 Java 语言是强类型语言，所以赋值时，表达式的时类型与变量的声明类型必须匹配，如果类型不匹配，也要能自动转换为对应的类型，否则编译时将报语法错误。

赋值运算符的示例代码如下：

```
byte b = 12;          //类型匹配，直接赋值
double d = 100;       //类型不匹配，先自动将 100 转换成 100.0，后赋值
boolean t = -100;     //类型不匹配，无法自动转换，语法错误
a + b = 100;          //不能为运算式 a + b 赋值，语法错误
```

3.4.5 位运算符

Java 位运算符允许操作一个整数类型数据中的单个 "比特"，即二进制位，位运算符会对运算数中对应的位执行布尔代数或位移。

位运算来源于 C 语言的低级操作，因为要直接操纵硬件，因此需要直接设置硬件寄存器内的二进制位。由于 Java 语言的设计初衷是嵌入式家电，所以这种操作符被保留下来了，当然，在现在的编程过程中，需要直接进行位计算的逻辑已经很少见了。位运算符的符号和具体含义如表 3.13 所示。

表 3.13 Java 的位运算符及含义

运算符	含义
~	对运算符右侧单个运算数作按位非运算
&	两个运算数作按位与运算
|	两个运算数作按位或运算
^	两个运算数作按位异或运算
&=	a&=b 等价于 a=a&b，将运算符左侧运算数与右侧运算数按位与后，结果赋给左侧运算数变量
|=	a|=b 等价于 a=a|b，将运算符左侧运算数与右侧运算数按位或后，结果赋给左侧运算数变量
^=	a^=b 等价于 a=a^b，将运算符左侧运算数与右侧运算数按位异或后，结果赋给左侧运算数变量
>>	将整数位的位置向右移若干位，舍掉左侧低位的值，右侧以符号位的值填充
>>>	将整数位的位置向右移若干位，舍掉左侧低位的值，右侧以 0 填充（无符号右移）
<<	将整数位的位置向左移若干位，舍掉右侧高位的值，左侧以 0 填充
>>=	a>>=n 等价于 a=a>>n，将运算符左侧运算数按位右移 n 位，结果赋给左侧运算数变量
>>>=	a>>>=n 等价于 a=a>>>n，将运算符左侧运算数按位无符号右移 n 位，结果赋给左侧运算数变量
<<=	a<<=n 等价于 a=a<<n，将运算符左侧运算数按位无符号左移 n 位，结果赋给左侧运算数变量

3.4.6 条件运算符

Java 提供一个唯一的三元运算符，这个运算符就是 "?:" 条件运算符。其语法格式为：

```
expression?statement1:statement2
```

其中，表达式 expression 的值为一个布尔值，如果该值为 true，则执行语句 statement1，如果该值为 false，则执行语句 statement2，而且需要注意的是 statement1 和 statement2 语句返回的值必须具有相同的数据类型。

条件运算符的示例代码如下：

```
int a=1,b=2,sum=0;
int result;
result=sum==0?a:b;
System.out.println("result="+result);
```

在上述代码中，sum=0，所以条件 sum= =0 成立，因此 result 变量的值等于 a，最后程序输出结果为 "result=1"。

3.4.7 运算符的优先级

通过上述的讲解，读者已经知道在 Java 中有许多类型的运算符。在编程中经常会在一个运算表达式中涉及多种运算，会用到多种运算符，各种运算的优先级会影响计算的先后顺序，也会影响到计算结果。Java 中运算符优先级定义如表 3.14 所示，其中优先的级别是从高向低排列的，同一行的优先级相同。

表 3.14 Java 的运算符优先级

优先级别	运算符	运算规则
最高	( ) [ ] .	从左向右运算
	++ -- ~ !	从右向左运算
	* / %	从左向右运算
	+ -	从左向右运算
	>> >>> <<	从左向右运算
	> >= < <=	从左向右运算
	== !=	从左向右运算
	&	从左向右运算
	^	从左向右运算
	|	从左向右运算
	&&	从左向右运算
	||	从左向右运算
	?:	从右向左运算
最低	= op=	从右向左运算

其中 "()" 运算符常被用来显示包含运算式中需要先计算的部分，尽量在运算表达式中多使用该运算符，可以提高表达式的可读性，并能避免由于运算符的级别问题而造成的定义表达式错误。"[]" 运算符是用来表示数组下标的，而 "." 运算用来将对象引用和成员名进行连接的。

3.4.8 表达式

表达式是操作数通过运算符连接起来形成的算式。一个表达式可能同时包括多个操作，操作的顺序由各运算符的优先级及括号决定。

一个常量或一个变量是最简单的表达式。表达式的值还可以作为其他操作的操作数，从而形成更复杂的表达式。

下面是一些表达式的示例：

```
speed
3.1415
num1+num2
a*(b+c)+d
x<=(y-z)
x&&y||z
```

3.5 程序基本结构

Java 语言和其他结构化编程语言一样，都支持顺序、分支、循环这 3 种程序控制结构。这 3 种结构的逻辑执行流程如图 3.2 所示。

（1）顺序控制结构

这是程序中最简单的流程控制方式，按照代码定义的先后顺序，依次一行一行的执行，程序中大多数代码都是按照这种方式组织运行的。如图 3.2 所示的顺序控制结构流程中，逻辑过程 A、B、C 将会被顺序执行。

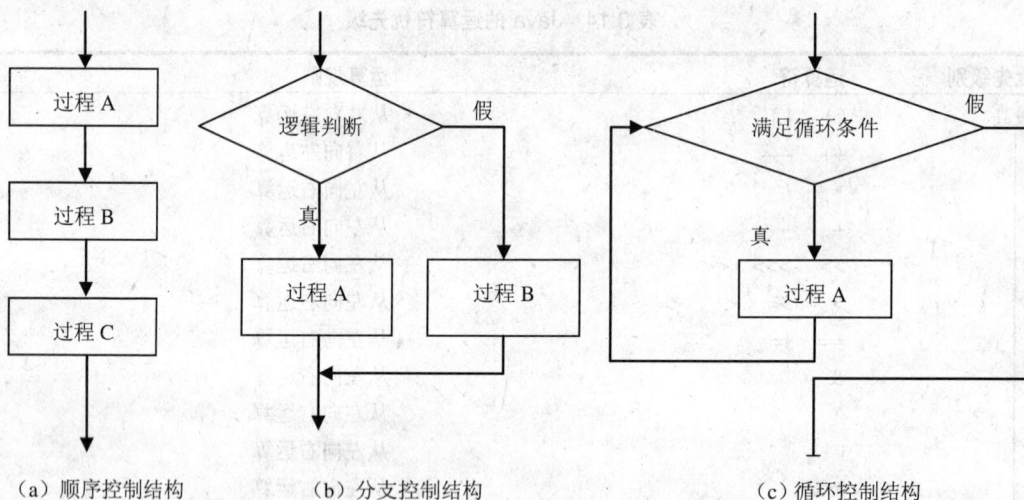

（a）顺序控制结构　　　（b）分支控制结构　　　（c）循环控制结构

图 3.2　3 种程序控制结构流程示意图

（2）分支控制结构

代码的执行要根据具体逻辑进行判断，这时代码的运行就会根据判断的结果而产生执行的分支。如图 3.2 所示的分支控制结构流程中，当逻辑判断为真时，逻辑过程 A 将被执行，而当逻辑判断为假时，逻辑过程 B 将被执行。

（3）循环控制结构

该结构可以按照一定的循环条件来控制相同的逻辑重复运行多次，而不会造成代码的重复。如图 3.2 所示的循环控制结构流程中，当循环条件满足时，逻辑过程 A 将被执行；然后将继续判断循环条件是否满足，如果还满足，A 将再被重复执行，如此循环直至判断循环条件为假时，循环逻辑控制结束，A 将不再被执行。

3.5.1 分支语句

分支语句也被称作选择语句，它提供了一种控制机制，使得程序可以根据相应的条件去执行对应的语句。

Java 中的分支语句有两种：一种是实现两路分支选择的 if…else 语句，另一种是实现多路分支选择的 switch 语句。其中 if…else 语句根据其应用的复杂程度又可以分为简单、嵌套等情况。

1. 简单 if 语句

简单 if 条件语句是在满足判断条件后执行相关定义的代码，不满足则不执行任何代码，其语法格式如下：

```
if(判断条件)
{
    代码块；
}
```

其中，判断条件为关系或者逻辑运算表达式，其结果必须是布尔类型。代码块是当判断条件的结果为 true 时要执行的代码，可以是一行，也可以是多行。代码块使用 "{}" 将执行代码包含起来，如果执行代码仅是一行，则 "{}" 可以省略。

初学者容易犯的错误是，在包含判断条件的 "()" 后面特别容易习惯性地添加 "；"，这样会造成无论判断结果如何后面的代码块都会执行。

下面的示例代码显示了简单 if 条件语句的具体使用。

```
class SimpleIfExample{
    public static void main(String[] args)     {
        int i = 9;
        System.out.println("i=" + i);  //打印输出 i 的值
        if (i % 2 == 0) {              //如果 i%2 的结果等于 0，输出相关提示信息
            System.out.println("i 能被 2 整除");
        }
        if (i % 3 == 0)                //如果 i%3 的结果等于 0，输出相关提示信息
        {
            System.out.println("i 能被 3 整除！");
        }
        if (i % 5 == 0); //如果 i%5 的结果等于 0，不做任何操作，";"表示 if 代码块的结束
        System.out.println("i 能被 5 整除！");  //该语句将无条件执行，与 if 条件判断无关
    }
}
```

其中要特别注意 System.out.println("i 能被 5 整除！")这条语句也将被执行，这显然是错误的，原因就是代码后 "if (i % 5 == 0);" 的分号造成的，将其删除，则程序的输出结果将不再打印 "i 能被 5 整除！"。

2. If…else 语句

if…else 条件语句是在满足判断条件时执行相关定义的代码，不满足条件时则执行另外定义的代码，其语法格式如下：

```
if(判断条件){
    代码块 1
}
else{
    代码块 2
}
```

它与简单 if 语句的不同之处在于，当条件结果为 false 时，执行代码块 2 中的语句，这些代码可以是一行，也可以是多行代码。

下面的示例代码显示了 if...esle 条件语句的具体使用。

```
class IfExample {
  public static void main(String[] args) {
    int i = 9;
    System.out.println("i=" + i);              //打印输出 i 的值
    if (i % 2 == 0) {
        System.out.println("i 能被 2 整除");      //如果 i%2 的结果等于 0，输出相关提示信息
    } else {
        System.out.println("i 不能被 2 整除");    //如果 i%2 的结果不等于 0，输出相关提示信息
    }
    if (i % 3 == 0) {
        System.out.println("i 能被 3 整除！");    //如果 i%3 的结果等于 0，输出相关提示信息
    } else {
        System.out.println("i 不能被 3 整除！");//如果 i%3 的结果不等于 0，输出相关提示信息
    }
    if (i % 5 == 0)
        System.out.println("i 能被 5 整除！");    //如果 i%5 的结果等于 0，输出相关提示信息
    else
        System.out.println("i 不能被 5 整除！");//如果 i%5 的结果不等于 0，输出相关提示信息
  }
}
```

3. 多层嵌套 if 语句

在 if 语句中执行的代码块可以是任何合法的 Java 语句，当然也可以是 if 语句本身，这样就构成 if 语句的嵌套结构，从而形成多分支选择。多层嵌套的 if 语句的执行逻辑流程如图 3.3 所示。

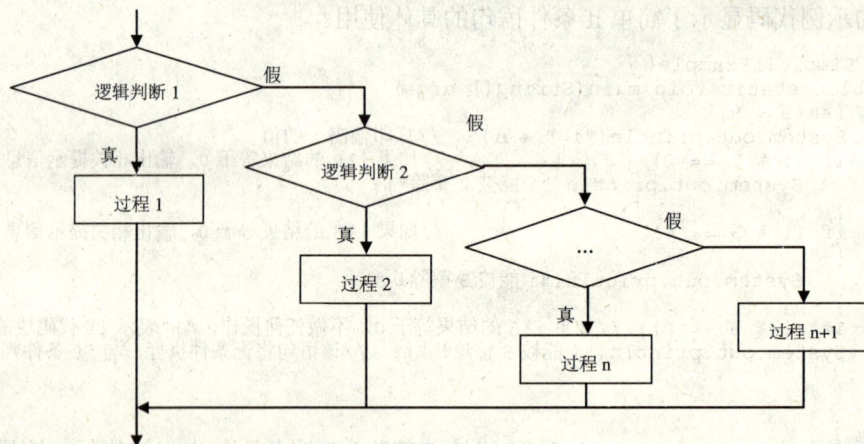

图 3.3 多层嵌套 if 语句结构流程示意图

if 语句既可以嵌套在 if 代码块中，也可以嵌套在 else 代码块中，常见的多层嵌套 if 语句的语法格式如下：

```
if (判断条件 1){
      代码块 1
}
else if(判断条件 2){
      代码块 2
   }
   ...
else if(判断条件 n)
{
    代码块 n
}
```

```
else
{
    代码块 n+1
}
```

下面的示例代码显示了多层嵌套 if 语句的具体使用。

```
class ComIfExample {
    public static void main(String[] args) {
        int i = 9;
        System.out.println("i=" + i);               // 打印输出 i 的值
        if (i % 2 == 0) {
            System.out.println("i 能被 2 整除");       // 如果 i%2 的结果等于 0, 输出相关提示信息
        } else if (i % 3 == 0) {
            System.out.println("i 能被 3 整除! ");      // 如果 i%3 的结果等于 0, 输出相关提示信息
        } else if (i % 5 == 0){
            System.out.println("i 能被 5 整除! "); // 如果 i%5 的结果等于 0, 输出相关提示信息
        }else{
            System.out.println("i 不能被 2、3、5 整除! ");//都不能被整除时, 输出相关提示信息
        }
    }
}
```

这里需要注意的是，在多层嵌套 if 语句中，else 总是与离它最近的 if 匹配。例如下述代码：

```
if(x>0)
  if(y>0)
          z=100;
  else
          z=99;
```

此处的 else 与 if(y>0)匹配，也就是说，当 y<=0 时，z 的值为 99。

将上述代码修改如下：

```
if(x>0){
  if(y>0)
    z=100;
}
else
    z=99;
```

此处的 else 与 if(x>0)匹配，也就是说，当 x<=0 时，z 的值为 99。

4. switch 多分支语句

在 if 语句中，判断语句的结果只能有两种：true 或 false。若情况更多时，就需要使用多层嵌套 if 语句，这样书写起来比较麻烦，使得程序的可读性差，并且容易产生错误。这种情况下，使用另一种可提供更多选择的 switch 多分支语句就比较方便。switch 语句的语法格式如下：

```
switch(判断表达式){
    case value1: 语句块 1;
                break;
    case value2: 语句块 2;
                break;
        ...
    case valueN: 语句块 N;
                break;
    default:    语句块 N+1;
}
```

使用 switch 语句必须注意如下问题。

- switch 表达式的返回值类型必须为 byte、short、int、long 或 char 类型。
- case 后的值 value 必须是与 switch 表达式类型兼容的特定的一个常值（它必须为一个常值，而不是变量），每个值必须不同，重复的 case 值是不允许的。

- switch 表达式的值按照顺序与每个 case 语句中的常量作比较，如果有一个常量 valuei 与表达式的值相等，则执行该 case 语句后的语句块 i。如果没有一个常量与表达式相同，则执行 default 语句，default 语句是可选的，如果没有 default 语句，则程序不作任何操作，直接跳出 switch 语句。
- break 语句用来在执行完一个 case 分支后，使程序跳出 switch 语句，即终止 switch 语句的执行。

下面的示例代码根据输入的月份显示该月有多少天，演示了 switch 语句的具体使用。

```
public class Month{
    public static void main(String args[]){
    int month;
    int year=2009;
    int numDays=0;
    //通过 main()方法进行参数传递
    month=Integer.parseInt(args[0]);
    //使用 switch 语句进行多分支判断
    switch(month){
    case 1:
    case 3:
    case 5:
    case 7:
    case 8:
    case 10:
    case 12:
        numDays=31;
    break;  //跳出 switch 语句
    case 4:
    case 6:
    case 9:
    case 11:
        numDays=30;
    break;  //跳出 switch 语句
    case 2:
        //判断此年份是不是闰年
        if((((year%4==0)&&!(year%100==0))||(year%400==0))
            numDays=29;
        else
            numDays=28;
        break;  //跳出 switch 语句
    }
```

3.5.2 循环语句

循环语句的作用是在一定条件下，反复执行一段程序代码，直到满足终止条件为止。Java 语句提供的循环语句有 while 语句、do…while 语句、for 语句。当然，循环语句也是可以多重嵌套的。

1. while 语句

while 语句是 Java 中最经常使用的循环控制语句之一，其一般是按照某个条件的判断结果来进行循环，当然也可以使用循环变量控制循环的次数，能够比较方便地实现不固定次数的循环操作，其语法格式如下：

```
while(循环条件) {
    循环主体
}
```

while 语句会首先执行循环条件，循环条件为 true 时才执行循环主体内定义的逻辑语句。

循环条件会在循环主体的语句执行完毕后再次执行，如果结果还为 true，则将继续循环，直至结果为 false，while 循环将结束。

下面的示例代码演示了 while 循环语句的具体使用。

```
class WhileExample {
    public static void main(String[] args) {
        int a=10;
        int b=20;
        while(a>b)    //由于a>b第一次结果就为false,所以该循环体一次都不被执行
        {
            System.out.println("a="+a+" b="+b+" a>b");  //打印相关的提示信息
            a--;      //a 递减
        }
        while(a<b)    //a<b的计算结果为true,该循环体将一直被执行,直至a<b的运算结果为false
        {
            System.out.println("a="+a+" b="+b+" a<b");  //打印相关的提示信息
            a++;      //a 递增
        }
    }
}
```

2. do…while 语句

do…while 语句也是按照循环条件来进行循环，与 while 语句非常类似，唯一的区别是循环条件和循环主体执行语句的前后顺序有所不同。while 语句是先检查循环条件是否成立，后再执行循环主体语句；而 do…while 是先执行循环主体语句后，再检查循环条件。因此，不管循环条件是否满足，do…while 循环至少执行一次。其语法格式如下：

```
do {
    循环主体
} while(循环条件);
```

这里需要注意的是，while（循环条件）后面的分号不能丢掉，这是初学者经常容易遗漏的地方。

下面的示例代码演示了 do…while 循环语句的具体使用。

```
class DoWhileExample {
  public static void main(String[] args) {
    int a=10;
    int b=20;
    do{
        System.out.println("a="+a+" b="+b+" a>b");//会先被执行一次,虽然不符合while条件
        a--;                                        //a 被自减, a=9
    }while(a>b);
    System.out.println();                          //输出空行
    do
    {
        System.out.println("a="+a+" b="+b+" a<b");  //第一次被执行时 a=9
        a++;
    }while(a<b);
  }
}
```

3. for 语句

for 语句是 Java 中最常使用的循环控制语句，for 循环语句一般和控制循环次数的循环变量结合使用，能够比较方便地实现固定次数的循环操作。其语法格式如下：

```
for(控制变量初始值;继续条件;控制变量调整值 ) {
        //循环主体
        }
```

其中，控制变量初始值用于设置循环变量的初始值，只是在程序开始的时候执行一次。继

续条件是一个布尔表达式,作为判断循环是否继续的条件,如果布尔值为真,就执行一次循环体,否则退出循环。控制变量调整值用于改变循环控制变量的值。

下面的代码用于计算 1+2+3+...+100 的和,显示了 for 语句的具体使用。

```java
public class Sum{
    public static void main(String args[]){
    int i,sum=0;
    //使用 for 语句循环 100 次,进行加法运算
    for(i=1;i<=100;i++){
        sum+=i;
    }
    System.out.println("sum="+sum);
    }
}
```

3.5.3 跳转语句

Java 中的跳转语句包含 break 和 continue,这些跳转语句经常与分支和循环语句结合使用,从而实现相关的流程控制。

1. break 跳转语句

break 跳转语句的作用就是跳出指定的语句块,并从紧跟该块的第一条语句处执行。例如终止 switch 语句的执行和跳出循环等。

在之前的 switch 多分支语句中已经介绍过 break 语句的用法了,下面我们着重介绍 break 语句在循环语句中的使用。下面的示例代码显示了 break 语句在循环语句中的具体使用。

```java
public class BreakExample {
    public static void main(String[] args) {
        for (int i = 0; i <= 10; i++) {
            if (i == 5) {
                //当 i 等于 5 时,跳出 for 循环
                break;
                }
            System.out.print(i + "\t");
            }
        }
    }
```

上述代码中的 for 循环正常执行应该是输出 0~10 的整数,但是其中添加了一个循环变量等于 5 就使用 break 语句中止循环的逻辑代码,所以结果是输出 0~4 的整数。

2. continue 跳转语句

continue 语句只能用于循环语句内部,其功能是跳过该次循环的尚未执行的代码,继续执行下一次循环逻辑。它与 break 语句的最大区别就是,break 语句将跳出整个循环,而 continue 语句只是跳出本次循环。下面的示例代码显示了 continue 语句在循环语句中的具体使用。

```java
public class ContinueExample {
    public static void main(String[] args) {
        for (int i = 0; i <= 10; i++) {
            if (i == 5) {
                //当 i 等于 5 时,跳出当前这一次循环
                continue;
                }
            System.out.print(i + "\t");
        }
    }
}
```

我们将程序中的 break 换成了 continue，则程序的执行结果将大不相同。因为 continue 只是跳出本次循环，因此，当循环变量等于 5 时，使用 continue 语句中止当前本次循环，所以结果是输出 0~10 中除了 5 以外的整数。

3.6 数组

本章前面介绍的整数类型、浮点类型、字符类型、布尔类型都属于基本数据类型，基本类型的值就是一个数字、一个字符或一个布尔值。而在实际应用中，经常需要处理具有相同性质的一批数据，例如，要处理一个班级学生的成绩，如果使用基本数据类型，就需要许多变量，极为不便，为了方便处理一组具有相同性质的数据，在 Java 中引入了数组的概念。Java 中的数组的定义和传统语言类似，数组是相同类型变量的顺序集合，在这个集合中的特定变量要使用共同的名字和变量在集合中的顺序下标来访问。

数组可以按照其中的变量类型被定义为各种类型，可以是复杂类型，也可以是基本数据类型，在这里将以基本类型为例，但是这些用法将同样适用于复杂类型。数组中的每个元素通过数组名和数组下标唯一的确定，下标从 0 开始排序，如果一个数组的长度为 5，则各元素的序号为 0~4。

Java 中的数组同样可以是一维或多维，数组提供了一种将有顺序关系的信息分组和引用的便利方法，它经常和循环控制语句联合使用以完成相关的逻辑操作。

3.6.1 一维数组

数组同其他变量一样，在使用数组之前，必须首先声明它。声明一个数组就是要确定数组的名称、数组元素的数据类型和数组的维数。

一维数组声明的格式如下：

```
Type  arrayName[ ];
```

或

```
Type[ ]  arrayName;
```

其中，Type 是数组的类型，也就是该数组内包含的变量的类型，既可以是基本类型，也可以是复杂类型。arrayName 表示数组名称，可以是任意合法的标识符。"[]"表明定义的是一维数组而不是普通的变量，它可以紧跟在类型声明之后，也可以跟在数组名称之后。第一种方式是为了照顾 C 程序员的习惯，第二种方式是 Java 语言建议使用的格式。

一维数组声明的示例代码如下：

```
int[] nums;           //声明了一个 int 类型的一维数组，数组的名称为 nums
String[] useNames;    //声明了一个 String 类型的一维数组，数组的名称为 userNames
float totals[];       //声明了一个 float 类型的一维数组，数组的名称为 totals
```

Java 在声明数组的时候，并不为数组元素分配内存，因此 "[ ]" 中不用指出元素的个数，即数组长度；而且数组声明之后，还不能访问任何元素，否则程序编译的时候就会出现错误。因为数组在声明之后，必须经过数组初始化才能引用数组中的元素。

数组的初始化可以通过给元素赋初值进行，也可以通过 new 操作符完成。

通过直接给元素赋初值从而为一维数组初始化的格式如下：

```
Type arrayName[ ]={element1[, element2, ...]};
```

其中，Type 表示数据类型，arrayName 表示数组名称，element1、element2 等表示 Type 类型的数组元素初始值，方括号表示可选项。

这种格式是在声明数组的同时进行，所赋初值的个数决定数组元素的数目，适合于元素个数不多的情况。

该格式初始化语句的示例代码如下：

```
int intArray[]={1,2,3,4};
```

该语句定义一个含有 4 个元素的 int 型数组并为之赋初值，系统为其分配存储空间，并且 4 个元素的初始值分别为 1、2、3、4，初始化之后的内存存放形式如图 3.4 所示。

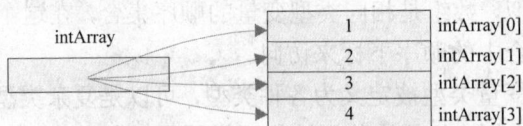

图 3.4 数组元素在内存中的存放形式

另外，我们还可以通过 new 操作符对数组进行初始化，其格式如下：

```
Type arrayName=new, Type[arraySize];
```

其中，Type 表示数据类型，arrayName 表示数组名称，arraySize 指明数组的大小。

这种格式既可以在声明数组的同时进行，也可以先声明数组，然后再初始化，适合于元素个数较多的情况。

该格式初始化语句的示例代码如下：

```
int intArray[];              //声明一个 int 型数组 intArray
intArray = new int[4];       //给数组分配 4 个 int 型数据空间，并初始化为 0
```

或者

```
int intArrayName[]=new int[4]; //声明并初始化数组
```

数组初始化后，系统为其分配 4 个 int 型数据空间，用于存储 5 个数组元素，int 类型数组初始化后，数组元素的默认值为 0。初始化之后的内存存放形式如图 3.5 所示。

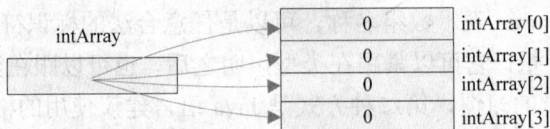

图 3.5 数组元素在内存中的存放形式

当定义了一个数组，并对其进行初始化并分配了内存空间后，就可以引用数组中的元素。数组元素的引用方式为：

```
arrayName[index];
```

其中，index 为数组下标，它可以为整型常数或表达式，下标从 0 开始，一直到数组的长度减 1。以下都是合法的数组引用格式：

```
a[3], b[i], c[6*j]
```

下面的示例代码显示了一维数组的具体使用。

```
public class Example19{
public static void main(String args[]){
    float score[]={41.0f,82.5f,69.0f,94.5f};  //初始化数组
    int rank[];              //声明数组
    rank=new int[4];         //数组长度为 4
    rank[0]=4;               //数组中的第一个数，数组下标为 0
    rank[1]=2;
    rank[2]=3;
    rank[3]=1;               //数组中的第四个数，数组下标为 3
    for(int i=0;i<4;i++){
      System.out.println ("Ascore["+i+"]="+score[i]+" "+"rank["+i+"]="+rank[i]);
      }
  }
 }
```

在上述代码中，声明一个 float 类型的数组 score，并且通过赋初值初始化数组，使数组的 4 个元素 score[0]、score[1]、score[2]、score[3]的值分别为 41.0、82.5、69.0、94.5；然后又声明一个数组 rank，并通过 new 操作符初始化数组，指定数组的长度为 4，初始化数组后分别给每个元素赋值；最后通过 for 循环输出两个数组中的每个元素的值，注意引用每个数组元素的下标为变量 i。

3.6.2 多维数组

日常涉及的许多数据是由若干行和若干列组成的，为了处理这一类数据，在 Java 中可以使用多维数组，即每个元素需要两个或多个下标来描述的数组。多维数组可以看作是数组的数组，即高维数组的每一个元素为一个低维数组。多维数组和一维数组一样，在使用前也必须对其进行声明和初始化，并且声明和初始化的方法与一维数组类似。下面我们以二维数组为例，介绍多维数组的具体应用。

二维数组的声明格式如下：

```
Type arrayName[][];
```

或者

```
Type[][] arrayName;
```

二维数组的声明方式与一维数组类似，只是多加了一对方括号，而且声明二维数组也不需要为数组元素分配内存，因此方括号中不用指出数组长度。

声明一个二维数组仅为数组指定了数组名和数组元素的类型，并未指定数组的行数和列数，因此，系统无法为数组分配存储空间。与一维数组类似，我们也需要对二维数组进行初始化。二维数组的初始化也有两种方式：

```
Type[][] sarrayName={{初值表}, {初值表}, ..., {初值表}};
```

其中，**Type** 表示数据类型，**arrayName** 表示数组名称，初值表是用逗号隔开的初始值列表。该格式初始化语句的示例代码如下：

```
int Score[][]={{1,2},{3,4,5},{1,2,3,4}}
```

该语句声明了一个 3 行 4 列的二维数组，初始值由 3 个初值表组成，并且第 3 个初值表中

包含 4 个元素，虽然前面两个初值表中的元素分别只有 2 个和 3 个，但是这里必须以长度最长的初值表为准，不足的以 0 填充。初始化之后的二维数组内存存放形式如图 3.6 所示。

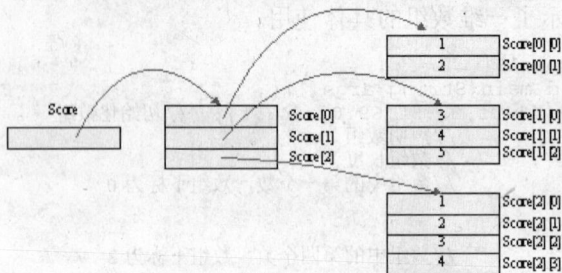

图 3.6 二维数组元素在内存中的存放形式

另外，我们也还可以通过 new 操作符对二维数组进行初始化，其格式如下：

```
Type[][] arrayName=new Type[length1] [length2];
```

其中，Type 为数组元素的类型，arrayName 为数组的声明的名字，length1 指明数组的行数，length2 指明数组的列数。

该格式初始化语句的示例代码如下：

```
int intArrayName [ ] [ ]=new int[3][3];
```

二维数组元素的引用方式与一维数组也基本类似，格式为：

```
arrayName[index1] [index2];
```

其中，index1 为数组行下标，index2 为数组列下标，它可以为整型常数或表达式，每个下标的最小值为 0，最大值分别比行数和列数小 1。以下都是合法的二维数组引用格式：

```
a[1][1], b[i][j]
```

下面的示例代码显示了二维数组的具体使用。

```
public class Example21{
    public static void main(String args[]){
    int i,j;
    int intArray[][];
    intArray=new int[3][3];
    for(i=0;i<3;i++)              //给二维数组的每个元素赋值
        for(j=0;j<3;j++)
            intArray[i][j]=i+j;
    for(i=0;i<3;i++)
        {
        for(j=0;j<3;j++)      //输出二维数组每个元素的值
          System.out.print(intArray[i][j]+"  ");
        System.out.println();
        }
    }
}
```

3.7 上机实训——对数组进行排序

本节介绍的上机实训例子是使用选择法对数组按从小到大进行排序。该实例练习数组的创建和遍历，要求读者熟练掌握循环语句和分支语句的运用。

3.7.1 项目要求

本项目使用选择法对 10 个整数按照从小到大的顺序进行排序，然后将排序后的数组输出。

3.7.2 项目分析

首先在给定的数组中找到一个最小的数，将其换到数组的第一个元素的位置，然后再在第二个数到最后一个数之间求得最小数，将其换到数组的第二个元素的位置，依此类推，直到最后，得到的结果便是已完成的递增序列。

3.7.3 项目实现

Step 01 在 Eclipse 中创建一个名称为 SortDemo 的 Java Project 项目。

Step 02 在该项目中，创建一个名称为 SelectSortDemo 的 Java 类，并在打开的 Java 代码编辑器中编写该类的具体定义代码：

```java
public class SelectSortDemo {

    public static void main(String[] args )
    {
    //初始化数组
        int mp[ ]={8,6,12,5,14,7,23,2,19,1};
        System.out.println("原始数组是:");
    //将原始的数组输出
        for(int j=0;j<mp.length;j++)
            System.out.print(mp[j]+"\t");
            System.out.println();
        //使用选择法对数组进行排序
            for(int i=0;i<mp.length-1;i++)
                for(int j=i;j<mp.length;j++)
                    if(mp[i]>mp[j])
                    {
                        int t=mp[i];mp[i]=mp[j];mp[j]=t;
                    }
        //输出排序后的数组
            System.out.println("排序后的数组是: ");
            for(int j=0;j<mp.length;j++)
                System.out.print(mp[j]+"\t");
    }
}
```

该项目运行后的结果如图 3.7 所示。

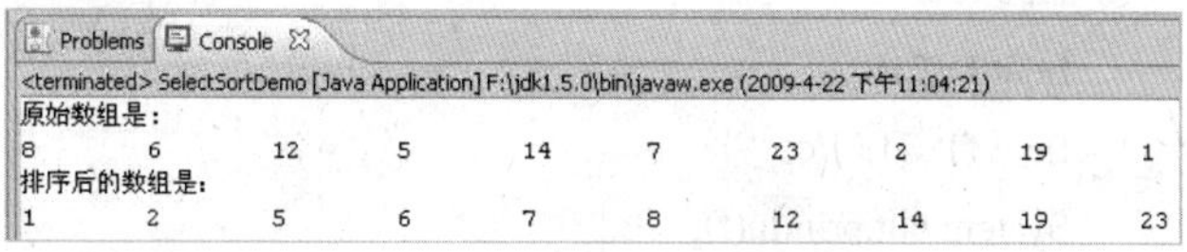

图 3.7 排序前和排序后的数组

3.8 小结

本章重点介绍了 Java 语言最基本的语法定义，这些都是 Java 程序开发过程中的最基本的元素，对于这些知识的理解和掌握是 Java 编程的基础。虽然本章的内容对于稍有基础的读者难度不大，但是对于初学者还是建议针对相关的知识点多做实验，这将帮助读者很快地理解和掌握这些语法定义。

3.9 习题

3.9.1 思考题

（1）判断下列标识中哪些是 Java 的关键字。

　　sun　java　class　public　in　out　Class　error static

（2）判断下列 Java 标识中哪些是合法的。

　　_aa　2a　s$4　class　o.c　webHtml　userName　public

（3）写出下列各代码片段的运行结果。

① int a=35;

　　a>>=2;

　　System.out.print(a);

② int a=30;

　　int b=35;

　　System.out.print(a&b);

③ boolean b=true;

　　boolean c=false;

　　System.out.print(b^c);

④ int c=10;

　　int i=c++*25+3 ;

　　System.out.print(i);

　　System.out.print(c);

⑤ int c=10;

　　int i= ——c*25+3 ;

　　System.out.println(i);

　　System.out.println(c);

⑥ int c=10;

　　float f= 21/c;

　　float f1=21.0f/c;

　　System.out.println(f);

　　System.out.println(f1);

3.9.2 操作题

（1）代码可以按照百分制分数判断并输出其级别：优（85～100）、良（75～85）、中（70～75）、及格（60～70）、不及格（<60），要求使用多层嵌套 if 语句和 switch 语句分别实现。

（2）实现数组{5,100,25,300,-5}的从小到大排序。

（3）计算并打印输出 1～50 之间的素数。

第 **4** 章

Java 的类和接口

本章重点讲解 Java 语言的面向对象技术，包括面向对象的基本概念、面向对象的程序设计方法和 Java 中的类、包、对象、抽象类、接口以及继承、封装和多态性等面向对象的特性。通过对本系统中类和对象的定义和使用，使读者深入掌握 Java 面向对象编程的精髓。

知 识 点

◎ Java 的类和对象

◎ 类的继承性

◎ Java 的接口

从第 4 章开始,我们将以一个完整的应用系统——办公固定资产管理系统为例,将该系统开发中所涉及的知识点的具体实现融合在每一章中,每章中的任务都是对该系统中相应代码的实现,而每章中的上机操作是要读者根据给出的对系统的功能描述以及要求达到的目的,综合运用该章中所讲解的内容自己进行实现。这样,将本书中所有章节学习完后,该系统的开发也就完成了。

4.1 类和对象

Java 语言是一种面向对象的高级程序设计语言。面向对象编程(OOP)是目前最接近人类思维的计算机编程方式之一,它是计算机语言朝着人类自然语言发展方向上的研究成果。OOP 对问题的求解过程实际上是模拟人类对事物的处理过程。所有的物体都可以看作对象,对象有一定的框架结构,具有一定的功能,完成一定的任务,而且这些对象之间可以建立起联系,从而像人类那样处理各种各样的事务。在 Java 语言中这种对象都是通过类来构造的。

Java 语言中的类就是一个模板。对象是在其类模板上建立起来的,就像根据建筑图纸来建楼一样。同样的图纸可用来建造许多楼房,而每栋楼房则只是建筑图纸的一个对象。

4.1.1 Java 的类定义

把众多的事物归纳、划分成一些类是人类在认识客观世界时经常采用的思维方法。分类的原则是抽象。

在面向对象的编程语言中,为了符合编程人员的思维习惯以及更好地使客观世界与程序世界相对应,提出了类的概念。类是具有相同属性和方法的一组对象的集合,它为属于该类的所有对象提供了统一的抽象描述,其内部包括属性和方法两个主要部分。类是一个独立的程序单位,是 Java 程序的基本组成单位,它应该有一个类名并包括属性说明和方法说明两个主要部分。在面向对象编程语言中,要使用类的概念,首先必须进行类定义。

1. 类的定义格式

Java 中类的定义格式如下:

```
<类首声明>{
        <类主体>
}
```

其中:

类首声明定义了类的名字、访问权限,以及与其他类的关系。

类主体定义了类的成员,包括变量(属性)和方法(行为)。

2. 类首声明

类首声明的格式如下:

```
[<修饰符>] class <类名> [extends <父类名>] [implements <接口名>]
```

其中:

class 是类定义的关键字。

extends 是表示定义的类和另外一个类的继承关系的关键字。

implements 是表示类实现了某些接口的关键字。

修饰符表示类的访问权限（public、private 等）和一些其他特性（abstract、final 等）。

3．类主体

类主体的结构如下：

```
<类首声明>{//以下为类主体
    <成员变量的声明>
    <成员方法的声明及实现>
}
```

其中：

成员变量即类的属性，其主要反映了类的状态。

成员方法即类的行为，主要定义了对属性的操作。

【例 4.1】定义一个用户类。

```
public class User{
  //成员变量
  String name;
  int age;
  //成员方法
  public void show()
    {
      System.out.println("用户姓名是："+ name +",年龄是："+ age);
    }
}
```

在例 4.1 定义的类中，成员变量 name、age 分别表示用户的姓名和年龄，成员方法 show()
用来对属性进行操作，即打印出用户的信息。

通过本例，读者可以看到，使用类的形式进行定义将有助于程序员编写出更加容易维护和
修改的程序。

4.1.2 类的成员变量和成员方法

从程序设计的角度来看，类的成员变量用来表示事物的属性，类的成员方法用来表示事物
的行为。例如，现实生活中一个人，每个人都有自己的行为和属性，一个人的属性可以有姓名、
性别、年龄、身高和体重等，一个人的行为可以有行走、跑步、开车等。

1．成员变量

类的成员变量的声明要给出变量名、变量类型以及其他特性，其格式如下：

```
[<修饰符>][static][final][transient][volatile] <变量类型><变量名>
```

其中：

static 表示一个类成员静态变量。

final 表示一个常量。

transient 表示一个临时变量。

volatile 用于表示并发线程的共享变量。

修饰符表示变量的访问权限（默认访问、public、private 和 protected），关于访问权限，将在后续章节中详细说明。

在例 4.1 中，定义的成员变量 name 是字符串类型变量，age 是整型变量，有默认的访问权限。

2. 成员方法

类的成员方法是类的行为，通过它实现了对类的属性的操作。此外，其他类也可以通过某个类的方法对其变量进行访问。

对于习惯了 C 语言等面向过程的读者而言，特别需要注意的是，Java 中的方法必须属于某个类，不能定义一个不属于任何类的方法。

类的成员方法的声明格式如下：

```
[<修饰符>][static][final | abstract][native][synchronized]<返回类型> <方法名> ([<参
数列表>]) [throws<异常类>]{
    方法体
}
```

其中：

修饰符表示方法的访问权限（默认访问、public、private 和 protected）。

static 是静态方法，可通过类名直接调用。

abstract 是抽象方法，只有方法声明，没有方法体。

final 是最终方法，不能被重写。

native 是集成其他语言代码的方法。

synchronized 是控制多个并发线程访问的方法。

返回类型为该方法返回值的类型，若该方法没有返回值，则返回类型为 void。

参数列表中的参数变量用于接收数据（如果有数据要传递到该方法中）。

在本章的例 4.1 中，定义的成员方法 show()没有返回值，也不需要输入参数，有 public 的访问权限。

4.1.3　类的构造方法

在类定义中有一类特殊的成员方法，这类成员方法的名字与类名完全一致，在创建对象时用来对成员变量进行初始化。这类方法被称作构造方法。

创建一个构造方法和创建其他成员方法是一样的。但是需要注意的是，类中的构造方法的名字必须和这个类的名字一模一样，此外，构造方法不能有返回值，在构造方法名字前面连 void 也不能加。

那么，是不是在类中必须定义一个构造方法呢？答案是否定的。因为如果在类中没有创建用户自定义的构造方法，Java 会提供一个默认的构造方法，默认的构造方法没有参数，因此不能对成员变量进行初始化。但是，这里需要注意一点，如果类中有了用户自定义的构造方法，Java 就不会给出默认的构造方法。所以，用户如果想在程序中继续使用无参的构造方法，就必须在类中再自己定义一个无参数的构造方法。

实际上，构造方法是可以重载的（关于重载，我们将在后续章节中详细介绍），也就是说，可以在一个类中创建多个同名但参数不一样的构造方法。

【例 4.2】 在用户类中添加构造方法。

```java
public class User{
    //成员变量
    String name;
    int age;
    //用户自定义的构造方法
    public User(String name,int age)
    {
        this.name=name;
        this.age=age;
    }
    //无参构造方法
    public User()
    {}
    //成员方法
    public void show()
    {
        System.out.println("用户姓名是: "+ name + ",年龄是: "+ age);
    }
}
```

4.1.4　对象的创建和使用

　　对象是系统中用来描述客观事物的一个实体，它是构成系统的一个基本单位。一个对象由一组属性和对这组属性进行操作的一组服务组成。从更抽象的角度来说，对象是问题域或实现域中某些事物的一个抽象，它反映该事物在系统中需要保存的信息和发挥的作用；它是一组属性和有权对这些属性进行操作的一组服务的封装体。客观世界是由对象和对象之间的联系组成的。

　　当我们定义了一个类之后，这个类就与 int、float、char 等基本数据类型一样，是 Java 的一种数据类型。类被认为是 Java 中的抽象数据类型，是给对象的特殊类型提供定义。它规定对象内部的数据，创建该对象的特性，以及对象在其自己的数据上运行的功能。因此类就是一块模板。对象是在其类模块上建立起来的。类与对象的关系就如模具和铸件的关系，类的实例化结果就是对象，而对一类对象的抽象就是类。

　　应该注意，类定义了对象是什么，但它本身不是一个对象。在程序中只能有一个类定义，但可以有几个对象作为该类的实例。因此，在程序中不能直接使用类，而是要首先实例化一个对象，然后通过该对象调用类中定义的成员变量和成员方法，否则将无法调用类中定义的成员变量和成员方法（类中的静态成员变量和成员方法除外）。

1. 对象的创建

在 Java 编程语言中使用运算符 new 来实例化一个对象。创建对象的形式有两种。

第一种形式的创建步骤如下。

（1）声明对象

声明一个对象的具体格式如下：

<类名> <对象名>

例如：

```java
User user;
```

表示将 user 声明为类 User 的对象，但是这样并没有将该对象实例化，而仅仅是通知 Java 编译器，user 是类 User 的一个对象。

（2）实例化对象

用运算符 new 来实例化对象，具体格式如下：

<对象名>=new 构造方法()

例如：

user=new User();

表示对 User 类的对象 user 进行实例化，使用的是缺省的构造方法。

第二种创建对象的形式是在声明对象的同时进行实例化。具体格式如下：

<类名> <对象名>=new 构造方法()

例如：

User user=new User();

表示在声明对象时，就向内存申请分配存储空间，同时对对象进行实例化。

在编程过程中，我们在程序中可以创建同一个类的若干个对象。

【例 4.3】在应用程序中创建对象。

```java
public class User{
    //成员变量
    String name;
    int age;
    //用户自定义的构造方法
    public User(String name,int age)
    {
        this.name=name;
        this.age=age;
    }
    //无参构造方法
    public User()
    {}
    //成员方法
    public void show()
    {
        System.out.println("用户姓名是："+ name + ",年龄是："+ age);
    }
    public static void main(String[] args)
    {
        //用默认的构造方法创建对象
        User user1=new User();
        //用用户自定义的构造方法创建对象，并同时进行初始化
        User user2=new User("sun",28);
    }
}
```

2. 对象的使用

创建了对象之后，就可以根据对象和对象成员的访问权限对成员变量进行访问，或对成员方法进行调用。

引用成员变量或成员方法时要用"."运算符。

（1）成员变量的引用

成员变量的引用格式如下：

<对象名>.<变量名>

例如，在例 4.4 中，创建 user2 实例后，可以通过 user2.name 引用成员变量 name。

（2）成员方法的引用

成员方法的引用格式如下：

<对象名>.<方法名([[参数])>

例如，在例 4.4 中，创建 user2 实例后，可以通过 user2.show()调用成员方法 show()。

【例 4.4】调用对象的方法。

```
public class User{
    //成员变量
    String name;
    int age;
    //用户自定义的构造方法
    public User(String name,int age)
    {
        this.name=name;
        this.age=age;
    }
    //无参构造方法
    public User()
    {}
    //成员方法
    public void show()
    {
        System.out.println("用户姓名是："+ name + "，年龄是："+ age);
    }
    public static void main(String[] args)
    {
        //用默认的构造方法创建对象
        User user1=new User();
        //用用户自定义的构造方法创建对象，并同时进行初始化
        User user2=new User("sun",28);
        //引用成员变量
        System.out.println("用户姓名是：" +user2.name+ "，年龄是："+user2.age);
        //调用成员方法
        user2.show();
    }
}
```

根据第 2 章中介绍的在 Eclipse 中开发 Java 应用程序的步骤，在 Eclipse 集成开发环境中编写并运行例 4.4，最后的运行结果如图 4.1 所示。

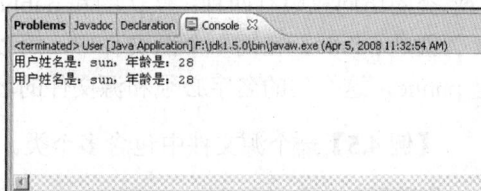

图 4.1　程序运行结果

4.1.5　类的封装性

封装性就是把类的属性和方法结合成一个独立的单位，并尽可能地隐蔽类内部的实现细节，这主要包含两层含义：

- 把类的全部属性和全部方法结合在一起，形成一个不可分割的独立单位（即类）。
- 信息隐蔽，即尽可能隐蔽类的内部细节，对外形成一个边界（或者说形成一道屏障），只保留有限的对外接口使之与外部发生联系。

通过前面有关章节的学习，读者已经能够体会到类定义中的封装性，因此，如何对类中的成员进行有效的访问控制将是本小节重点要讨论的内容。

在前面的例子中，对类的成员变量和成员方法都没有设定访问权限，因此，类外的代码可以直接访问类的成员。但是，这样将降低类中数据的安全性。

基础与项目实训 Java 程序设计

例如例 4.5，在公共类中 user2.name 和 user2.age 就是对 User 类的内部成员变量的直接访问，如果在类 Test 中使用如下语句：

```
user2.name="Tom";
user2.age=18;
```

就可以直接修改 User 类中的成员变量。这样是非常危险的。这意味着类的外部可以没有限制地直接访问类中的变量。

因此，必须限制类的外部程序对类内部成员的访问，这就是类封装的目的。但是，封装并不是意味着不允许外部程序访问类的成员变量，而是需要创建一些允许被外部程序调用的方法，通过这样的方法来访问类的成员变量。这样的方法被称为公共接口，而访问权限就是用来控制这些公共接口能够被哪些外部程序调用的。

Java 语言中有 4 种不同的限定词，提供了 4 种不同的访问权限：公有的（public）、受保护的（protected）、默认的、私有的（private）。各种权限的访问级别如表 4.1 所示。

表 4.1　各种权限的访问级别

权限	同一类	同一包	不同包的子类	所有类
public	允许	允许	允许	允许
protected	允许	允许	允许	不允许
默认的	允许	允许	不允许	不允许
private	允许	不允许	不允许	不允许

1．类的访问权限

类的访问权限有两种：默认的和 public。因此，在声明一个类时，其权限关键字要么没有，要么就是 public。在同一个源文件中，可以声明多个类，但是其中只能有一个类的权限关键字是 public，这个类的名字必须和源文件的名字相同，main()方法也应该在这个公共类中。

【例 4.5】一个源文件中包含多个类。

```
package com.sun.qdu;

class User{
    //成员变量
    String name;
    int age;
    //用户自定义的构造方法
    public User(String name,int age)
    {
        this.name=name;
        this.age=age;
    }
    //无参构造方法
    public User()
    {}
    //成员方法
    public void show()
    {
        System.out.println("用户姓名是："+ name + ",年龄是："+ age);
    }

}
    //定义公共类
public class Test {
```

```
    public static void main(String[] args)
    {
        //用默认的构造方法创建对象
        User user1=new User();
        //用用户自定义的构造方法创建对象,并同时进行初始化
        User user2=new User("sun",28);
        //引用成员变量
        System.out.println("用户姓名是: "+user2.name+ ",年龄是: "+user2.age);
        //调用成员方法
        user2.show();
    }

}
```

在该 Java 源文件中,包含两个类定义,其中公有类 Test 包含主函数 main(),并且与源文件名相同。

2. 类的成员的访问权限

用权限关键字设置类的成员的权限,可以决定是否允许类外部的代码访问这些成员。各种权限关键字的含义如下。

- public:该类的成员可以被其他所有的类访问。
- protected:该类的成员可以被同一包中的类或其他包中的该类的子类访问。
- 默认的:该类的成员能被同一包中的类访问。
- private:该类的成员只能被同一类中的成员访问。

【例 4.6】类中的私有成员。
在该类中,我们将 User 类中的成员变量 name 和 age 的访问权限设置为 private。

```
package com.sun.qdu;

class User{
    //成员变量
    private String name;
    private int age;
    //用户自定义的构造方法
    public User(String name,int age)
    {
        this.name=name;
        this.age=age;
    }
    //无参构造方法
    public User()
    {}
    //成员方法
    public void show()
    {
        System.out.println("用户姓名是: "+ name + ",年龄是: "+ age);
    }

}
    //定义公共类
public class Test {
    public static void main(String[] args)
    {
        //用默认的构造方法创建对象
        User user1=new User();
        //用用户自定义的构造方法创建对象,并同时进行初始化
        User user2=new User("sun",28);
        //引用成员变量
        System.out.println("用户姓名是: "+user2.name+ ",年龄是: "+user2.age);
        //调用成员方法
```

```
        user2.show();
    }
}
```

在 Eclipse 集成开发环境中编写并运行例 4.6，将显示如图 4.2 所示的错误信息。

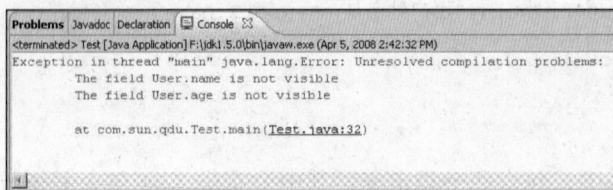

图 4.2　显示运行错误信息

程序运行错误的原因是，在 User 类中将成员变量 name 和 age 设置为私有的，因此，这两个成员变量只能够被 User 类内部的成员方法直接访问，而在类外部不能够被直接访问，而本程序中在公共类 Test 中直接访问了 User 类内部的私有成员变量，违反了变量的访问控制权限。

3．类的静态成员

在 4.1.2 小节中我们介绍过，一般情况下，在类中定义的成员方法和成员变量都是属于一个个由类产生的对象的，而类中有一种特殊的成员，它不属于类的某个对象，而是属于类本身的。这种成员在声明时只需在前面加上关键字 static，它们被称作静态成员变量和静态成员方法。如果在声明时不用 static 关键字修饰，则声明的变量和方法为实例变量和实例方法。

（1）实例变量和类的静态成员变量

每个对象的实例变量都被分配内存，通过该对象来访问这些实例变量，不同的实例变量是不同的。

类的静态成员变量仅在生成第一个对象时分配内存，相当于全局变量，所有实例对象共享同一个类的静态成员变量，每个实例对象对类的静态成员变量的改变都会影响到其他的实例对象。类的静态成员变量可通过类名直接访问，无须先生成一个实例对象，也可以通过实例对象访问类的静态成员变量。

类的静态成员变量引用格式如下：

```
<类名>.<类的静态成员变量>
```

（2）实例方法和类方法

实例方法可以对当前对象的实例变量进行操作，也可以对类的静态成员变量进行操作，实例方法由实例对象调用。但类的静态成员方法不能访问实例变量，只能访问类的静态成员变量。类的静态成员方法可以由类名直接调用，也可由实例对象调用。类的静态成员方法中不能使用 this 或 super 关键字。

类的静态成员方法引用格式如下：

```
<类名>.<类的静态成员方法>
<对象名>.<类的静态成员方法>
```

通过上述介绍，我们可以看到类的静态成员方法可以不用实例化直接通过类名就可以调用，因此，用第一种格式调用非常方便。

4.1.6　包的创建和使用

包是类的逻辑组织形式，在程序中可以声明类所在的包，同一包中，类的名字不能重复，通过包可以对类的访问权限进行控制。此外，包是有层次结构的，即包中可以包含子包。

除了 Java 提供的用于程序开发的系统类被存放在各种系统包中之外，用户也可以创建自己的用户包。

1．自定义包

如果在程序中没有声明包，类就将被存放在默认的包中，这个默认包是没有名字的。对于包含类比较多的程序，不建议采用默认包的形式，而是建议开发者创建自己的包。

在程序中声明包的格式如下：

```
package <包名>
```

需要注意的是，声明一个包的语句必须写在源程序的第一行。

例如，例 4.6 中第一行代码：

```
package com.sun.qdu;
```

表示创建一个包 com.sun.qdu，在该源文件中定义的所有类都存放在这个包中。

2．包的导入

如果要使用 Java 中存在的包，要在源程序中使用 import 语句导入包。

在程序中导入包的格式如下：

```
import <包名>.<类名>
import <包名>.*
```

如果要导入一个包中的多个类时，可以用"*"表示包中所有的类。

例如：

```
import javax.swing.*;          //导入 javax.swing 包中所有的类
import java.awt.Button;        //导入 java.awt 包中的 Button 类
```

3．包的层次结构

在操作系统中，包对应于一个文件夹，而类则是文件夹中的一个文件。包路径同样可以有层次结构，例如：

```
package com.sun.qdu;
```

其中，用"."将包的层次分开，同时形成包路径的层次，qdu 是 sun 文件夹的子文件夹，sun 是 com 文件夹的子文件夹。

当我们使用多层次包结构时，要了解父包和子包在使用上是否有联系。当用"*"导入一个包中的所有类时，并不会导入这个包的子包中的类，如果需要用到子包中的类，就需要将子包单独再导入一次。例如，在后续章节中，我们经常会看到以下代码：

```
import java.awt.*;
import java.awt.event.* ;
```

4．包的访问权限

一个包中只有访问权限为 public 的类，才能被其他包中的类引用，其他包中具有默认访问权限的类只能在同一包中使用。

关于在同一包中类成员的访问权限在前面已经详细讲述过了，下面着重讲一下在不同包中类成员的访问权限。

（1）public 访问权限的类成员

public 类中的 public 成员可以被其他包中的类访问。public 类中的 protected 成员可以被由它派生的在其他包中的子类访问。

（2）默认访问权限的类成员

无论类的访问权限修饰符是什么，类中的默认访问权限的成员，都不能被其他包中的类访问。

4.1.7 任务：创建用户类 User

在办公固定资产管理系统中，需要将系统中的用户信息封装起来，定义成用户类，其中包括用户的姓名、年龄等基本信息。此外，还需要提供一种机制，能够获得并输出系统中已经存在的用户个人信息。因此，在本小节中，需要定义封装系统中用户信息的用户类 User。

系统中封装用户信息的用户类 User 定义如下：

```java
public class User{
    //成员变量
    String name;
    int age;
    //用户自定义的构造方法
    public User(String name, int age)
    {
        this.name=name;
        this.age=age;
    }
    //无参构造方法
    public User()
    {}
    //成员方法
    public String getName()
    {
        return name;
    }
    public void setName( String name)
    {
        this.name=name;
    }
    public int getAge()
    {
        return age;
    }
    public void setAge(int age)
    {
        this.age=age;
    }
    public void show()
    {
        System.out.println("用户姓名是："+ name + ",年龄是："+ age);
    }
}
```

4.2 类的继承性

继承性是面向对象语言的又一个基本特性，它是一种由已有的类创建新类的机制，正是因为有这种机制，才使得面向对象语言编写的程序代码具有较高的复用性。

4.2.1 类的继承

继承是指相关的类之间的层次关系。利用继承，我们可以先创建一个公有属性的一般类，根据该一般类再创建具有特殊属性的新类，新类继承一般类的状态和行为，并根据需要增加它自己的新的状态和行为。

由继承而得到的类称为子类，被继承的类称为父类。类继承的具体定义格式如下。

```
class subclassname extends superclassname{
...
}
```

在上述类的声明中，通过使用关键字 extends 来创建一个类的子类，其中，subclassname 是声明的子类的类名，superclassname 是继承的父类的类名。

在 4.1.1 小节中我们介绍过 Java 类的声明，在当时定义的类并没有使用 extends 关键字，那么是不是表示当时定义的类没有继承其他的类呢？答案是否定的。在 Java 语言中，Object 类是所有类的祖先类，也就是说所有的类都是直接或者间接继承 Object 类。所以当没有使用 extends 关键字时，就表示这个类只是 Object 类的子类。

【例 4.7】定义类的继承。

首先定义父类 Student，该类中包含一个 int 型的成员变量以及名称为 set_id() 和 show_id() 的两个成员方法。

```
class Student {
    int stu_id;
    void set_id(int id) {
        stu_id=id;
    }
    void show_id() {
        System.out.println("The student_ID is:"+stu_id);
    }
}
```

然后定义继承 Student 类的子类 Granduate 类。

```
class Granduate extends Student {
    int dep_number;
    void set_dep(int dep_num) {
        dep_number=dep_num;
    }
    void show_dep() {
        System.out.println("The department number is:"+dep_number);
    }
}
```

该类是 Student 类的子类，因此，它可以直接使用 Student 类中定义的成员变量和成员方法，而无需重复定义。除此之外，它还定义了自己的成员变量和成员方法。

最后定义调用 Granduate 类的应用程序类。

```
public class Student_Show {
    public static void main(String args[]) {
        Granduate sun=new Granduate();
        sun.set_id(102);
        sun.set_dep(6);
        sun.show_id();
        sun.show_dep();
    }
}
```

该程序的输出结果如图 4.3 所示。

根据类的继承关系，创建的子类对象一定也是父类的对象。例如，上例中创建的 Granduate 类的对象 sun 也是其父类 Student 类的对象，但是反过来，父类的对象则不一定是子类的对象。

图 4.3　程序运行结果

这里需要注意的是，与 C++中的继承不同，Java 语言不支持多重继承，子类只能有一个父类。

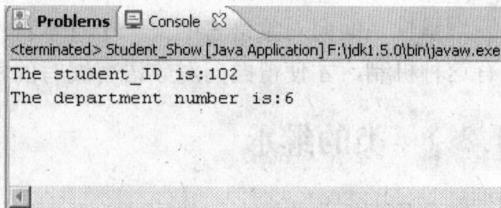

4.2.2　方法的重载和覆盖

当类之间出现继承关系之后，在子类中就将出现成员方法的重载和覆盖。

1. 方法的覆盖

如果在子类中定义了与父类中的成员方法同名的成员方法，那么当子类的对象在程序中调用该成员方法时，调用的将是子类中新定义的成员方法，而子类中继承下来的父类中的成员方法就将被覆盖。如果要访问被覆盖的成员方法，则只有通过父类的对象来调用它。

在例 4.7 中子类 Granduate 中定义的成员方法与其继承的父类中的成员方法没有同名，所以不存在方法的覆盖。下面我们修改 Granduate 类的定义，具体代码如下：

```
class Granduate extends Student {
    int dep_number;
    void set_dep(int dep_num) {
        dep_number=dep_num;
    }
    //定义与父类中成员方法同名的方法，实现方法的覆盖
    void show_id() {
        System.out.println("The department number is:"+dep_number);
    }
}
```

将调用 Granduate 类的应用程序类的代码修改如下：

```
public class Student_Show {
    public static void main(String args[]) {
        Granduate sun=new Granduate();
        sun.set_id(102);
        sun.set_dep(6);
        //由于方法覆盖，这里调用的将是子类中
        //定义的 show_id()方法
        sun.show_id();
    }
}
```

这时，执行应用程序时，将调用子类中定义的 show_id()方法，最终程序输出结果如图 4.4 所示。

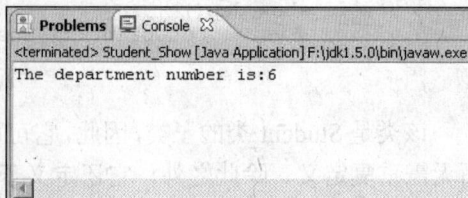

图 4.4　输出结果

2. 方法的重载

如果在一个类中，定义了两个或者两个以上的具有不同参数列表的同名方法，这种情况就被称为方法的重载。方法的重载体现了 Java 作为面向对象语言的多态性。

那么什么是不同的参数列表呢？仅仅是形参名称不同的两个参数列表实际上仍然是相同的，但如果是参数的个数或者参数的数据类型不同，则这样的参数列表才是不同的。因此，同一个对象在调用具有相同名称的方法时，会根据传递进来的参数的个数或数据类型的不同，而自动选择对应的方法。

在类的继承关系中，如果当子类中定义了与父类中同名的方法时，但是方法的参数列表不同，这时在子类中将对该方法进行重载，即子类中既继承下来父类的方法，又定义了自己的新的成员方法，不会对父类的方法进行覆盖。

下面我们修改例 4.7 中的 Granduate 类的定义，具体代码如下：

```java
class Granduate extends Student {
    int dep_number;
    void set_dep(int dep_num) {
        dep_number=dep_num;
    }
    //定义与父类中成员方法同名的方法，但参数列表不同
    void show_id(String name) {
        System.out.println("The department number of"+name+" is: "+dep_number);
    }
}
```

在该类中定义了与父类中成员方法同名的方法，但是与父类中的 show_id()方法的参数列表不同，因此在 Granduate 类中将存在两个名称为 show_id 的成员方法，但是这两个方法一个是参数为空，一个是具有一个字符串类型参数。

将调用 Granduate 类的应用程序类的代码修改如下：

```java
public class Student_Show {
    public static void main(String args[]) {
        Granduate sun=new Granduate();
        sun.set_id(102);
        sun.set_dep(6);
        //由于方法重载，这里调用子类中的两
        //个不同的 show_id()方法
        sun.show_id();
        sun.show_id("sun");
    }
}
```

这时，执行应用程序时，将调用子类中重载的两个不同的 show_id()方法，最终程序输出结果如图 4.5 所示。

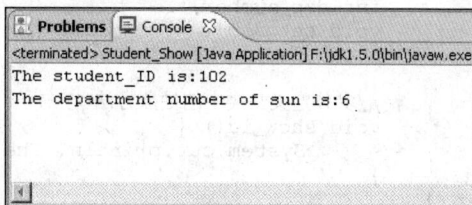

图 4.5　调用重载的方法的输出结果

4.2.3　抽象类和最终类

在一般情况下，Java 中的所有的类都可以被其他类继承，也可以直接被实例化使用。但是有两种特殊的类，一种是专门用来给其他类做父类的，自己不能够被实例化；另一种是不能够再被其他类所继承。这就是本小节要详细介绍的抽象类和最终类。

1．抽象类

面向对象的编程思想使得开发者可以编写模块化的程序,然后用类似搭积木的方式来组织这些模块以实现特定的功能;甚至可以对一个未定的功能预留一个模块的位置,留待以后去实现。

若将这种思想应用于类的定义中,对于某种未定的操作,可以在类中先只定义方法声明,不定义方法实现,以后再在这个类的子类中去具体实现这个方法。这样的方法被称为抽象方法,而包含抽象方法的类就被称为抽象类。

抽象方法和抽象类的定义方式都是在方法名和类名之前加上 abstract 关键字。其中,抽象方法的声明与普通方法基本一致,也需要有方法名、参数列表和返回值类型,只是没有方法体。类的成员方法的声明格式如下:

```
[<修饰符>] abstract <返回类型> <方法名> ([<参数列表>]);
```

这里一定要注意,在参数列表的括号后面一定要加上分号。

抽象类由于包含抽象方法,因此它不能使用 new 关键字进行实例化,也不能在类中定义构造函数和静态方法,但是抽象类中可以包含具体实现了的非静态方法。所以读者不要误解为抽象类中的方法全部都是抽象方法,其实只要一个类中包含一个抽象方法,那么这个类就是抽象类。抽象类的子类中应该对抽象方法进行具体的实现,否则子类本身也就成为抽象类。

【例 4.8】抽象类的定义和使用。

首先定义抽象类 Student,该类中包含一个抽象方法 show_id()。

```java
abstract class Student {
    int stu_id;
    void set_id(int id) {
        stu_id=id;
    }
    //定义抽象方法
    abstract void show_id();
}
```

然后定义继承 Student 类的子类 Granduate 类。

```java
class Granduate extends Student {
    int dep_number;
    void set_dep(int dep_num) {
        dep_number=dep_num;
    }
    //具体定义父类中的抽象方法
    void show_id() {
        System.out.println("The department number is:"+dep_number);
    }
}
```

在该类中,必须具体定义父类中的抽象方法,否则该类也将成为抽象类。

最后定义调用 Granduate 类的应用程序类。

```java
public class Student_Show {
    public static void main(String args[]) {
        Granduate sun=new Granduate();
        sun.set_id(102);
        sun.set_dep(6);
        sun.show_id();
    }
}
```

执行应用程序,将调用子类中具体定义后的 show_id()方法,最终程序输出结果与图 4.4 所示的结果相同。

2．最终类

如果在一个类定义前加上 final 关键字，那么这个类就不能再被其他的类所继承，这样的类被称作最终类。最终类可以避免开发者编写的类被别人继承后加以修改。

例如，有下面的类定义和继承：

```
final class A {
    ...
}
class B extends A {
    ...
}
```

这样的继承将是错误的，在程序编译时将提示我们类 A 是不能被继承的。

final 关键字除了可以用在声明最终类上，还可以应用在成员变量和成员方法的声明上，如果在成员变量的定义前加上 final 关键字，则这个变量的值在以后的程序中只能被引用，而不能被改变，final 在这里的作用相当于 C++语言中的 const。这里需要注意的是，使用 final 的成员变量时必须在声明的同时给定初始值。

例如，声明不能被修改的成员变量的示例代码如下：

```
class A {
    final float PI=3.14159f;
    final float E=2.71828f;
    ...
}
```

如果在成员方法定义前加上 final 关键字，那么表示这个方法在子类中不能被覆盖。

4.2.4　任务：创建管理员类 Admin 和员工类 Employee

在 4.1.7 小节中，已经将系统中用户的信息封装起来，定义成用户类 User，其中包括用户的姓名、年龄等基本信息。此外，在办公固定资产管理系统中还需要定义系统的管理员类 Admin 和普通的员工类 Employee。这两个类都具有 User 类中的公有的属性和方法，并且具有自己特有的属性和方法，因此可以通过继承 User 类来实现。

系统中封装管理员信息的管理员类 Admin 定义如下：

```
public class Admin extends User{
    //成员变量
    String password;
    //用户自定义的构造方法
    public Admin(String name, int age ,String password)
    {
        super(name, age);
        this.password=password;
    }
    //成员方法
    public String getPassword()
    {
        return password;
    }
    public void setPassword(String password)
    {
        this.password=password;
    }
}
```

该类是 User 类的子类，它将继承父类中的全部成员变量和成员方法，并且在子类中定义了该类自己的成员变量 password 以及用来设置和获取该成员变量的成员方法。其中特别需要说明的是子类构造函数中的 super()方法，该方法必须出现在子类构造函数中的第一句，实际上是调用父类的构造函数。

系统中封装员工信息的员工类 Employee 定义如下：

```
public class Employee extends User{
    //成员变量
    String departmentId;
    //用户自定义的构造方法
    public Admin(String name, int age ,String departmentId)
    {
        super(name, age);
        this.departmentId=departmentId;
    }
    //成员方法
    public String get DepartmentId ()
    {
        return departmentId;
    }
    public void set DepartmentId (String departmentId)
    {
        this.departmentId=departmentId;
    }
}
```

4.3 接口

在前面我们介绍过，Java 只允许单继承，即不允许一个类同时继承多个父类，不过 Java 中提供了接口，一个类可以同时实现很多个接口，这样就实现了多重继承的部分功能。

4.3.1 接口的定义

接口的定义包括接口声明和接口体。其定义的一般格式如下：

```
[public] interface interfaceName[extends listOfSuperInterface] {
    type methodname(parameterlist);
    type constname=value;
}
```

其中，接口只能用 public 限制访问修饰符修饰，不能使用其他的限制访问修饰符修饰，extends 后可以有多个父接口，这多个父接口之间用逗号隔开。

接口体包括常量定义和方法声明，这里的方法声明包含方法名称、参数列表和返回值类型，但是没有方法体。看到这里，读者可能会问，接口不就是抽象类吗？的确，接口与抽象类有许多相同之处，但是它们之间也有很多的不同点。接口与抽象类是属于不同的层次，接口是将抽象类提高了一个层次，并给它加上了一些限制和特性。

下面我们来比较一下接口与抽象类的异同。

首先看看相同点。

- 接口与抽象类中都包含有方法声明，这些方法声明将在实现接口或继承抽象类的类中具体实现，否则这些实现接口或继承抽象类的类还是抽象的。这也是容易把接口和抽象类混淆的主要原因。

- 接口与抽象类中由于都有方法声明，因此都不能用 new 来创建对象，但它们都可以去引用实现接口或继承抽象类的类的实例。
- 接口与抽象类都可以实现继承，继承之后子接口就拥有了所有父接口中的方法声明和常量定义，抽象类继承父类后也将用于父类中的所有方法和属性。

它们的不同点如下。

- 在抽象类中，方法声明的前面必须加上 abstract 关键字，而在接口中则不需要。
- 在抽象类中，除了抽象方法之外，也可以定义普通的成员方法和成员变量，而在接口中这是不允许的，接口中只能有方法声明和常量定义，这是接口和抽象类的本质区别。
- 接口允许多继承，不但一个接口可以继承多个父接口，而且实现接口的类也可以同时实现多个接口。

【例 4.9】接口的定义。

下面定义一个用于计算立体几何图形体积的接口，因为不同的立体几何图形计算体积的方法不同，因此可以在接口中定义一个计算体积的方法的声明，而在具体的图形类中实现该接口，并根据各图形的体积计算公式来定义该方法。接口的具体定义如下：

```
public interface ThreeD_Object {
        float Volume(float x, float y, float z);
}
```

4.3.2　接口的实现

接口中的方法声明需要在某个类中定义实际的代码，这时我们就称这个类"实现"了这个接口。关键字 implements 用来表示对接口的实现。如果一个类同时实现了多个接口，则只需在 implements 后把多个接口名用逗号隔开即可。

接口实现的一般格式如下：

```
class <类名> implements <接口名>
```

例如，下面的示例代码中定义了两个接口以及实现这两个接口的实现类。

```
interface A {
        void Method1();
}
interface B {
        void Method2();
}
class C implements A,B {
        public void Method1() {
                ...//具体方法定义代码
        }
public void Method2() {
                ...//具体方法定义代码
        }
}
```

这里需要注意，在类中实现接口中的方法声明时，方法的返回值类型、方法名称和参数列表必须保持一致，同时要给出方法的具体实现代码。此外，Java 中规定在类中实现的方法都要声明为 public 的。

如果在类中没有具体实现方法声明，那么这个方法就将是一个抽象方法，原因是这时它位于一个类中。

【例 4.10】接口的实现。

在例 4.9 中定义了用于计算立体几何图形体积的接口，在本实例中我们根据具体立体几何图形分别定义该接口不同的实现类。

首先定义立方体的实现类 Cube，具体代码如下：

```java
class Cube implements ThreeD_Object {
    //根据立方体体积计算公式具体定义方法
    public float Volume(float x, float y, float z) {
        return x*y*z;
    }
}
```

然后定义圆柱体的实现类 Cylinder，具体代码如下：

```java
class Cylinder implements ThreeD_Object {
    //根据圆柱体体积计算公式具体定义方法
    public float Volume(float x, float y, float z) {
        return x*y*y*z;
    }
}
```

最后定义应用程序类 ShowVolume，用来测试实现接口的类，其具体代码定义如下：

```java
public class ShowVolume {
    public static void main(String args[]){
        float vol1,vol2;
        float PI=3.14159f;
    //创建 Cube 类的对象
        ThreeD_Object obj1=new Cube();
    //创建 Cylinder 类的对象
        ThreeD_Object obj2=new Cylinder();
    //调用 Cube 类中实现的接口中的方法
        vol1=obj1.Volume(20.0f, 10.0f, 30.0f);
    //调用 Cylinder 类中实现的接口中的方法
        vol2=obj2.Volume(PI,       10.0f,
30.0f);
        System.out.println("The Volume of
cube is:"+vol1);
        System.out.println("The Volume of
cylinder is:"+vol2);
    }
}
```

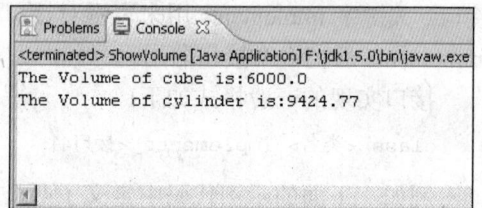

最终程序输出结果如图 4.6 所示。

图 4.6　接口实现类中具体方法的执行结果

4.3.3　任务：创建输出测试信息的接口

在系统调试时，为了测试的方便，经常需要将一些类中的成员方法执行的信息全部输出。这些输出测试信息的方法在系统的各个类中都存在，但是在各个类中的实现又各不相同，因此我们可以将输出测试信息的方法声明定义在一个接口中，然后在具体类中再去实现该方法的具体定义代码。

系统中包含输出测试信息方法的接口 ShowMessage 定义如下：

```java
public interface ShowMessage {
    void showMessage(String str);
}
```

4.4 上机实训——计算几何图形面积

本节介绍的上机实训例子是定义一个类，使用该类中的同名方法计算不同类型的几何图形的面积。该实例练习类的定义以及类的多态性，要求读者熟练掌握类的方法的重载。

4.4.1 项目要求

本项目使用类的方法的重载声明 3 个同名方法，分别用来计算圆、矩形和三角形的面积。

4.4.2 项目分析

一个类中有若干个方法名字相同，但方法的参数不同，称为方法的重载。在调用时，根据参数的不同来决定执行哪个方法。在定义求圆、矩形、三角形的面积的方法时，需要的参数和方法体都不一样。如果不用方法重载，3 个方法用不同的名字，将增加使用者的麻烦。用了重载方法后，只用一个名字就可以声明 3 个有不同方法体的方法。

4.4.3 项目实现

Step 01 Eclipse 中创建一个名称为 ShapeDemo 的 Java Project 项目。

Step 02 该项目中，创建一个名称为 ShapeArea 的 Java 类，并在打开的 Java 代码编辑器中编写该类的具体定义代码：

```java
public class ShapeArea {
  //定义求圆的面积的方法
  public double area(float r){
  return Math.PI*r*r;
  }
  //定义求矩形的面积的方法
  public double area(float a,float b){
  return a*b;
  }
  //定义求三角形的面积的方法
  public double area(float a,float b,float c){
  float d;
  d=(a+b+c)/2;
  return Math.sqrt(d*(d-a)*(d-b)*(d-c));
  }
  public static void main(String[] args)
  {
   ShapeArea sh=new ShapeArea();
   //根据不同的参数调用重载的方法
   System.out.println("圆的面积是: "+ sh.area(4));
   System.out.println("矩形的面积是: "+sh.area(6,8));
   System.out.println("三角形的面积是: "+
sh.area(3,4,5));
   }
}
```

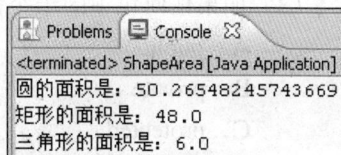

该项目运行后的结果如图 4.7 所示。

图 4.7 显示计算得到的几何图形的面积

4.5 小结

　　本章主要介绍了 Java 语言的面向对象特性，重点讲解了 Java 中类和接口的定义和创建，并结合之前章节介绍过的 Java 编程基础知识，通过大量实例为读者展示了 Java 语言面向对象编程中的主要概念的编程实现。通过本章的学习，读者应深刻理解各知识点的概念，由浅至深，养成风格良好的面向对象编程习惯。

4.6 习题

4.6.1 思考题

（1）下列有关 Demo 类的描述中，正确的是＿＿＿＿＿。

```
public class Demo extends Base{
private int count;
public Demo(){
  System.out.println("A Demo object has been created");
}
protected void addOne() {count++; }
}
```

    A．当创建一个 Demo 类的实例对象时，count 的值为 0

    B．当创建一个 Demo 类的实例对象时，count 的值是不确定的

    C．父类对象中可以包含改变 count 值的方法

    D．Demo 的子类对象可以访问 count

（2）当编译和运行下列程序段时，会发生的情况是＿＿＿＿＿。

```
class Base {}
class Sub extends Base {}
class Sub2 extends Base {}
public class CEx{
  public static void main(String argv[]){
  Base b = new Base();
  Sub s = (Sub) b;
  }
}
```

    A．通过编译和并正常运行

    B．编译时出现例外

    C．编译通过，运行时出现例外

（3）如果任何包中的子类都能访问父类中的成员，那么应使用的限定词是＿＿＿＿＿。

    A．public

    B．private

    C．protected

    D．transient

（4）下面的选项中正确的是＿＿＿＿＿。

```
class ExSuper{
```

```
    String name;
    String nick_name;
    public ExSuper(String s,String t){
      name = s;
      nick_name = t;
    }
    public String toString(){
      return name;
    }
}
public class Example extends ExSuper{
    public Example(String s,String t){
    super(s,t);
    }
    public String toString(){
      return name +"a.k.a"+nick_name;
    }
    public static void main(String args[]){
      ExSuper a = new ExSuper("First","1st");
      ExSuper b = new Example("Second","2nd");
      System.out.println("a is"+a.toString());
      System.out.println("b is"+b.toString());
    }
}
```

A. 编译时会出现异常

B. 运行结果为：

　　　　　a is First

　　　　　b is second

C. 运行结果为：

　　　　　a is First

　　　　　b is Secong a.k.a 2nd

D. 运行结果为：

　　　　　a is First a.k.a 1nd

　　　　　b is Second a.k.a 2nd

（5）下列程序的运行结果是_____。

```
abstract class MineBase {
  abstract void amethod();
  static int i;
  }

public class Mine extends MineBase
{
  public static void main(String argv[]){
    int[] ar = new int[5];
    for(i = 0;i < ar.length;i++)
    System.out.println(ar[i]);
  }
}
```

A. 打印 5 个 0

B. 编译出错，数组 ar[]必须初始化

C. 编译出错，Mine 应声明为 abstract

D. 出现 IndexOutOfBoundes 的异常

4.6.2 操作题

（1）定义办公固定资产管理系统中固定资产的 Equipment 类。该类中包括如下成员变量：

表示固定资产唯一编号的 int 变量 Eid；

表示固定资产所属大类的 String 型变量 Eclass；

表示固定资产所属大类中某一小类的 String 型变量 Ekind；

表示固定资产名称的 String 型变量 Ename；

表示固定资产型号的 String 型变量 Emodel；

表示固定资产价格的 float 型变量 Evalue；

表示固定资产购买日期的 Date 型变量 Ebuyday；

表示固定资产所处状态的 int 型变量 Estate；

表示固定资产备注信息的 String 型变量 Eremark；

表示固定资产是否被删除的 boolean 型变量 Edel。

（2）定义输出固定资产信息的接口。在该接口中定义一个方法声明，该方法在接口的具体实现类中用来输出固定资产的详细信息。

第 5 章

Java 图形用户界面编程

美观方便的图形用户界面往往能给用户带来良好的应用体验，这就是为什么微软的 Windows 系列操作系统比 UNIX 以及 Linux 操作系统的用户多的主要原因，对于应用程序来说也是如此。因此，Java 中的图形用户界面编程技术就显得十分重要。本章将重点介绍使用 Swing 组件进行用户图形界面编程的基本方法。

知 识 点

- ◎ Swing 组件包概述
- ◎ Swing 中的简单控件和流式布局
- ◎ Swing 中的选择框和边界布局
- ◎ Java 的事件处理
- ◎ Swing 中的高级组件和卡式布局
- ◎ Swing 中的对话框

5.1 Swing 组件包概述

提到 Java 的图形用户界面编程就不能不说 AWT(Abstract Windows Toolkit)，它是 Java 在 1995 年第一次发布的时候用来构建图形用户界面应用程序的组件包。但是随着图形用户界面的发展，AWT 由于自身存在的一些设计缺陷，越来越不能满足图形用户界面设计的需要，于是出现了技术上比 AWT 更进一步的 Swing 组件包。

什么是组件包？组件包中都包含什么？这是初学者最容易提出的一个疑问。简单来说，读者可以将组件包理解为系统提供的类库，组件包中包含控件、容器、布局管理器以及对应的事件处理。

我们可以打个家居设计的比喻。首先要选择一套房屋，这里相当于 Swing 组件包中的容器概念。然后要对房屋进行整体布局设计，例如一共需要几个房间，每个房间的大小和尺寸等，这里相当于 Swing 组件包的布局管理器概念。整体布局规划好之后，我们开始布置每个房间，将各种家具或电器设备安放在合适的位置，这些家具或电器设备相当于 Swing 组件包的组件。最后是确保家具或电器能够正常工作，例如，当使用电视机遥控调节音量时，电视机会正常做出反应，这里相当于 Swing 组件包的事件处理。

Swing 中的组件都是 JComponent 类的子类，这些组件的层次图如图 5.1 所示。

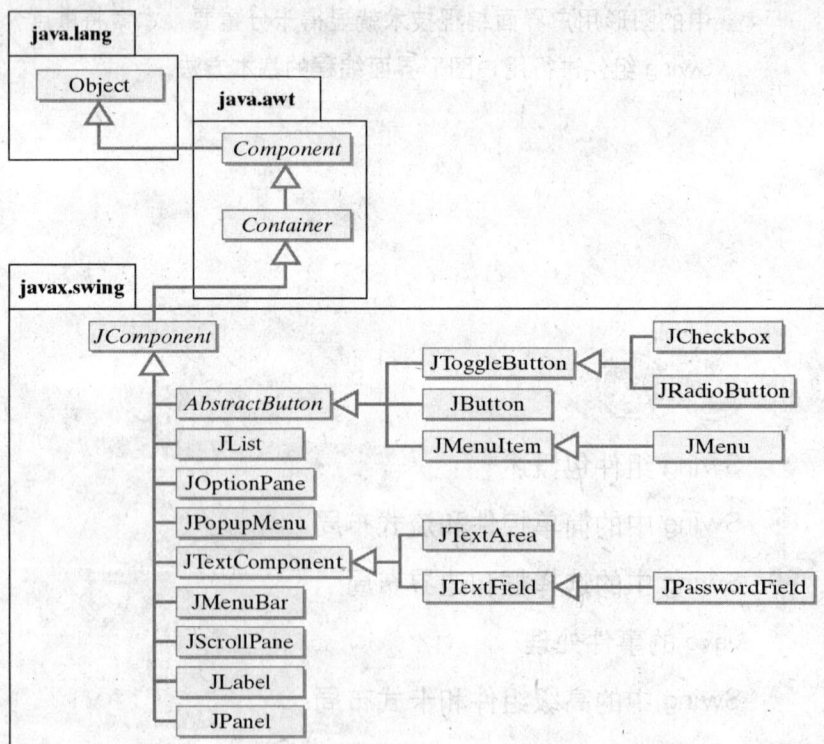

图 5.1　Swing 中类的层次结构

下面我们将通过实例详细讲解各组件的主要属性、方法及使用。

5.2 Swing 中的简单控件和流式布局

使用 Swing 组件实现图形用户界面，首先应当创建组件对象，然后设置它们的属性，再调用它们的方法。当把这些图形用户界面组件组装在一起时，实际上使用了两种对象：控件和容器。一个容器是用于容纳其他组件的组件。因此，创建图形用户界面的第一步就是创建容纳组件的容器，而最常用的容器就是 JFrame。

5.2.1 JFrame 窗体

JFrame 窗体是一个顶层容器，所谓顶层容器就是那些不能够被包含在其他容器中的容器。JFrame 带有标题和缩放按钮，类似于 Windows 中的窗口。

JFrame 窗体有两个常用的构造函数形式。

- JFrame()：构造一个初始时不可见的新窗体。
- JFrame(String title)：构造一个初始不可见的、具有指定标题的新窗体。

JFrame 窗体常用的方法如表 5.1 所示。

表 5.1　JFrame 常用方法

方法	功能说明
setVisible(boolean b)	该方法用来设置窗体是否可见，当 b 为 true 时则显示窗口，为 false 时则隐藏窗口
setTitle(String s)	该方法用来设置窗体的标题
setSize(int length, int width)	该方法用来设置窗体的显示范围大小
getContentPane()	返回此窗体的 contentPane 对象

【例 5.1】显示一个 JFrame 窗体。

Step 01 在 Eclipse 中创建一个名称为 SwingDemo1 的 Java Project 项目。

Step 02 在该项目中，创建一个名称为 FrameDemo 的 Java 类，并在打开的 Java 代码编辑器中编写该类的具体定义代码：

```java
import javax.swing.*;
public class FrameDemo {
    public static void main(String[] args)
    {
     //创建 JFrame 对象
        JFrame f=new JFrame("JFrame Test");
     //设置窗体的大小
        f.setSize(400, 200);
    //设置窗体显示
        f.setVisible(true);

    }

}
```

该类中定义了一个空白的 JFrame 窗体并将其显示出来。该实例的运行结果如图 5.2 所示。

图 5.2　显示空白的 JFrame 窗体

5.2.2　JLabel 组件

JLabel 组件十分简单，用于显示静态文本或图像，显示的内容只能够在程序中被设置或更改，用户在使用界面时是无法修改的。JLabel 组件还可以通过设置垂直和水平对齐方式，指定显示内容在何处对齐。

JLabel 组件的构造函数形式如下。

- JLabel()：创建无图像并且无文本的 JLabel 实例。
- JLabel(Icon image)：创建具有指定图像的 JLabel 实例。
- JLabel(Icon image, int horizontalAlignment)：创建具有指定图像和水平对齐方式的 JLabel 实例。
- JLabel(String text)：创建具有指定文本的 JLabel 实例。
- JLabel(String text, Icon icon, int horizontalAlignment)：创建具有指定文本、图像和水平对齐方式的 JLabel 实例。
- JLabel(String text, int horizontalAlignment)：创建具有指定文本和水平对齐方式的 JLabel 实例。

JLabel 组件常用的方法如表 5.2 所示。

表 5.2　JLabel 常用方法

方法	功能说明
setText(String text)	设置显示的文本内容
getText()	返回 JLabel 中的文本内容
setIcon(Icon icon)	设置显示的图像
getIcon()	返回 JLabel 中的图像
setAlignment(int alignment)	设置 JLabel 中内容的对齐方式
getAlignment()	返回 JLabel 中内容的对齐方式

【例 5.2】在窗体中显示 JLabel 组件。

在名称为 SwingDemo1 的 Java Project 项目中，创建一个名称为 JLabelDemo 的 Java 类，并在打开的 Java 代码编辑器中编写该类的具体定义代码：

```
import javax.swing.JFrame;
import javax.swing.JLabel;

public class JLabelDemo {
```

```
public static void main(String[] args)
{
//创建 JFrame 对象
    JFrame f=new JFrame("JFrame Test");
//创建具有指定文本的 JLabel 对象
    JLabel label=new JLabel("第一个 JLabel");
//将 JLabel 组件添加到 JFrame 窗体上
    f.getContentPane().add(label);
    f.setSize(400, 200);
    f.setVisible(true);

    }
}
```

在该类中，JFrame 对象调用其 getContentPane()
方法，从而获取该窗体的 contentPane 对象，该对
象调用 add()方法将对应的组件添加到窗体上。该
实例的运行结果如图 5.3 所示。

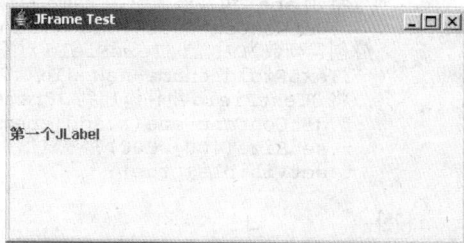

图 5.3 显示 JLabel 组件

5.2.3 JTextField 组件

JTextField 是一个能够容纳单行输入的组件，经常用于接收用户的输入，在实际开发中经
常被用到。

JTextField 组件的常用构造函数形式如下。

- JTextField()：构造一个新的空的 JTextField 实例。
- JTextField(int columns)：构造一个具有指定列数的新的空 JTextField 实例。
- JTextField(String text)：构造一个用指定文本初始化的新的 JTextField 实例。
- JTextField(String text, int columns)：构造一个用指定文本和列初始化的新的 JTextField
  实例。

JTextField 组件常用的方法如表 5.3 所示。

表 5.3 JTextField 常用方法

方法	功能说明
getColumns()	返回该 JTextField 中的列数
setFont(Font f)	设置该 JTextField 的当前字体
setHorizontalAlignment(int alignment)	设置该 JTextField 中的文本的水平对齐方式
getText()	返回该 JTextField 中包含的文本
isEditable()	返回该 JTextField 是否是可编辑的
setEditable(boolean b)	设置该 JTextField 是否是可编辑的
setText(String t)	设置该 JTextField 中的文本

【例 5.3】在窗体中显示 JTextField 组件。

在名称为 SwingDemo1 的 Java Project 项目中，创建一个名称为 JTextFieldDemo 的 Java 类，
并在打开的 Java 代码编辑器中编写该类的具体定义代码：

```
import javax.swing.JFrame;
import javax.swing.JLabel;
import javax.swing.JTextField;
```

```
public class JTextFieldDemo {
    public static void main(String[] args)
    {
     //创建 JFrame 对象
      JFrame f=new JFrame("JFrame Test");
     //创建具有指定文本的 JLabel 对象
      JLabel lname=new JLabel("Name:");
    //将 JLabel 组件添加到 JFrame 窗体上
      f.getContentPane().add(lname);
    //创建列数为 20 的 JTextField 对象
      JTextField tname=new JTextField(20);
    //将 JTextField 组件添加到 JFrame 窗体上
      f.getContentPane().add(tname);
      f.setSize(400, 200);
      f.setVisible(true);

    }

}
```

在该类中，JFrame 窗体中添加了一个 JLabel 组件和一个 JTextField 组件。该实例的运行结果如图 5.4 所示。

从图 5.4 中读者只看到 JTextField 组件填充了整个窗体，而没有看到添加到窗体上的 JLabel 组件。这主要是因为 JFrame 窗体的默认布局是

图 5.4　显示 JTextField 组件

边界布局，而本实例中添加组件时并没有按照边界布局的格式和要求进行添加。那么如何在 JFrame 窗体中添加多个组件呢？这需要使用 JPanel 面板容器的帮助。

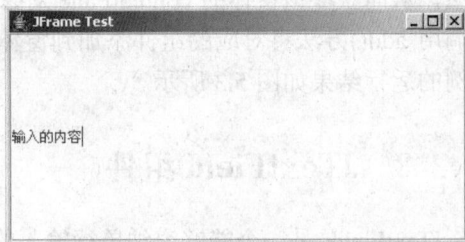

5.2.4　JPanel 面板容器

当多个组件直接添加到 JFrame 窗体上时，将会出现一些问题。而 JPanel 面板容器就是为完成这个任务而设置的类。应当说 JPanel 实际上是一个必须放在大容器中的小容器。它可以将多个组件按照一定的布局放置，然后再将其添加到其他容器中。

JPanel 组件的常用构造函数形式如下。

- JPanel()：创建采用流式布局的新 JPanel 实例。
- JPanel(LayoutManager layout)：创建具有指定布局管理器的新的 JPanel 实例。

JPanel 容器常用的方法如表 5.4 所示。

表 5.4　JPanel 常用方法

方法	功能说明
add(JComponent component)	将参数中的组件添加到 JPanel 容器中
setLayout(LayoutManager layout)	为 JPanel 容器设置布局管理器

【例 5.4】使用 JPanel 添加多个组件。

在名称为 SwingDemo1 的 Java Project 项目中，创建一个名称为 JPanelDemo 的 Java 类，并在打开的 Java 代码编辑器中编写该类的具体定义代码如下：

```
import javax.swing.JFrame;
import javax.swing.JLabel;
```

```java
import javax.swing.JTextField;
import javax.swing.JPanel;

public class JPanelDemo {
    public static void main(String[] args)
    {
    //创建 JFrame 对象
        JFrame f=new JFrame("JFrame Test");
    //创建具有指定文本的 JLabel 对象
        JLabel lname=new JLabel("Name:");
    //创建列数为 20 的 JTextField 对象
        JTextField tname=new JTextField(20);
    //创建 JPanel 对象
        JPanel panel=new JPanel();
    //向 JPanel 容器中添加 JLabel 组件
        panel.add(lname);
    //向 JPanel 容器中添加 JTextField 组件
        panel.add(tname);
    //将 JPanel 容器添加到 JFrame 窗体上
        f.getContentPane().add(panel);
        f.setSize(400, 200);
        f.setVisible(true);
    }

}
```

该例与例 5.3 类似，也是要向 JFrame 窗体中添加一个 JLabel 组件和一个 JTextField 组件。不同点是，本例是先将组件添加到 JPanel 容器上，然后将该容器添加到 JFrame 窗体上。该实例的运行结果如图 5.5 所示。

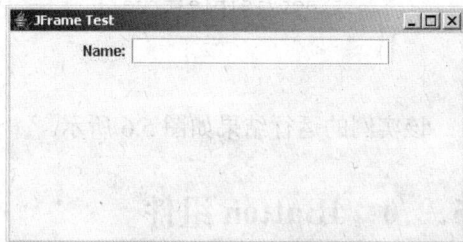

图 5.5　显示多个组件

5.2.5　JPasswordField 组件

JPasswordField 组件与之前介绍过的 JTextField 组件非常类似，也是允许编辑一个单行文本，但是其不显示原始字符，而是使用回显字符代替。

JPasswordField 组件的常用构造函数形式如下。

- JPasswordField()：构造一个新的空的 JPasswordField 实例。
- JPasswordField (int columns)：构造一个具有指定列数的新的空的 JPasswordField 实例。

JPasswordField 组件常用的方法如表 5.5 所示。

表 5.5　JPasswordField 常用方法

方法	功能说明
getEchoChar()	返回要用于回显的字符
getPassword()	返回该 JPasswordField 中的文本
setEchoChar(char c)	设置该 JPasswordField 的回显字符

【例 5.5】在窗体中显示 JPasswordField 组件。

在名称为 SwingDemo1 的 Java Project 项目中，创建一个名称为 JPasswordFieldDemo 的 Java 类，并在打开的 Java 代码编辑器中编写该类的具体定义代码：

```java
import javax.swing.JFrame;
import javax.swing.JLabel;
```

```java
import javax.swing.JTextField;
import javax.swing.JPanel;
import javax.swing.JPasswordField;

public class JPasswordFieldDemo {
    public static void main(String[] args)
    {
        JFrame f=new JFrame("JFrame Test");
        JLabel lname=new JLabel("Name:");
        JLabel lpass=new JLabel("Pass:");
        JTextField tname=new JTextField(20);
    //创建列数为 20 的 JPasswordField 对象
        JPasswordField tpass=new JPasswordField(20);
        JPanel panel=new JPanel();
        panel.add(lname);
        panel.add(tname);
        panel.add(lpass);
    //将 JPasswordField 对象添加到 JPanel 容器上
        panel.add(tpass);
        f.getContentPane().add(panel);
        f.setSize(300, 200);
        f.setVisible(true);

    }
}
```

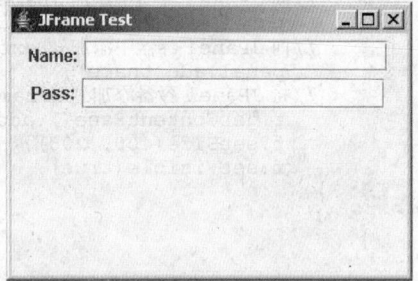

该实例的运行结果如图 5.6 所示。

图 5.6 显示 JPasswordField 组件

5.2.6 JButton 组件

JButton 组件表示按钮，按钮是使用最为普遍的用户界面组件之一，它可以被鼠标或快捷键激活并完成某个功能。

JButton 组件的构造函数形式如下。

- JButton()：创建一个不带有设置文本或图标的 JButton 实例。
- JButton(Icon icon)：建立一个有图像的 JButton 实例。
- JButton(String icon)：建立一个有文字的 JButton 实例。
- JButton(String text,Icon icon)：建立一个有图像与文字的 JButton 实例。

JButton 组件常用的方法如表 5.6 所示。

表 5.6 JButton 常用方法

方法	功能说明
getIcon()	返回按钮的图标
getText()	返回按钮的文本
setEnabled(boolean b)	设置按钮是否被禁用
setIcon(Icon defaultIcon)	设置按钮的图标
setText(String text)	设置按钮的文本

【例 5.6】在窗体中显示 JButton 组件。

在名称为 SwingDemo1 的 Java Project 项目中，创建一个名称为 JButtonDemo 的 Java 类，并在打开的 Java 代码编辑器中编写该类的具体定义代码：

```java
import javax.swing.JFrame;
import javax.swing.JLabel;
```

```
import javax.swing.JTextField;
import javax.swing.JPanel;
import javax.swing.JPasswordField;
import javax.swing.JButton;

public class JButtonDemo {
    public static void main(String[] args)
    {
        JFrame f=new JFrame("JFrame Test");
        JLabel lname=new JLabel("Name:");
        JLabel lpass=new JLabel("Pass:");
        JTextField tname=new JTextField(20);
        JPasswordField tpass=new JPasswordField(20);
      //创建 JButton 实例
        JButton button1=new JButton("确定");
        JButton button2=new JButton("取消");
        JPanel panel=new JPanel();
        panel.add(lname);
        panel.add(tname);
        panel.add(lpass);
        panel.add(tpass);
      //将 JButton 对象添加到 JPanel 容器上
        panel.add(button1);
        panel.add(button2);
        f.getContentPane().add(panel);
        f.setSize(300, 200);
        f.setVisible(true);

    }

}
```

该实例的运行结果如图 5.7 所示。

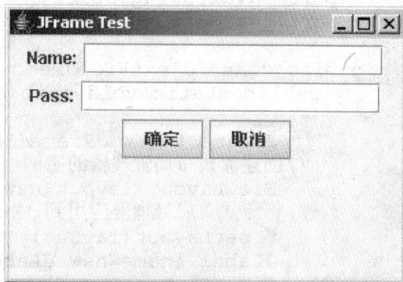

图 5.7　显示 JButton 组件

5.2.7　流式布局管理器

图 5.7 所示的 JFrame 窗体上的 JPanel 容器包含两个 JLabel 组件、两个 JButton 组件、一个 JTextField 组件以及一个 JPasswordField 组件。这些组件能够美观地排列并显示。但是当我们使用鼠标拖拉窗体的边界从而改变窗体的大小，将会发现这些组件在窗体上的排列位置将会发生变化，如图 5.8 所示。

这主要是因为 JPanel 容器默认的布局是流式布局。所谓布局就是容器中组件的排列方式，而流式布局管理器对容器中组件进行布局的方式是将组件逐个地排列在容器中的一行上，一行放满后就另起一个新行。简单说就是从上到下、从左到右依次排列。

流式布局管理器类 FlowLayout 有 3 种构造函数。

- FlowLayout()
- FlowLayout(int align)
- FlowLayout(int align, int hgap, int vgap)

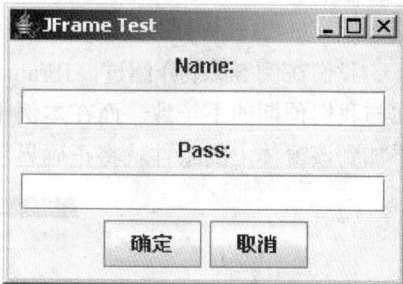

图 5.8　变化排列后的窗体控件

第一种构造函数将组件居中放置在容器的某一行上，如果不想采用这种居中对齐的方式，第二种构造函数中提供了一个对齐方式的可选项 align。使用该选项，可以将组件的对齐方式设定为左对齐或者右对齐。align 的可取值有 FlowLayout.LEFT、FlowLayout.RIGHT 和 FlowLayout.CENTER 3 种形式，它们分别将组件对齐方式设定为左对齐、右对齐和居中。第三种构造函数中还有一对参数 hgap 和 vgap，使用这对参数可以设定组件的水平间距和垂直间距。

将流式布局管理器类 FlowLayout 实例化后，可以调用容器的 setLayout()方法，将该布局管理器应用到这个容器上。下面是使用 setLayout()方法实现流式布局的示例代码：

```
setLayout(new FlowLayout(FlowLayout.RIGHT,20,40));
setLayout(new FlowLayout(FlowLayout.LEFT));
setLayout(new FlowLayout());
```

【例 5.7】在 JFrame 窗体中应用流式布局。

将例 5.3 中的代码修改如下：

```
import java.awt.FlowLayout;

import javax.swing.JFrame;
import javax.swing.JLabel;
import javax.swing.JTextField;

public class JTextFieldDemo {
    public static void main(String[] args)
    {
        JFrame f=new JFrame("JFrame Test");
    //创建流式布局管理器的实例
        FlowLayout layout=new FlowLayout();
    //将流式布局管理器应用到 JFrame 窗体上
        f.setLayout(layout);
        JLabel lname=new JLabel("Name:");
        f.getContentPane().add(lname);
        JTextField tname=new JTextField(20);
        f.getContentPane().add(tname);
        f.setSize(400, 200);
        f.setVisible(true);

    }

}
```

我们在例 5.3 中介绍过，JFrame 窗体的默认布局管理器是边界布局，因此例 5.3 显示的界面与我们预期的不一致。而在本例中，我们将流式布局应用到 JFrame 窗体上之后，两个直接添加到该窗体上的组件就将正确显示，如图 5.9 所示。

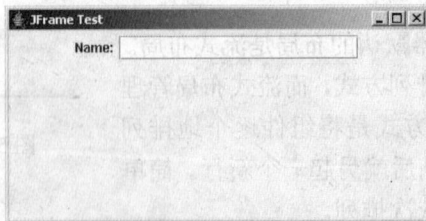

图 5.9 在窗体上应用流式布局

5.2.8 任务：创建管理员登录界面

在办公固定资产管理系统中，需要实现一个管理员登录界面，用来接收管理员输入的登录账号和登录密码。设计完成后的管理员登录界面如图 5.10 所示。

账号:

密码

确定　　　　　　取消

图 5.10　管理员登录界面

管理员登录界面中的组件的类型及名称如表 5.7 所示。

表 5.7　管理员登录界面中的组件说明

控件类型	控件名称	说明
JLabel	numberlbl	显示账号文本
JLabel	passlbl	显示密码文本
JTextField	numbertex	接收管理员输入的登录账号
JPasswordField	passtex	接收管理员输入的登录密码
JButton	surebtn	"确定"按钮
JButton	cancelbtn	"取消"按钮

管理员登录界面类 ManagerLoginPane 的代码如下:

```java
import javax.swing.JButton;
import javax.swing.JLabel;
import javax.swing.JPanel;
import javax.swing.JPasswordField;
import javax.swing.JTextField;
public class ManagerLoginPane extends JPanel {
    public ManagerLoginPane(){
        initialize();
    }
    private JLabel numberlbl = null;
    private JLabel passlbl=null;
    public JTextField numbertex=null;
    public JPasswordField passtex=null;
    public JButton surebtn=null;
    public JButton cancelbtn=null;

    private void initialize() {
        numberlbl = new JLabel();
        setLayout(null);
        numberlbl.setText("账号:");
        numbertex=new JTextField("");
        passlbl=new JLabel("密码");
        passtex=new JPasswordField("");
        surebtn=new JButton("确定");
        cancelbtn=new JButton("取消");
        this.setSize(600, 400);
        numberlbl.setBounds(130, 92, 100, 40);
        numbertex.setBounds(300, 90, 200, 40);
        passlbl.setBounds(130, 200, 100, 40);
        passtex.setBounds(300, 200, 200, 40);
```

```
        surebtn.setBounds(150, 300, 80, 40);
        cancelbtn.setBounds(353, 300, 80, 40);
        this.add(numberlbl, null);
        this.add(numbertex, null);
        this.add(passlbl, null);
        this.add(passtex, null);
        this.add(surebtn, null);
        this.add(cancelbtn, null);

    }
}
```

这里的代码前面基本上都已经详细介绍过了，唯一需要说明的是组件的 setBounds()方法，该方法主要用来精确定位组件在容器中的位置。

该方法的具体语法格式定义如下：

```
setBounds(int x, int y, int width, int height)
```

该方法包含 4 个 int 型的参数，前两个是组件左上角在容器中的坐标，后两个是组件的宽度和高度。

5.3 Swing 中的选择框和边界布局

在 5.2 节中我们介绍了 Swing 组件中的简单组件和流式布局，本节我们将主要介绍 Swing 组件中的选择框、列表框、弹出对话框以及边界布局。

5.3.1 JComboBox 组件

JComboBox 组件被称为选择框，又被叫做下拉列表，顾名思义，该组件中提供了一组可选择项，单击其下拉箭头，将下拉显示全部的可选项。

JComboBox 组件的常用构造函数形式如下。

- JComboBox()：创建空的 JComboBox 实例。
- JComboBox(Object[] items)：创建包含指定数组中的元素的 JComboBox 实例。

JComboBox 组件常用的方法如表 5.8 所示。

表 5.8 JComboBox 常用方法

方法	功能说明
addItem(Object anObject)	返回按钮的图标
getItemAt(int index)	返回指定索引处的列表项
getItemCount()	返回选择框中的所有可选项的个数
getSelectedIndex()	返回选择框中与给定项匹配的第一个选项的索引
getSelectedItem()	返回当前所选项
insertItemAt(Object anObject, int index)	在选择框中的给定索引处插入新项

（续表）

方法	功能说明
isEditable()	返回选择框是否是可编辑的，若是则返回 true
removeAllItems()	从选择框中移除所有项
removeItem(Object anObject)	从选择框中移除指定的项
removeItemAt(int anIndex)	从选择框中移除指定索引所对应的项
setEditable(boolean aFlag)	设置选择框是否是可编辑的
setSelectedIndex(int anIndex)	设置选择框中给定索引所对应的选项
setSelectedItem(Object anObject)	将选择框显示区域中所选项设置为参数中的对象

【例 5.8】在窗体中显示 JComboBox 组件。

Step **01** 在 Eclipse 中创建一个名称为 SwingDemo2 的 Java Project 项目。

Step **02** 在该项目中，创建一个名称为 JComboBoxDemo 的 Java 类，并在打开的 Java 代码编辑器中编写该类的具体定义代码：

```java
import java.awt.FlowLayout;

import javax.swing.JFrame;
import javax.swing.JLabel;
import javax.swing.JComboBox;

public class JComboBoxDemo {
    public static void main(String[] args)
    {
        JFrame f=new JFrame("JFrame Test");
        FlowLayout layout=new FlowLayout();
        f.setLayout(layout);
        JLabel lname=new JLabel("状态:");
        f.getContentPane().add(lname);
    //创建 JComboBox 组件中的选项数组
        String[] combobox={"正常","待维修","报废"};
    //使用数组创建 JComboBox 的实例
        JComboBox combo=new JComboBox(combobox);
    //将 JComboBox 组件添加到 JPanel 容器上
        f.getContentPane().add(combo);
        f.setSize(400, 200);
        f.setVisible(true);

    }
}
```

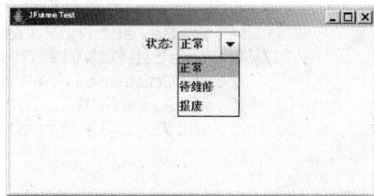

该实例的运行结果如图 5.11 所示。

图 5.11　显示 JComboBox 组件

5.3.2　JList 组件

JList 组件也是用于提供一组选项的，它与 JComboBox 组件的区别在于 JList 组件可以提供多项选择的支持。JList 支持 3 种选取模式：单选取、单间隔选取和多间隔选取。

JList 组件的常用构造函数形式如下。

- JList()：创建空的 JList 实例。
- JList(Object[] items)：创建包含指定数组中的元素的 JList 实例。

JList 组件常用的方法如表 5.9 所示。

表 5.9　JList 常用方法

方法	功能说明
getSelectedIndex()	返回所选的第一个项的索引，如果没有选择项，则返回–1
getSelectedValue()	返回所选的第一个项的值，如果选择为空，则返回 null
getSelectionModel()	返回列表当前所使用的选取模型
setListData（Object[] listData）	使用一个 Object 数组设置该列表
setSelectedIndex（int index）	设置选中某个具体选项的索引
setSelectionMode（int selectionMode）	设置该列表的选取模式，即单项选择还是多项选择

【例 5.9】在窗体中显示 JList 组件。

在名称为 SwingDemo2 的 Java Project 项目中，创建一个名称为 JListDemo 的 Java 类，并在打开的 Java 代码编辑器中编写该类的具体定义代码：

```java
import java.awt.FlowLayout;

import javax.swing.JComboBox;
import javax.swing.JFrame;
import javax.swing.JLabel;
import javax.swing.JList;
import javax.swing.ListSelectionModel;

public class JListDemo {
    public static void main(String[] args)
    {
        JFrame f=new JFrame("JFrame Test");
        FlowLayout layout=new FlowLayout();
        f.setLayout(layout);
        JLabel lname=new JLabel("状态:");
        f.getContentPane().add(lname);
    //创建 JList 组件中的选项数组
        String[] list={"正常","待维修","报废"};
    //使用数组创建 JList 的实例
        JList l=new JList(list);
    //设置 JList 的选取模式为多间隔选取
        l.setSelectionMode(ListSelectionModel.MULTIPLE_INTERVAL_SELECTION);
    //将 JList 组件添加到 JPanel 容器上
        f.getContentPane().add(l);
        f.setSize(400, 200);
        f.setVisible(true);

    }
}
```

本实例的代码与例 5.8 基本相同，只是多了一个设置 JList 选取模式的 setSelectionMode() 方法，在该方法中可以通过 ListSelectionModel 类中的静态常量来设置不同的选取模式。其中：

- ListSelectionModel.SINGLE_SELECTION 表示单选取。
- ListSelectionModel.SINGLE_INTERVAL_SELECTION 表示单间隔选取。
- ListSelectionModel.MULTIPLE_INTERVAL_SELECTION 表示多间隔选取。

该实例的运行结果如图 5.12 所示。

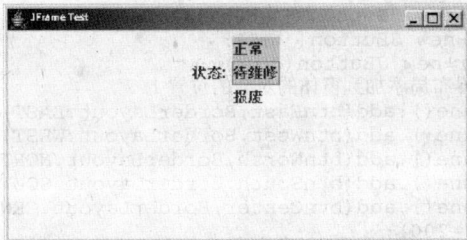

图 5.12 显示 JList 组件

5.3.3 边界布局管理器

边界布局是 JFrame 窗体的默认布局，在采用该布局的容器中组件可被置于容器的东、西、北、中位置，在使用时必须在 add()方法中指定组件的具体摆放位置。

边界布局管理器类 BorderLayout 有两种构造函数。

- BorderLayout()
- BorderLayout(int horz,int vert)

第一种构造函数将生成默认的边界布局，第二种构造函数可以设定组件间的水平和垂直距离。

- BorderLayout 类中定义了几个静态常量来指定布局中东、西、北、中位置。
- BorderLayout.NORTH：对应容器的顶部，即布局中的北。
- BorderLayout.EAST：对应容器的右部，即布局中的东。
- BorderLayout.SOUTH：对应容器的底部，即布局中的南。
- BorderLayout.WEST：对应容器的左部，即布局中的西。
- BorderLayout.CENTER：对应容器的中部，即布局中的中间。

使用边界布局的 add()方法的具体语法定义如下：

```
void add(Component Obj, int region);
```

其中 int 型的参数 region 即为上述列举的静态常量值。

【例 5.10】在窗体中使用边界布局。

在名称为 SwingDemo2 的 Java Project 项目中，创建一个名称为 BorderLayoutDemo 的 Java 类，并在打开的 Java 代码编辑器中编写该类的具体定义代码：

```java
import java.awt.BorderLayout;

import javax.swing.JFrame;
import javax.swing.JButton;

public class BorderLayoutDemo {
    public static void main(String[] args)
    {
        JFrame f=new JFrame("JFrame Test");
//创建边界布局管理器类的实例，在该布局中每个组件之间的水平和垂直距离都为 5 个像素
        BorderLayout layout=new BorderLayout(5,5);
//在 JFrame 窗体上采用该边界布局
        f.setLayout(layout);
        JButton btnEast=new JButton("东");
        JButton btnWest=new JButton("西");
```

```
JButton btnNorth=new JButton("北");
JButton btnSouth=new JButton("南");
JButton btnCenter=new JButton("中");
//将 5 个按钮使用边界布局添加到窗体的对应的位置上
    f.getContentPane().add(btnEast,BorderLayout.EAST);
    f.getContentPane().add(btnWest,BorderLayout.WEST);
    f.getContentPane().add(btnNorth,BorderLayout.NORTH);
    f.getContentPane().add(btnSouth,BorderLayout.SOUTH);
    f.getContentPane().add(btnCenter,BorderLayout.CENTER);
    f.setSize(400, 200);
    f.setVisible(true);

    }

}
```

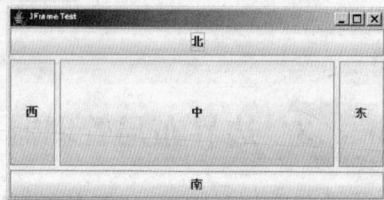

在该类中，使用边界布局将 5 个 JButton 按钮分别添加到窗体的东、西、南、北以及中间位置，该实例的运行结果如图 5.13 所示。

图 5.13　窗体上采用边界布局

5.3.4　任务：创建添加固定资产界面

在办公固定资产管理系统中，需要实现一个添加固定资产的界面，用来向系统中添加新的固定资产。设计完成后的添加固定资产界面如图 5.14 所示。

图 5.14　添加固定资产界面

添加固定资产界面中的组件的类型及名称如表 5.10 所示。

表 5.10　添加固定资产界面中的组件说明

控件类型	控件名称	说明
JLabel	namelbl	显示固定资产名称的文本
JLabel	valuelbl	显示固定资产价值的文本
JLabel	stutelbl	显示固定资产状态的文本
JLabel	modellbl	显示固定资产型号的文本
JLabel	datelbl	显示固定资产购买日期的文本
JLabel	notelbl	显示固定资产备注的文本
JLabel	biglbl	显示固定资产大类别的文本
JLabel	smalllbl	显示固定资产小类别的文本
JTextField	nametex	接收输入的固定资产名称
JTextField	valuetex	接收输入的固定资产价值

控件类型	控件名称	说明
JTextField	modeltex	接收输入的固定资产型号
JTextField	datetex	接收输入的固定资产购买日期
JTextField	notetex	接收输入的固定资产备注
JButton	addbtn	"添加"按钮
JButton	cancelbtn	"清空"按钮
JComboBox	bigcbx	选择固定资产所属大类别的选项
JComboBox	smallcbx	选择固定资产所属小类别的选项
JComboBox	stutecbx	选择固定资产状态的选项

添加固定资产界面类 AddEquipment 的代码如下：

```java
import java.sql.Timestamp;
import java.util.Date;
import java.util.Vector;

import javax.swing.DefaultComboBoxModel;
import javax.swing.JButton;
import javax.swing.JComboBox;
import javax.swing.JLabel;
import javax.swing.JPanel;
import javax.swing.JTextField;

public class AddEquipment extends JPanel {
    //声明添加到 JPanel 面板上的各组件
    public JComboBox bigcbx = null;
    public JComboBox smallcbx = null;
    private JLabel namelbl = null;
    private JLabel valuelbl = null;
    private JLabel stutelbl = null;
    private JLabel modellbl = null;
    private JLabel datelbl = null;
    private JLabel notelbl = null;
    public JTextField nametex = null;
    public JTextField valuetex = null;
    public JComboBox stutecbx = null;
    public JTextField modeltex = null;
    public JTextField datetex = null;
    public JTextField notetex = null;
    public JButton addbtn = null;
    public JButton cancelbtn = null;
    private JLabel biglbl = null;
    private JLabel smalllbl = null;

    public AddEquipment() {
        super();
        initialize();
    }

    private void initialize() {
        //实例化各 JLabel 组件
        notelbl = new JLabel();
        datelbl = new JLabel();
        modellbl = new JLabel();
        stutelbl = new JLabel();
        valuelbl = new JLabel();
```

```
        namelbl = new JLabel();
        biglbl = new JLabel();
        smalllbl = new JLabel();
        this.setLayout(null);
        //为各 Label 组件实例设置在面板中的位置以及显示的文本
        namelbl.setBounds(30, 90, 55, 30);
        namelbl.setText("名称:");
        valuelbl.setBounds(30, 140, 55, 30);
        valuelbl.setText("价值:");
        stutelbl.setBounds(30, 185, 55, 30);
        stutelbl.setText("状态:");
        modellbl.setBounds(210, 90, 55, 30);
        modellbl.setText("型号:");
        datelbl.setBounds(210, 140, 55, 30);
        datelbl.setText("购买日期");
        notelbl.setBounds(210, 185, 55, 30);
        notelbl.setText("备注");
        biglbl.setBounds(30, 40, 55, 30);
        biglbl.setText("大类别");
        smalllbl.setBounds(210, 40, 55, 30);
        smalllbl.setText("小类别");
        this.setBounds(0, 0, 400, 300);
        //添加其余组件到 JPanel 面板上
        this.add(getBigcbx(), null);
        this.add(getSmallcbx(), null);
        this.add(namelbl, null);
        this.add(valuelbl, null);
        this.add(stutelbl, null);
        this.add(modellbl, null);
        this.add(datelbl, null);
        this.add(notelbl, null);
        this.add(getNametex(), null);
        this.add(getValuetex(), null);
        this.add(getStutecbx(), null);
        this.add(getModeltex(), null);
        this.add(getDatetex(), null);
        this.add(getNotetex(), null);
        this.add(getAddbtn(), null);
        this.add(biglbl, null);
        this.add(smalllbl, null);
        this.add(getCancelbtn(), null);
        //在输入日期的 JTextField 组件上设置提示文本
        datetex.setToolTipText((new Timestamp((new Date()).getTime())).toString());

    }
/**
    定义创建包含固定资产大类别的选择项的实例的方法
 */
    private JComboBox getBigcbx() {
        if (bigcbx == null) {
            Vector items=new Vector();
            items.add("办公室外设");
            items.add("数码产品");
            items.add("计算机");
            bigcbx = new JComboBox(items);
            bigcbx.setBounds(85, 40, 100, 30);

        }
        return bigcbx;
    }
/**
定义创建包含固定资产小类别的选择项的实例的方法
 */
```

```
private JComboBox getSmallcbx() {
    if (smallcbx == null) {
        smallcbx = new JComboBox();
        smallcbx.setBounds(265, 40, 100, 30);
    }
    return smallcbx;
}
/**
```
定义创建用于输入固定资产名称的文本框的实例的方法
```
 */
private JTextField getNametex() {
    if (nametex == null) {
        nametex = new JTextField();
        nametex.setBounds(85, 90, 100, 30);
    }
    return nametex;
}
/**
```
定义创建用于输入固定资产价值的文本框的实例的方法
```
 */
private JTextField getValuetex() {
    if (valuetex == null) {
        valuetex = new JTextField();
        valuetex.setBounds(85, 140, 100, 30);
    }
    return valuetex;
}
/**
```
定义创建用于包含固定资产状态的选择项的实例的方法
```
 */
private JComboBox getStutecbx() {
    if (stutecbx == null) {
        Vector v=new Vector();
        v.add("正常");
        v.add("待维修");
        v.add("报废");
        stutecbx = new JComboBox(v);
        stutecbx.setBounds(85, 185, 100, 30);
    }
    return stutecbx;
}
/**
```
定义创建用于输入固定资产类型的文本框的实例的方法
```
 */
private JTextField getModeltex() {
    if (modeltex == null) {
        modeltex = new JTextField();
        modeltex.setBounds(265, 90, 100, 30);
    }
    return modeltex;
}
/**
```
定义创建用于输入固定资产购买日期的文本框的实例的方法
```
 */
private JTextField getDatetex() {
    if (datetex == null) {
        datetex = new JTextField();
        datetex.setBounds(265, 140, 100, 30);
    }
    return datetex;
}
/**
```
定义创建用于输入用于固定资产备注的文本框的实例的方法

```java
        */
    private JTextField getNotetex() {
        if (notetex == null) {
            notetex = new JTextField();
            notetex.setBounds(265, 185, 100, 30);
        }
        return notetex;
    }
    /**
    定义创建"添加"按钮的实例的方法
     */
    private JButton getAddbtn() {
        if (addbtn == null) {
            addbtn = new JButton();
            addbtn.setBounds(70, 240, 75, 30);
            addbtn.setText("添加");
        }
        return addbtn;
    }
    /**
    定义创建"清空"按钮的实例的方法
     */
    private JButton getCancelbtn() {
        if (cancelbtn == null) {
            cancelbtn = new JButton();
            cancelbtn.setBounds(245, 240, 75, 30);
            cancelbtn.setText("清空");
        }
        return cancelbtn;
    }
    /**
    定义当固定资产大类别发生变化时，小类别随之变化的方法
     */
    public void smallchange(int i) {
        DefaultComboBoxModel model=new DefaultComboBoxModel();
        switch(i)
        {
        case 1:
            smallcbx.removeAllItems();
            model.addElement("传真机");
            model.addElement("复印机");
            model.addElement("打印机");
            model.addElement("其他");
            smallcbx.setModel(model);
            break;
        case 2:
            smallcbx.removeAllItems();
            model.addElement("数码相机");
            model.addElement("投影仪");
            model.addElement("其他");
            smallcbx.setModel(model);
            break;
        case 3:
            smallcbx.removeAllItems();
            model.addElement("笔记本电脑");
            model.addElement("台式机");
            model.addElement("服务器");
            model.addElement("其他");
            smallcbx.setModel(model);
            break;
        }
    }
}
```

在该类的定义中，我们使用了一点小技巧，那就是将一些控件的创建定义在一个方法中，这些方法的返回值就是这些组件的实例，然后在向容器添加组件的 add()方法中调用这些方法，这样将提高代码的模块化，并能够很容易地实现软件复用。

5.4 Java 的事件处理

在前面设计的图形用户界面中，我们可以单击 JButton 按钮，也可以在 JComboBox 选择框中选择某个选项，但是程序并没有做出任何响应。这就需要在程序中添加 Java 的事件处理机制。图形用户界面正是通过事件处理机制来响应用户和程序之间的交互的。

5.4.1 Java 事件处理模型

Java 语言从 JDK 1.1 之后采用的就是事件源—事件监听器模型，引发事件的对象称为事件源，而接收并处理事件的对象是事件监听器。事件源生成事件并将其发送至一个或多个监听器，监听器简单地等待，直到它收到一个事件。一旦事件被接收，监听器就将处理这些事件。

在事件源—事件监听器模型中，首先需要搞清楚的概念就是事件，事件是一个描述事件源状态改变的对象，通过鼠标、键盘与图形用户界面直接或间接交互都会生成事件。例如，按下一个按钮、通过键盘输入一个字符、选择列表中的一项等操作都将产成事件。

在熟悉了事件、事件源以及事件监听器等概念后，下面让我们来看看在事件源—事件监听器模型中是如何来对用户触发的事件进行响应的。

首先，定义监听器类，这个类实现了一个特殊的接口，名为监听器接口，不同的事件对应不同的监听器接口。在监听器类中要实现监听器接口中声明的对应事件的事件处理方法。监听器对象就是这个类的实例。

其次，将监听器对象添加到事件源上。它可以注册一个或多个监听器对象，在发生事件时向所有注册的监听器发送事件对象。

最后，监听器对象使用事件对象中的信息来确定对事件的响应，如果是监听器对应的事件，则调用监听器中的事件处理方法。

在了解事件源—事件监听器模型的执行原理后，接下来讲解一下该模型在 Java 中编程实现的基本步骤。

（1）在程序开始必须加入 import java.awt.event.*语句，因为对 Swing 中的组件实现事件处理必须使用 java.awt.event 包。

（2）通过实现对应的事件监听器接口来定义监听器类，即在类定义中添加 implements xxxListener。并在监听器类中实现对应事件监听器接口中的全部方法。

（3）实例化监听器类的对象，并将监听器对象添加到事件源上，即事件源.addxxxListener（监听器实例）。

经过上述 3 个步骤，事件监听器就可以监听事件源发生的 xxxEvent 事件了。

【例 5.11】响应按钮的单击事件。

Step **01** 在 Eclipse 中创建一个名称为 SwingDemo3 的 Java Project 项目。

Step **02** 在该项目中，创建一个名称为 ActionEventDemo 的 Java 类，并在打开的 Java 代码编辑器中编写该类的具体定义代码：

```java
import java.awt.event.*;

import javax.swing.JFrame;
import javax.swing.JOptionPane;
import javax.swing.JPanel;
import javax.swing.JButton;

//定义监听器类
class ButtonListener implements ActionListener
{
    //实现 ActionListener 接口所定义的方法
    public void actionPerformed(ActionEvent e){
        //弹出对话框
        JOptionPane.showMessageDialog(null,"响应按钮单击事件");
    }

}
public class ActionEventDemo {
    public static void main(String[] args)
    {
        JFrame f=new JFrame("JFrame Test");
        JButton button1=new JButton("确定");
    //创建监听器类的对象
        ButtonListener listener=new ButtonListener();
    //将监听器对象添加到事件源上
        button1.addActionListener(listener);
        JPanel panel=new JPanel();
        panel.add(button1);
        f.getContentPane().add(panel);
        f.setSize(300, 200);
        f.setVisible(true);

    }
}
```

本实例实现了对 JButton 按钮的单击事件的响应处理，用户单击按钮 button1，触发 ActionEvent 事件，该事件不是由事件源本身处理，而是传递给添加在事件源上的事件监听器对象 listener，从而自动调用事件监听器类中定义的 actionPerformed()方法对事件进行处理。该实例运行后，单击按钮将显示如图 5.15 所示的运行结果。

该实例中的代码定义完全是按照前面介绍的事件源—事件监听器模型的编程步骤来实现的，但是在实际开发中，我们往往采用将监听器类和应用程序类合二为一的定义方式，这样有利于在事件处理方法中方便地调用组成用户界面的这些 Swing 组件。

我们可以将例 5.11 中的代码重新定义如下：

图 5.15 单击按钮弹出对话框

```java
import java.awt.event.*;

import javax.swing.JFrame;
import javax.swing.JOptionPane;
import javax.swing.JPanel;
import javax.swing.JButton;
```

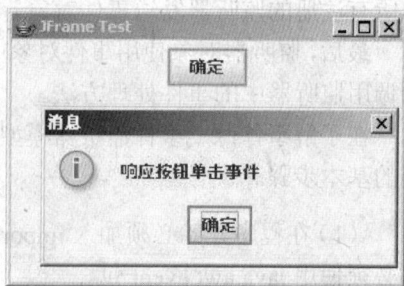

```
//应用程序类同时作为监听器类
public class ActionEventDemo extends JFrame implements ActionListener{
    //实现 ActionListener 接口所定义的方法 actionPerformed()
    public void actionPerformed(ActionEvent e){
        JOptionPane.showMessageDialog(null,"响应按钮单击事件");
    }
    //在类的构造函数中实现界面中组件的实例化和添加，并显示窗体
    public ActionEventDemo()
    {
        super("JFrame Test");
        JButton button1=new JButton("确定");
    //因为类本身就是监听器类，所以不需要实例化，直接使用关键字 this 来引用该类的实例即可
        button1.addActionListener(this);
        JPanel panel=new JPanel();
        panel.add(button1);
        this.getContentPane().add(panel);
        this.setSize(300, 200);
        this.setVisible(true);
    }

    public static void main(String[] args)
    {
        //调用构造函数
        new ActionEventDemo();

    }
}
```

5.4.2 常用事件监听器和适配器

在 5.4.1 小节中我们详细讲解了 Java 事件处理模型及其具体实现，读者掌握之后可能还会有一点疑惑，那就是如何知道用户对组件的操作将触发哪种类型的事件，不同的事件的对应的监听器又是什么呢？

Java 中的事件种类繁多，所以将所有组件可能发生的事件进行分类，具有共同特征的事件被抽象为一个事件类 AWTEvent，例如 ActionEvent 类（动作事件）、MouseEvent 类（鼠标事件）、KeyEvent 类（键盘事件）等。而不同的事件又对应不同的事件监听器接口，每个事件监听器接口中又包含了不同的事件处理方法，此外对于同一个事件源如果进行的操作不同，又将产生不同的事件。因此，事件、事件源、事件监听器之间是多对多的关系。为了使读者能够搞清楚这些复杂的关系，表 5.11 给出了 Java 中常见的事件、事件监听器接口、接口中的方法以及支持这一事件的组件一览表。

表 5.11 Java 事件概述表

事件	事件监听器接口	接口中的方法	支持该事件的组件
ActionEvent	ActionListener	actionPerformed()	JButton、JTextField、JList 等
AdjustmentEvent	AdjustmentListener	adjustmentValueChanged()	JScrollbar
ComponentEvent	ComponentListener	componentResized()	Component 及其所有子类
		componentMoved()	
		componentShown()	
		componentHidden()	

事件	事件监听器接口	接口中的方法	支持该事件的组件
ContainerEvent	ContainerListener	componentAdded() componentRemoved()	Container 及其子类
FocusEvent	FocusListener	focusLost() focusGained()	Component 及其所有子类
ItemEvent	ItemListener	itemStateChanged()	JComboBox、JList 等
KeyEvent	KeyListener	keyPressed() keyReleased() keyTyped()	Component 及其所有子类
MouseEvent	MouseListener	mouseClicked() mouseEntered() mouseExited() mousePressed() mouseReleased()	Component 及其所有子类
MouseEvent	MouseMotionListener	mouseDragged() mouseMoved()	Component 及其所有子类
WindowEvent	WindowListener	windowActivated() windowDeactivated() windowClosed() windowClosing() windowIconified() windowDeiconified() windowOpened()	JDialog、JFrame
TreeSelectionEvent	TreeSelectionListener	valueChanged()	JTree
ListSelectionEvent	ListSelectionListener	valueChanged()	JList
TableModelEvent	TableModelListener	tableChanged()	JList、JTree

下面举一个事件处理的实例，通过这些实例是读者能够更深入地掌握这些常用的事件监听器的具体用法和功能。

【例 5.12】响应按键的输入事件。

在名称为 SwingDemo3 的 Java Project 项目中，创建一个名称为 KeyListenerDemo 的 Java 类，并在打开的 Java 代码编辑器中编写该类的具体定义代码：

```java
import javax.swing.*;
import java.awt.event.*;
//应用程序类同时作为监听器类
public class KeyListenerDemo extends JFrame implements KeyListener{

    JTextField from;
    JTextField to;
    JPanel panel;
    public KeyListenerDemo()
    {
        super();
        panel=new JPanel();
```

```
        from=new JTextField(10);
        to=new JTextField(10);
    //设置该 JTextField 组件为不可编辑的
        to.setEditable(false);
    //向 JTextField 组件上添加按键敲击所触发事件的监听器实例
        from.addKeyListener(this);
        panel.add(new JLabel("输入一些文本: "));
        panel.add(from);
        panel.add(new JLabel("您输入的文本是: "));
        panel.add(to);
        this.getContentPane().add(panel);
        this.setSize(300, 200);
        this.setVisible(true);
    }
    //定义按键按下时的事件处理程序
    public void keyPressed(KeyEvent e)
    {

    }
    //定义按键释放时的事件处理程序
    public void keyReleased(KeyEvent e)
    {

    }
    //定义按键敲击时的事件处理程序
    public void keyTyped(KeyEvent e)
    {
        to.setText(from.getText());
    }
    public static void main(String[] args)
    {
        //调用构造函数
        new KeyListenerDemo();
    }
}
```

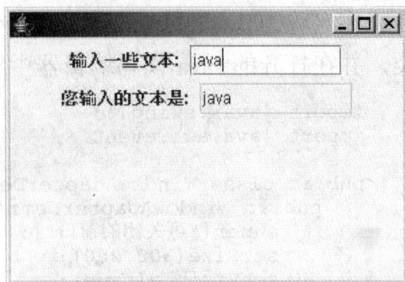

图 5.16　敲击按键的事件响应

运行该实例，在上面的 **JTextField** 组件中输入文字，将在下面的 **JTextField** 组件中显示出来。该实例的运行结果如图 5.16 所示。

在上面的实例中，读者可能会发现，在该类中实现了监听器接口 **KeyListener** 中的全部 3 个方法，但是其中两个方法的方法体定义是空的，这是因为我们没有使用到这两个事件处理程序。而按照 Java 的规定，在实现接口的类中，必须实现接口中声明的全部方法，否则该类将成为抽象类。所以无论接口中有几个方法，我们必须全部实现，用不到的方法只需要给其定义空方法体即可。

在具体程序设计过程中，我们经常只用到接口中的一个或几个方法。为了方便起见，Java 为那些声明了多个方法的事件监听器接口提供了一个对应的适配器类，在该类中实现了对应接口的所有方法，只是方法体为空。例如，窗口事件适配器的定义如下：

```
public abstract class WindowAdapter extends Object implements WindowListener{
public void windowOpened(WindowEvent e){}
public void windowClosing(WindowEvent e){}
public void windowClosed(WindowEvent e){}
public void windowIconified(WindowEvent e){}
public void windowDecionified(WindowEvent e){}
public void windowActivated(WindowEvent e){}
public void windowDeactivated(WindowEvent e){}
}
```

由于在接口对应适配器类中实现了接口的所有方法，因此，我们在使用适配器创建监听器类时，可以不实现接口，而是只继承某个适当的适配器，并且仅覆盖所使用的事件处理方法即可。这里需要注意的是，在使用适配器时，一定确保所覆盖的方法书写正确。

表 5.12 列出了监听器接口及对应的适配器类。你只需把接口名称中的 Listener 用 Adapter 代替即为对应适配器的名称。由于监听器接口 ActionListener、AdjustmentListener、ItemListener 均只有一个方法，所以不需要定义适配器。

表 5.12 监听器接口及对应适配器类

监听器接口	适配器类
ComponentAdapter	ComponentListener
ContainerAdapter	ContainerListener
FocusAdapter	FocusListener
KeyAdapter	KeyListener
MouseAdapter	MouseListener
MouseMotionAdapter	MouseMotionListener
WindowAdapter	WindowListener

【例 5.13】通过适配器来响应可关闭的窗体。

在名称为 SwingDemo3 的 Java Project 项目中，创建一个名称为 WindowAdapterDemo 的 Java 类，并在打开的 Java 代码编辑器中编写该类的具体定义代码：

```java
import javax.swing.*;
import java.awt.event.*;

public class WindowAdapterDemo extends JFrame{
    public WindowAdapterDemo(){
        super("可关闭的窗口");
        setSize(300,200);
        setVisible(true);
        //向窗体添加监听器对象
        addWindowListener(new WinAdapter());
    }
    public static void main(String[] args){
        new WindowAdapterDemo();
    }
    //通过继承适配器类来定义监听器类
    class WinAdapter extends WindowAdapter{
    //定义关闭窗口的事件处理方法
    public void windowClosing(WindowEvent e){
    System.exit(0);
    }
    }
}
```

该实例中定义的监听器类是通过继承适配器类定义的，所以不需要将窗体事件监听器中声明的 7 个方法全部实现，只需要实现用到的那一个方法即可，简化了程序的结构。

5.4.3 任务：为固定资产界面添加事件处理程序

在 5.3.4 小节的任务中，我们已经创建了添加固定资产界面，下面我们为该界面添加事件处理程序代码。为了系统结构更加清晰，我们将添加固定资产界面的监听器类定义在单独的 Java 文件中。所以在系统中创建添加固定资产界面的监听器类文件 EAControl.java，该类中将监听按钮的单击事件以及选择框中选项的选中事件，该类的定义如下：

```java
import java.awt.event.ActionEvent;
import java.awt.event.ActionListener;
import java.awt.event.ItemEvent;
import java.awt.event.ItemListener;
import java.sql.Timestamp;

import javax.swing.JOptionPane;
//引入添加固定资产界面类
import view.AddEquipment;
//定义添加固定资产界面的监听器类
public class EAControl implements ActionListener, ItemListener {
    //声明添加固定资产界面类的对象
    private AddEquipment eq;
    //在构造函数中实例化添加固定资产界面类的对象
    public EAControl(AddEquipment equipment) {
        eq=equipment;


    }

    //实现单击按钮所触发事件的事件处理程序
    public void actionPerformed(ActionEvent e) {
        // 获取界面中各个组件的值
        int big=eq.bigcbx.getSelectedIndex();
        int small=eq.smallcbx.getSelectedIndex();
        int stute=eq.stutecbx.getSelectedIndex();
        String name=eq.nametex.getText().trim();
        String model=eq.modeltex.getText().trim();

        float value=Float.valueOf(eq.valuetex.getText().trim()).floatValue() ;
        String remark=eq.notetex.getText().trim();
        Object button=e.getSource();
         //如果单击的是"添加"按钮，则执行如下操作
        if(button==eq.addbtn)
        {
            //具体逻辑代码将在后续章节中添加
        }
        //如果单击的是"清空"按钮，则执行如下操作
        if(button==eq.cancelbtn)
        {
            //将界面中的组件的值全部清空
            eq.nametex.setText("");
            eq.modeltex.setText("");
            eq.notetex.setText("");
            eq.valuetex.setText("");
            eq.datetex.setText("");
            return;
        }
    }
    //定义选择框选中选项所触发事件的事件处理程序
    public void itemStateChanged(ItemEvent e) {
        //根据固定资产大类别选项的索引设置小类别显示的内容
        Object big=e.getItem();
        if(big.equals("办公室外设"))
        {
            eq.smallchange(1);
        }
        if(big.equals("数码产品"))
        {
            eq.smallchange(2);
        }
        if(big.equals("计算机"))
        {
            eq.smallchange(3);
        }
    }
}
```

5.5 Swing 中的高级组件和卡式布局

除了之前介绍的一些简单组件之外，在 Swing 组件包中还存在一些高级组件，这些组件的应用相对复杂，主要用来提供一些界面设计方面的高级特性。

5.5.1 JMenu 组件

大家对图形用户界面中的菜单应该非常熟悉，JMenu 就是用来创建菜单的 Swing 组件。JMenu 组件的常用构造函数形式如下。

- JMenu()：创建新的没有文本的 JMenu 实例。
- JMenu(String s)：创建新的用提供的字符串作为其文本的 JMenu 实例。

JMenu 组件常用的方法如表 5.13 所示。

表 5.13　JMenu 常用方法

方法	功能说明
setModel(ButtonModel newModel)	设置菜单的数据模型
isSelected()	如果菜单当前是被选中的，则返回 true
setSelected(boolean b)	设置菜单的选择状态
isPopupMenuVisible()	如果菜单的弹出菜单可见，则返回 true
setPopupMenuVisible(boolean b)	设置弹出菜单的可见性，如果未启用菜单，则此方法无效
getPopupMenuOrigin()	计算 JMenu 的弹出菜单的原点
setMenuLocation(int x,int y)	设置弹出菜单的位置
add(JMenuItem menuItem)	将某个菜单项追加到此菜单的末尾，并返回添加的菜单项
add(Component c)	将组件追加到此菜单的末尾，并返回添加的控件
add(Component c,int index)	将指定控件添加到此容器的给定位置上，如果 index 等于−1，则将控件追加到末尾
add(String s)	创建具有指定文本的菜单项，并将其追加到此菜单的末尾
addSeparator()	将新分隔符追加到菜单的末尾
insert(String s,int pos)	在给定的位置插入一个具有指定文本的新菜单项
insert(JMenuItem mi,int pos)	在给定的位置插入指定的 JMenuitem
insertSeparator(int index)	在指定的位置插入分隔符
getItem(int pos)	获得指定位置的 JMenuItem，如果位于 pos 的组件不是菜单项，则返回 null
getItemCount()	获得菜单上的项数，包括分隔符
remove(JMenuItem item)	从此菜单移除指定的菜单项，如果不存在弹出菜单，则此方法无效
remove(int pos)	从此菜单移除指定索引处的菜单项
isTopLevelMenu()	如果菜单是"顶层菜单"，则返回 true
getPopupMenu()	获得与此菜单关联的弹出菜单，如果不存在将创建一个弹出菜单

方法	功能说明
addMenuListener(MenuListener l)	添加菜单事件的侦听器
getMenuListeners()	获得利用 addMenuListener()添加到此 JMenu 的所有 MenuListener 组成的数组

5.5.2 JMenuItem 组件

JMenuItem 是用来作为菜单中的菜单项的组件。它可以包含文字、图像或者由两者共同构成，当 JMenuItem 的实例创建成功后，就可以调用 JMenu 对象的 add(JMenuItem menuItem)方法，将该菜单项对象添加到菜单中。

JMenuItem 组件的常用构造函数形式如下。

- JMenuItem(Icon icon)：创建带有指定图标的 JMenuItem 实例。
- JMenuItem(String text)：创建带有指定文本的 JMenuItem 实例。
- JMenuItem(String text,Icon icon)：创建带有指定文本和图标的 JMenuItem 实例。
- JMenuItem(String text,int mnemonic)：创建带有指定文本和快捷键的 JMenuItem 实例。

JMenuItem 组件常用的方法如表 5.14 所示。

表 5.14 JMenuItem 常用方法

方法	功能说明
init(String text,Icon icon)	利用指定文本和图标初始化菜单项
addMenuDragMouseListener(MenuDragMouseListener l)	将 MenuDragMouseListener 添加到菜单项中，该接口中的方法用来处理 MenuDragMouseEvent 事件
removeMenuDragMouseListener(MenuDrag MouseListener l)	从菜单项中移除 MenuDragMouseListener
getMenuDragMouseListeners()	获取利用 addMenuDragMouseListener 添加到此 JMenuItem 的所有 MenuDragMouseListener 组成的数组
addMenuKeyListener(MenuKeyListener l)	将 MenuKeyListener 添加到菜单项中，该接口中的方法用来处理 MenuKeyEvent 事件
removeMenuKeyListener(MenuKeyListener l)	从菜单项中移除 MenuKeyListener
getMenuKeyListeners()	返回利用 addMenuKeyListener 添加到此 JMenuItem 的所有 MenuKeyListener 的数组

5.5.3 JMenuBar 组件

JMenuBar 用来创建一个水平的菜单栏。可以使用 JMenuBar 类的 add()方法向菜单栏中添加菜单，JMenuBar 为添加到其中的菜单分配一个整数索引，并会根据该索引将菜单从左到右依次显示。

创建完菜单栏以后，在通常情况下，可以使用 JFrame 类的 setJMenuBar()方法将菜单栏添加到窗体中。除了使用上述方法向窗体中添加菜单栏以外，还可以使用 add()方法将菜单栏添加到窗体中，下面的代码显示了将 JMenuBar 对象 myJMenuBar 添加到 JFrame 中：

```
JFrame myJFrame=new JFrame();
myJFrame.add(myJMenuBar,BorderLayout.NORTH);
```

JMenuBar 组件的常用构造函数形式如下。

- JMenuBar()：创建空的 JMenuBar 实例。
- JMenuBar(JMenu menu)：创建带有菜单的 JMenuBar 实例。

JMenuBar 组件常用的方法如表 5.15 所示。

表 5.15　JMenuBar 常用方法

方法	功能说明
add(JMenu c)	将指定的菜单添加到菜单栏的末尾
getMenu(int index)	获取菜单栏中指定位置的菜单
getMenuCount()	获取菜单栏上的菜单数
setHelpMenu(JMenu menu)	设置用户选择菜单栏中的"帮助"选项时显示的帮助菜单
getHelpMenu()	获取菜单栏的帮助菜单
setSelected(Component sel)	设置当前选择的组件，更改选择模型
isSelected()	如果当前已选择了菜单栏的组件，则返回 true

前面的几个小节对 JMenuBar、JMenuItem 和 JMenu 进行了详细的介绍。下面我们通过一个例子详细介绍这些控件的使用。

【例 5.14】在窗体中显示菜单。

Step 01　在 Eclipse 中创建一个名称为 SwingDemo4 的 Java Project 项目。

Step 02　在该项目中，创建一个名称为 MenuDemo 的 Java 类，并在打开的 Java 代码编辑器中编写该类的具体定义代码：

```java
import javax.swing.JFrame;
import javax.swing.JMenu;
import javax.swing.JMenuBar;
import javax.swing.JMenuItem;

public class MenuDemo extends JFrame{

    public MenuDemo(String title)
    {
        super(title);
    //创建菜单栏实例
        JMenuBar bar=new JMenuBar();
    //创建菜单实例
        JMenu menu=new JMenu("File");
    //创建菜单项实例
        JMenuItem item1=new JMenuItem("Open");
        JMenuItem item2=new JMenuItem("Save");
        JMenuItem item3=new JMenuItem("Close");
    //将菜单添加到菜单栏中
        bar.add(menu);
    //将各个菜单项添加到菜单中
        menu.add(item1);
        menu.add(item2);
    //向菜单中添加分隔符
        menu.addSeparator();
```

```
    menu.add(item3);
  //将菜单栏添加到窗体上
    this.setJMenuBar(bar);
    this.setSize(300, 200);
    this.setVisible(true);
  }

  public static void main(String[] args) {

    new MenuDemo("Menu");

  }

}
```

该实例的运行结果如图 5.17 所示。

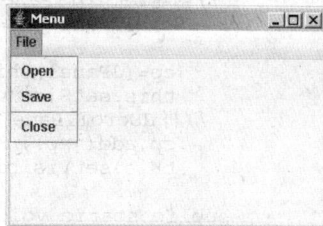

图 5.17　窗体中添加菜单

5.5.4　JScrollPane 容器

JScrollPane 容器被称作滚动框，与其他容器不同的是，它不能也不必设置布局，因为它只能够往里添加一个组件或者容器。其主要作用是当其中的组件超出显示区域时自动出现滚动条，以便滚动显示。

JScrollPane 容器的常用构造函数形式如下。

- JScrollPane()：创建一个空的 JScrollPane 实例，需要时水平和垂直滚动条都可显示。
- JScrollPane(Component view)：创建一个显示指定组件内容的 JScrollPane 实例，只要组件的范围超过视图大小就会显示水平和垂直滚动条。
- JScrollPane(Component view, int vsbPolicy, int hsbPolicy)：创建一个显示指定组件内容的 JScrollPane 实例，并使用一对滚动条控制策略的参数决定滚动条是否显示。

JScrollPane 容器常用的方法如表 5.16 所示。

表 5.16　JScrollPane 常用方法

方法	功能说明
setViewport(JViewport viewport)	设置要显示的组件或容器
getViewport()	返回添加到 JScrollPane 中的当前的组件或容器

【例 5.15】用 JScrollPane 容器显示图片。

在名称为 SwingDemo4 的 Java Project 项目中，创建一个名称为 JScrollPaneDemo 的 Java 类，并在打开的 Java 代码编辑器中编写该类的具体定义代码：

```
import java.awt.Dimension;
import javax.swing.ImageIcon;
import javax.swing.JFrame;
import javax.swing.JLabel;
import javax.swing.JPanel;
import javax.swing.JScrollPane;

public class JScrollPaneDemo extends JFrame{
    JPanel cp=new JPanel();
    JLabel ImagL=new JLabel();

    public JScrollPaneDemo(String title)
    {
```

```
        super(title);
    //将项目中的图片创建成 ImageIcon 对象
        ImageIcon icon=new ImageIcon("castle.jpg");
    //将图片显示在 JLabel 组件上
        ImagL.setIcon(icon);
    //创建 JScrollPane 实例
      JScrollPane jsp=new JScrollPane(ImagL,JScrollPane.VERTICAL_SCROLLBAR_ALWAYS,
                         JScrollPane.HORIZONTAL_SCROLLBAR_AS_NEEDED);
        cp=(JPanel)this.getContentPane();
        this.setSize(new Dimension(300,300));
    //将 JScrollPane 容器添加到 JPane 容器中，再将 JPane 容器添加到窗体上
        cp.add(jsp);
        this.setVisible(true);
    }
    public static void main(String[] args)
    {
        new JScrollPaneDemo("JScrollPane");
    }
}
```

在该实例中，使用了一对滚动条控制策略的参数来决定 JScrollPane 上的滚动条是否显示，其中，静态常量 VERTICAL_SCROLLBAR_ALWAYS 表示水平滚动条一直存在，静态常量 HORIZONTAL_SCROLLBAR_AS_ NEEDED 表示垂直滚动条只有当显示范围超出时才存在。

该实例的运行结果如图 5.18 所示。

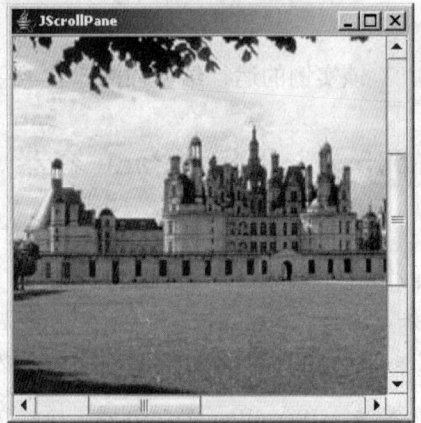

图 5.18　JScrollPane 容器中显示图片

5.5.5　JSplitPane 容器

JSplitPane 容器被称作分隔框，它可以将容器分为上下或左右两部分以便显示不同的内容。JSplitPane 容器的常用构造函数形式如下。

- JSplitPane()：创建一个新的 JSplitPane 实例，里面含有两个默认按钮，并以水平方向排列。
- JSplitPane(int newOrientation)：创建一个指定水平或垂直方向切割的 JSplitPane 实例。

在第二种构造函数中，整型参数由 JSplitPane 类中定义的两个静态常量 HORIZONTAL_SPLIT 和 VERTICAL_SPLIT 来定义，其中 HORIZONTAL_SPLIT 表示水平分割，VERTICAL_SPLIT 表示垂直分割。

JSplitPane 容器常用的方法如表 5.17 所示。

表 5.17　JSplitPane 常用方法

方法	功能说明
setOneTouchExpandable(boolean newValue)	设置是否提供分隔框最大或最小化的按钮
setBottomComponent(Component comp)	设置底部显示组件
setTopComponent(Component comp)	设置顶部显示组件
setLeftComponent(Component comp)	设置左部显示组件
setRightComponent(Component comp)	设置右部显示组件
setDividerLocation(int location)	设置分隔条的位置
setDividerSize(int newSize)	设置分隔条的大小

【**例 5.16**】用 JSplitlPane 容器分割显示区域。

在名称为 SwingDemo4 的 Java Project 项目中,创建一个名称为 JSplitPaneDemo 的 Java 类, 并在打开的 Java 代码编辑器中编写该类的具体定义代码如下:

```java
import java.awt.Dimension;

import javax.swing.BorderFactory;
import javax.swing.ImageIcon;
import javax.swing.JButton;
import javax.swing.JFrame;
import javax.swing.JLabel;
import javax.swing.JPanel;
import javax.swing.JScrollPane;
import javax.swing.JSplitPane;
import javax.swing.JTextField;

public class JSplitPaneDemo extends JFrame{
    JPanel cp=new JPanel();
    //创建存放图片的 JScrollPane 实例
    JScrollPane jsp=new JScrollPane(JScrollPane.VERTICAL_SCROLLBAR_ALWAYS,
                        JScrollPane.HORIZONTAL_SCROLLBAR_AS_NEEDED);
    JLabel ImagL=new JLabel();
    JPanel panel=new JPanel();
    JTextField t=new JTextField(10);
    JButton b=new JButton("OK");
     //创建分割显示区域的 JSplitPane 容器对象
    JSplitPane js=new JSplitPane(JSplitPane.HORIZONTAL_SPLIT);
    public JSplitPaneDemo(String title)
    {
        super(title);
        panel.add(t);
        panel.add(b);
        ImageIcon icon=new ImageIcon("castle.jpg");
         ImagL.setIcon(icon);
     //将显示图片的 JLabel 组件添加到滚动框中
        jsp.setViewportView(ImagL);
     //设置分隔框边框的显示形式
        js.setBorder(BorderFactory.createEtchedBorder());
     //设置分隔框提供最大最小化按钮
        js.setOneTouchExpandable(true);
     //设置分隔条的位置
        js.setDividerLocation(100);
     //设置分隔条的大小
        js.setDividerSize(20);
     //设置左边显示文本框和按钮的面板容器
        js.setLeftComponent(panel);
     //设置右边显示滚动框面板容器
        js.setRightComponent(jsp);
        cp=(JPanel)this.getContentPane();
        cp.add(js);
        this.setSize(new Dimension(300,300));
        this.setVisible(true);

    }
    public static void main(String[] args)
    {
        new JSplitPaneDemo("JScrollPane");

    }
}
```

该实例的运行结果如图 5.19 所示。

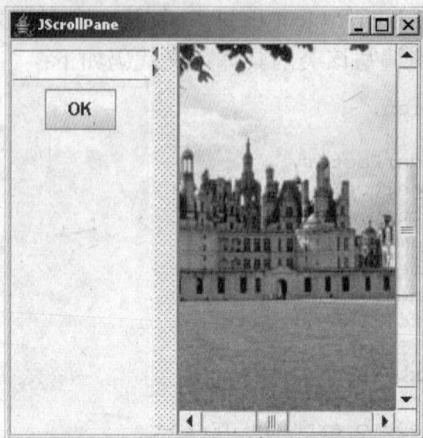

图 5.19　使用 JSplitPane 容器分割显示内容

5.5.6　JTree 组件

JTree 组件用来在程序中构造我们常见的树形结构，它可以将数据集分层显示。在 Swing 中与 JTree 组件相关的类和接口非常多，其中最常用的一个是 DefaultMutableTreeNode 类，该类代表树的节点，它可以直接用来创建树的节点。

JTree 组件的常用构造函数形式如下。

- JTree()：创建一个空的 JTree 实例。
- JTree(Object[] value)：创建 JTree 实例，参数指定数组的每个元素作为不被显示的新根节点的子节点。
- JTree(TreeNode root)：创建使用指定的 TreeNode 作为其根的 JTree 实例。
- JTree(TreeModel newModel)：创建使用 TreeModel 数据模型的 JTree 实例。

JTree 组件常用的方法如表 5.18 所示。

表 5.18　JTree 常用方法

方法	功能说明
getModel()	返回正在提供数据的 TreeModel 数据模型对象
setModel(TreeModel newModel)	设置将提供数据的 TreeModel 数据模型对象

【例 5.17】使用 JTree 创建简单的树形结构。

在名称为 SwingDemo4 的 Java Project 项目中，创建一个名称为 JTreeDemo 的 Java 类，并在打开的 Java 代码编辑器中编写该类的具体定义代码：

```
import java.awt.BorderLayout;
import javax.swing.JFrame;
import javax.swing.JPanel;
import javax.swing.JScrollPane;
import javax.swing.JSplitPane;
import javax.swing.JTextArea;
import javax.swing.JTree;
```

```
import javax.swing.tree.DefaultMutableTreeNode;

public class JTreeDemo extends JFrame {
    JPanel cp=new JPanel();
    //声明 JTree 对象
    JTree jtree;
    //声明表示树根的 DefaultMutableTreeNode 对象
    DefaultMutableTreeNode root;
    public JTreeDemo()
    {
     this.setSize(300,300);
     this.setTitle("JTree");
     cp=(JPanel)this.getContentPane();
     cp.setLayout(new BorderLayout());
     //实例化树根对象
     root=new DefaultMutableTreeNode("设备");
     //调用创建树的方法
     createTree(root);
     //使用指定的树根来构造 JTree 实例
     jtree=new JTree(root);
     cp.add(jtree,BorderLayout.CENTER);
    }

    public static void main(String[] args)
    {
      JTreeDemo JTree2 = new JTreeDemo();
      JTree2.setVisible(true);
    }
    //定义创建树的方法
    private void createTree(DefaultMutableTreeNode root)
    {
    DefaultMutableTreeNode bigNo=null;
    DefaultMutableTreeNode number=null;
    //创建第二层的节点
    bigNo=new DefaultMutableTreeNode("移动大类别编号");
    //将第二层的节点添加到树根上
    root.add(bigNo);
    //创建第三层节点
    for(int i=1;i<=3;i++)
    {
     number=new DefaultMutableTreeNode("No."+String.valueOf(i));
     //在第三层的最后一个节点上创建第四层节点
     if(i==3)
     {
     for(int j=1;j<=2;j++)
     {
      number.add(new DefaultMutableTreeNode("
设备小类别"+String.valueOf(j)));
     }
     }
     bigNo.add(number);
    }
    }
}
```

该实例的运行结果如图 5.20 所示。

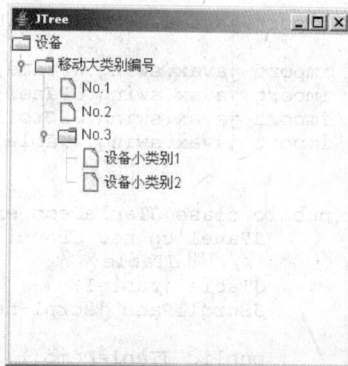

图 5.20　使用 JTree 构造树形结构

5.5.7 JTable 组件

JTable 是用来显示和编辑常规二维单元表的组件,该组件具有极强的可定制性和异构性,可满足不同用户和场合的要求。

JTable 组件的常用构造函数形式如下。

- JTable():创建一个新的 JTable 实例,并使用系统默认的数据模型。
- JTable(int numRows,int numColumns):创建一个具有 numRows 行、numColumns 列的空表格,使用的是系统默认的数据模型。
- JTable(Object[][] rowData,Object[] columnNames):创建一个显示二维数组数据的表格,且可以显示列的名称,其中二维对象数组表示表格的数据,一维对象数组表示列名。

JTable 组件常用的方法如表 5.19 所示。

表 5.19 JTable 常用方法

方法	功能说明
getEditingRow()	返回包含当前被编辑的单元格的行索引
getEditingColumn()	返回包含当前被编辑的单元格的列索引
getModel()	返回提供此 JTable 所显示数据的 TableModel 数据模型对象
getRowCount()	返回 JTable 中可以显示的行数
getRowHeight()	返回表的行高
getRowMargin()	获取单元格之间的间距
getValueAt(int row, int column)	返回 row 和 column 位置的单元格值
setValueAt(Object aValue, int row, int column)	设置表模型中 row 和 column 位置的单元格值

【例 5.18】使用 JTable 创建简单的二维表格。

在名称为 SwingDemo4 的 Java Project 项目中,创建一个名称为 JTableDemo 的 Java 类,并在打开的 Java 代码编辑器中编写该类的具体定义代码如下:

```
import java.awt.FlowLayout;

import javax.swing.JFrame;
import javax.swing.JPanel;
import javax.swing.JScrollPane;
import javax.swing.JTable;

public class JTableDemo extends JFrame{
    JPanel cp=new JPanel();
    //声明 JTable 对象
    JTable jtable1;
    JScrollPane jscrp1=new JScrollPane();

    public JTableDemo()
    {
    cp=(JPanel)this.getContentPane();
    this.setTitle("try to use table");
    this.setSize(500,200);
    cp.setLayout(new FlowLayout());
    //声明表示表格数据的二维对象数组
    Object[][] data=
```

```
 {{"Jenny","female","football",new Integer(20),"ENGLISH"},
  {"May","female","music",new Integer(20),"ENGLISH"},
  {"Lili","female","art",new Integer(20),"CHINESE"}
 };
 //声明表示表格列名的一维对象数组
 Object[] columnNames={"name","sex","hobby","age","nationality"};
 //构造 JTable 实例
 jtable1=new JTable(data,columnNames);
 //设置 JTable 中每行的高度
 jtable1.setRowHeight(20);
 //将 JTable 实例添加到 JScrollPane 面板容器上
 jscrp1.getViewport().add(jtable1);
 cp.add(jscrp1);
}

public static void main(String[] args)
{
  JTableDemo JTable1 = new JTableDemo();
  JTable1.setVisible(true);
}
}
```

该实例的运行结果如图 5.21 所示。

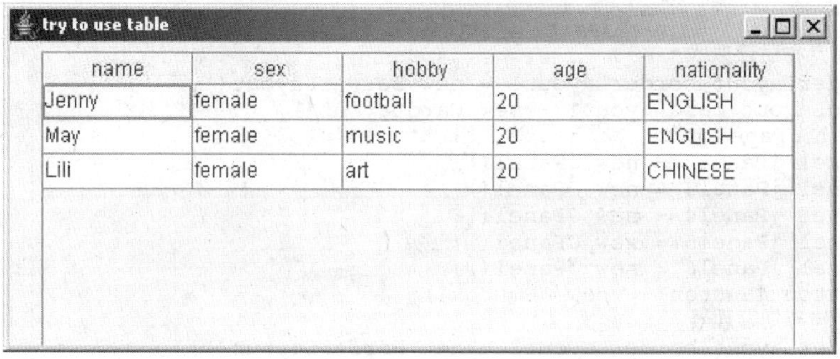

图 5.21　使用 JTable 创建二维表格

5.5.8　卡式布局管理器

卡式布局管理器可以容纳多个组件，但是同一时刻容器只能从这些组件中选出一个来显示，被显示的组件占据容器的整个空间，因此它往往用来解决两个以至更多的成员共享同一显示空间的问题。它就像数据卡片一般，一次只能显示一个容器组件的内容。该布局管理器与 Java 中其他布局管理器最大的一个区别在于，卡式布局管理器必须结合 Java 的事件处理一起使用，如果没有事件处理，将无法完成容器中组件的切换。

卡式布局管理器类 CardLayout 有两种构造函数。

- CardLayout()。
- CardLayout(int hgap, int vgap)。

其中第二个构造函数将设置各个组件之间水平和垂直方向上的相互间隔。

卡式布局管理器类 CardLayout 是通过 next()、previous()、last()以及 first()等方法来达到前后数据卡片的切换控制的。这些方法的详细说明如表 5.20 所示。

表 5.20　CardLayout 中的常用方法

方法	功能说明
first(Container c)	显示第一个容器中的组件
last(Container c)	显示最后一个容器中的组件
next(Container c)	显示下一个容器中的组件
previous(Container c)	显示上一个容器中的组件

【例 5.19】在窗体中使用卡式布局。

在名称为 SwingDemo4 的 Java Project 项目中，创建一个名称为 CardLayoutDemo 的 Java 类，并在打开的 Java 代码编辑器中编写该类的具体定义代码：

```java
import java.awt.*;
import java.awt.event.*;
import javax.swing.*;

public class CardLayoutDemo extends JFrame implements ActionListener{

    JPanel jPanel1 = new JPanel();
    //创建布局管理器
    BorderLayout borderLayout1 = new BorderLayout();
    CardLayout cardLayout1 = new CardLayout();
    //创建 JPanel 面板
    JPanel jPanel2 = new JPanel();
    JPanel jPanel3 = new JPanel();
    JPanel jPanel4 = new JPanel();
    JPanel jPanel5 = new JPanel();
    JPanel jPanel6 = new JPanel();
    JButton jButton1 = new JButton();
    //创建布局管理器
    BorderLayout borderLayout2 = new BorderLayout();
    BorderLayout borderLayout3 = new BorderLayout();
    BorderLayout borderLayout4 = new BorderLayout();
    BorderLayout borderLayout5 = new BorderLayout();
    BorderLayout borderLayout6 = new BorderLayout();
    JButton jButton2 = new JButton();
    JButton jButton3 = new JButton();
    JButton jButton4 = new JButton();
    JButton jButton5 = new JButton();
    public static void main(String args[]){
        CardLayoutDemo ex=new CardLayoutDemo();
        ex.go();
    }
    //创建方法
    private void go(){
      this.setSize(new Dimension(150, 100));
      jPanel1.setLayout(cardLayout1);
      jPanel2.setLayout(borderLayout2);
      jPanel3.setLayout(borderLayout3);
      jPanel4.setLayout(borderLayout4);
      jPanel5.setLayout(borderLayout5);
      jPanel6.setLayout(borderLayout6);
      jButton1.setText("jButton1");
    //注册事件监听器
      jButton1.addActionListener(this);
      jButton2.setText("jButton2");
    //注册事件监听器
      jButton2.addActionListener(this);
      jButton3.setText("jButton3");
    //注册事件监听器
      jButton3.addActionListener(this);
      jButton4.setText("jButton4");
    //注册事件监听器
```

```
        jButton4.addActionListener(this);
        jButton5.setText("jButton5");
    //注册事件监听器
        jButton5.addActionListener(this);
        this.getContentPane().add(jPanel1, BorderLayout.CENTER);
        //添加 jPanel2、jPanel3、jPanel4、jPanel5、jPanel6 到 jPanel1 中,这些 JPanel 实
        //例就组成了卡片
        jPanel1.add(jPanel2, "jPanel2");
        jPanel2.add(jButton1, BorderLayout.NORTH);
        jPanel1.add(jPanel4, "jPanel4");
        jPanel4.add(jButton2, BorderLayout.EAST);
        jPanel1.add(jPanel5, "jPanel5");
        jPanel5.add(jButton3, BorderLayout.SOUTH);
        jPanel1.add(jPanel6, "jPanel6");
        jPanel6.add(jButton4, BorderLayout.WEST);
        jPanel1.add(jPanel3, "jPanel3");
        jPanel3.add(jButton5, BorderLayout.CENTER);
        this.setVisible(true);
    }
    //事件处理方法
    public void actionPerformed(ActionEvent e) {
        //取得按钮上的标签
        String ss=e.getActionCommand();
        if(ss.equals("jButton1")){
            //显示下一个卡式布局中的组件或容器
            cardLayout1.next (jPanel1);
        }
        else if(ss.equals("jButton2")){
            cardLayout1.next (jPanel1);
        }
        else if(ss.equals("jButton3")){
            cardLayout1.next (jPanel1);
        }
        else if(ss.equals("jButton4")){
            cardLayout1.next (jPanel1);
        }
        else
            cardLayout1.next (jPanel1);
    }
}
```

在该实例中,设置面板 jPanel1 的布局为 CardLayout,设置面板 jPanel2、jPanel3、jPanel4、jPanel5、jPanel6 的布局为 BorderLayout,在每个面板中添加一个按钮,并给每个按钮注册事件监听器,当单击按钮时,将在事件处理程序中调用 CardLayout 类中的 next()方法,在 jPanel1 中显示下一张卡片。

在该实例中每当单击按钮就将显示下一个容器,运行结果如图 5.22 所示。

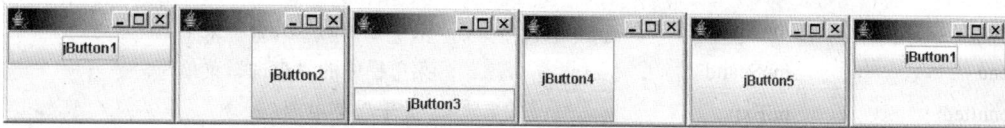

图 5.22　单击卡式布局中的按钮显示下一个容器

5.5.9　任务:创建系统主界面

在办公固定资产管理系统中,系统的主界面是用户登录进入系统后看到的第一个界面,在该界面中可以进行系统中所包含的全部功能操作。因此,界面也十分复杂,将会涉及前面章节中所介绍过的几乎所有组件和容器。设计完成后的系统主界面如图 5.23 所示。

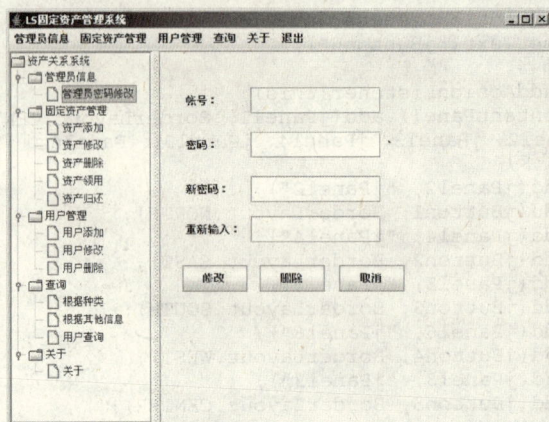

图 5.23　系统主界面

　　在办公固定资产管理系统的主界面中，顶部是系统的菜单栏，然后使用 JSplitPane 容器将界面分隔成左右两部分，左边使用 JScrollPane 容器，并在该容器中添加由 JTree 构建的树形结构，右边是 JPanel 容器，该容器使用卡式布局，根据用户的不同操作，显示对应的功能窗体。在图 5.23 中，选中了树形结构中的"管理员密码修改"选项，所以右边显示了对应的管理员密码修改界面。

　　系统主界面中的组件的类型及名称如表 5.21 所示。

表 5.21　系统主界面中的组件说明

控件类型	控件名称	说明
JSplitPane	jSplitPane	界面中的分隔框
JScrollPane	jScrollPane	界面中的滚动框
JTree	jTree	界面中的树形结构
JMenuBar	bar	界面中的菜单栏
JMenu	muExit	菜单栏中的"退出"菜单
JMenu	muLogin	菜单栏中的"管理员信息"菜单
JMenu	muEquipment	菜单栏中的"固定资产管理"菜单
JMenu	muUser	菜单栏中的"用户管理"菜单
JMenu	muAbout	菜单栏中的"关于"菜单
JMenu	muScand	菜单栏中的"查询"菜单
JMenuItem	miExit	"关于"菜单项
JMenuItem	miLogin	"登录"菜单项
JMenuItem	miLedit	"管理员密码修改"菜单项
JMenuItem	miAbout	退出系统菜单项
JMenuItem	miEadd	"资产增加"菜单项
JMenuItem	miEedit	"资产信息修改"菜单项
JMenuItem	miEdel	"资产删除"菜单项
JMenuItem	miEuse	"资产领用"菜单项
JMenuItem	miEreturn	"资产归还"菜单项

（续表）

控件类型	控件名称	说明
JMenuItem	miUadd	"用户添加" 菜单项
JMenuItem	miUedit	"用户修改" 菜单项
JMenuItem	miUdel	"用户删除" 菜单项
JMenuItem	miSkind	"根据种类" 菜单项
JMenuItem	miSinformation	"根据其他信息" 菜单项
JMenuItem	miSuserinformation	"用户查询" 菜单项
ProgressMonitor	pm	程序登录前的进度条

在主界面中除了使用这些 Swing 中的组件和容器之外，还需要使用一些用户自定义的面板容器，这些面板容器的类型及名称如表 5.22 所示。

表 5.22　系统主界面中的用户自定义的面板容器说明

容器类型	容器名称	说明
ManagerLoginPane	managerlogin	管理员登录面板容器
ManagerEditPane	managereditpane	管理员密码修改面板容器
AddEquipment	addequipment	资产添加面板容器
AddUserPane	adduser	用户添加面板容器
DelEquipmentPane	delequipment	资产删除面板容器
AboutPanel	about	关于信息面板容器
DelUserPane	deluser	用户删除面板容器
EditEquipmentPane	editequipment	资产信息修改面板容器
EditUserPane	edituser	用户编辑面板容器
EquipmentInformationPane	equipmentinformation	根据其他信息面板容器
KindInformationPane	kindinformation	根据种类查询面板容器
ReturnEquipmentPane	returnequipment	资产归还面板容器
UseEquipmentPane	useequipment	资产领用面板容器
UserInfromationPane	userinfromationpane	用户查询面板容器

系统主界面类 MainFrame 的代码如下：

```
import java.awt.CardLayout;
import java.awt.Dimension;
import java.awt.Toolkit;
import java.awt.event.ActionEvent;
import java.awt.event.ActionListener;
import contorl.MainControl;
import contorl.TreeControl;

import javax.swing.JButton;
import javax.swing.JFrame;
import javax.swing.JLabel;
import javax.swing.JMenu;
import javax.swing.JMenuBar;
import javax.swing.JMenuItem;
import javax.swing.JPanel;
import javax.swing.JPasswordField;
import javax.swing.JScrollPane;
```

```java
import javax.swing.JSplitPane;
import javax.swing.JTextField;
import javax.swing.JTree;
import javax.swing.ProgressMonitor;
import javax.swing.tree.DefaultMutableTreeNode;

import model.DBManager;
public class MainFrame extends JFrame// implements ActionListener
{
    //声明主界面中的各个组件对象
    private javax.swing.JPanel jContentPane = null;
    private JSplitPane jSplitPane = null;
    private JScrollPane jScrollPane = null;
    public JTree jTree = null;
    private JMenuBar bar=null;
    private JMenu muExit=null;
    private JMenu muLogin=null;
    public JMenu muEquipment=null;
    public JMenu muUser=null;
    private JMenu muAbout=null;
    private JMenuItem miExit=null;
    public JMenuItem miLogin=null;
    public JMenuItem miLedit=null;
    public JMenuItem miAbout=null;
    public JMenuItem miEadd=null;
    public JMenuItem miEedit=null;
    public JMenuItem miEdel=null;
    public JMenuItem miEuse=null;
    public JMenuItem miEreturn=null;
    public JMenuItem miUadd=null;
    public JMenuItem miUedit=null;
    public JMenuItem miUdel=null;
    public JMenu muScand=null;
    public JMenuItem miSkind=null;
    public JMenuItem miSinformation=null;
    public JMenuItem miSuserinformation=null;
    private CardLayout card;

    private JPanel cards = null;
    private JPanel ManagerLoginPane = null;
    private JLabel numberlbl = null;
    private JLabel passlbl=null;
    private JTextField numbertex=null;
    private JPasswordField passtex=null;
    public JButton surebtn=null;
    public JButton cancelbtn=null;

    //创建各个应用的面板容器
    private ManagerLoginPane managerlogin;
    private ManagerEditPane managereditpane;
    private AddEquipment addequipment;
    private AddUserPane adduser;
    private DelEquipmentPane delequipment;
    private AboutPanel about;
    private DelUserPane deluser;
    private EditEquipmentPane editequipment;
    private EditUserPane edituser;
    private EquipmentInformationPane equipmentinformation;
    private KindInformationPane kindinformation;
    private ManagerEditPane manageredit;
    private ReturnEquipmentPane returnequipment;
    private UseEquipmentPane useequipment;
    ProgressMonitor pm;
    private UserInfromationPane userinfromationpane;

    //声明 JTree 组件中的节点
    private DefaultMutableTreeNode root;
```

```java
    private DefaultMutableTreeNode tmanager;
    private DefaultMutableTreeNode tequipment;
    private DefaultMutableTreeNode tuser;
    private DefaultMutableTreeNode tfind;
    public DefaultMutableTreeNode ttabout;
    private DefaultMutableTreeNode tabout;
    public DefaultMutableTreeNode tmanagerlogin;
    public DefaultMutableTreeNode tmanageredit;
    public DefaultMutableTreeNode teadd;
    public DefaultMutableTreeNode teedit;
    public DefaultMutableTreeNode tedel;
    public DefaultMutableTreeNode teuse;
    public DefaultMutableTreeNode tereturn;
    public DefaultMutableTreeNode tuadd;
    public DefaultMutableTreeNode tuedit;
    public DefaultMutableTreeNode tudel;
    public DefaultMutableTreeNode tikind;
    public DefaultMutableTreeNode tie;
    public DefaultMutableTreeNode tiu;
    //创建获取分隔框容器的方法
    private JSplitPane getJSplitPane() {
        if (jSplitPane == null) {
            jSplitPane = new JSplitPane();
            jSplitPane.setLeftComponent(getJScrollPane());
            pm.setProgress(50);
            jSplitPane.setRightComponent(getJPanel());
            pm.setProgress(80);
        }
        return jSplitPane;
    }
    //创建获取滚动框容器的方法
    private JScrollPane getJScrollPane() {
        if (jScrollPane == null) {
            jScrollPane = new JScrollPane();
            jScrollPane.setViewportView(getJTree());
        }
        return jScrollPane;
    }
    ///创建 JTree 树形结构的方法
    private JTree getJTree() {
        if (jTree == null) {
            root=new DefaultMutableTreeNode("资产关系系统");
            tmanager=new DefaultMutableTreeNode("管理员信息");
            tequipment=new DefaultMutableTreeNode("固定资产管理");
            tuser=new DefaultMutableTreeNode("用户管理");
            tfind=new DefaultMutableTreeNode("查询");
            ttabout=new DefaultMutableTreeNode("关于");
            tabout=new DefaultMutableTreeNode("关于");
        //  tmanagerlogin=new DefaultMutableTreeNode("管理员登陆");
            tmanageredit=new DefaultMutableTreeNode("管理员密码修改");
            teadd=new DefaultMutableTreeNode("资产添加");
            teedit=new DefaultMutableTreeNode("资产修改");
            tedel=new DefaultMutableTreeNode("资产删除");
            teuse=new DefaultMutableTreeNode("资产领用");
            tereturn=new DefaultMutableTreeNode("资产归还");
            tuadd=new DefaultMutableTreeNode("用户添加");
            tuedit=new DefaultMutableTreeNode("用户修改");
            tudel=new DefaultMutableTreeNode("用户删除");
            tikind=new DefaultMutableTreeNode("根据种类");
            tie=new DefaultMutableTreeNode("根据其他信息");
            tiu=new DefaultMutableTreeNode("用户查询");
            root.add(tmanager);
            root.add(tequipment);
            root.add(tuser);
            root.add(tfind);
            root.add(ttabout);
            ttabout.add(tabout);
            tmanager.add(tmanageredit);
            tequipment.add(teadd);
            tequipment.add(teedit);
```

```
            tequipment.add(tedel);
            tequipment.add(teuse);
            tequipment.add(tereturn);
            tuser.add(tuadd);
            tuser.add(tuedit);
            tuser.add(tudel);
            tfind.add(tikind);
            tfind.add(tie);
            tfind.add(tiu);
            jTree = new JTree(root);
            jTree.setEditable(false);
            jTree.setEnabled(false);
            jTree.addTreeSelectionListener(treecontrol);
            }
        return jTree;
    }
//创建获取主界面右边部分卡式布局中每个容器的方法
private JPanel getJPanel() {
    if (cards == null) {
        cards = new JPanel();
        card=new CardLayout();
        cards.setLayout(card);
        cards.setSize(800,600);
        managerlogin=new ManagerLoginPane(this);
        cards.add(managerlogin, "managerlogin");
        managereditpane=new ManagerEditPane();
        cards.add(managereditpane, "manageredit");
        addequipment=new AddEquipment();
        cards.add(addequipment, "addequipment");
        about=new AboutPanel();
        cards.add(about, "about");
        adduser=new AddUserPane();
        cards.add(adduser, "adduser");
        delequipment=new DelEquipmentPane();
        cards.add(delequipment, "delequipment");
        deluser=new DelUserPane();
        cards.add(deluser, "deluser");
        editequipment=new EditEquipmentPane();
        cards.add(editequipment, "editequipment");
        edituser=new EditUserPane();
        cards.add(edituser, "edituser");
        equipmentinformation=new EquipmentInformationPane();
        cards.add(equipmentinformation, "equipmentinformation");
        kindinformation=new KindInformationPane();
        cards.add(kindinformation, "kindinformation");
        manageredit=new ManagerEditPane();
        cards.add(manageredit, "manageredit");
        returnequipment=new ReturnEquipmentPane();
        cards.add(returnequipment, "returnequipment");
        useequipment=new UseEquipmentPane();
        cards.add(useequipment, "useequipment");
        userinfromationpane=new UserInfromationPane();
        cards.add(userinfromationpane, "userinfromation");
    }
    return cards;
}

//应用程序主方法
    public static void main(String[] args)
{
    MainFrame m=new MainFrame();
    m.setDefaultCloseOperation(JFrame.EXIT_ON_CLOSE);
    m.setVisible(true);
}
//构造函数
public MainFrame() {
    super();
    pm=new ProgressMonitor(this, "loading...", "longing...", 0,100);
    pm.setProgress(10);
    initialize();
```

```
    }
    //组件实例化方法
    private void initialize() {
        this.setSize(800,600);
        this.setContentPane(getJContentPane());
        this.setTitle("LS 固定资产管理系统");
        Dimension screenSize = Toolkit.getDefaultToolkit().getScreenSize();
        Dimension frameSize = getSize();
        if (frameSize.height > screenSize.height) {
            frameSize.height = screenSize.height;
        }
        if (frameSize.width > screenSize.width) {
            frameSize.width = screenSize.width;
        }
        setLocation((screenSize.width - frameSize.width) / 2,(screenSize.height -
frameSize.height) / 2);
    }
    //将各个组件添加到主界面的面板上的方法
    private javax.swing.JPanel getJContentPane() {
        if(jContentPane == null) {
            jContentPane = new javax.swing.JPanel();
            jContentPane.setLayout(new java.awt.BorderLayout());
            jContentPane.add(getJSplitPane(), java.awt.BorderLayout.CENTER);
            pm.setProgress(50);
            muScand=new JMenu("查询");
            muScand.setEnabled(false);
            muExit=new JMenu("退出");
            muLogin=new JMenu("管理员信息");
            muEquipment=new JMenu("固定资产管理");
            muEquipment.setEnabled(false);
            muUser=new JMenu("用户管理");
            muUser.setEnabled(false);
            muAbout=new JMenu("关于");
            miExit=new JMenuItem("退出系统");
            miExit.addActionListener(new ActionListener(){
                public void actionPerformed(ActionEvent e)
                {
                    System.exit(0);
                    db.closeResultSet();
                }
            });
            miLogin=new JMenuItem("登陆");
            miLogin.addActionListener(maincontrol);
            miLedit=new JMenuItem("管理员密码修改");
            miLedit.setEnabled(false);
            miLedit.addActionListener(maincontrol);
            miAbout=new JMenuItem("关于");
            miAbout.addActionListener(maincontrol);
            miEadd=new JMenuItem("资产增加");
            miEadd.addActionListener(maincontrol);
            miEedit=new JMenuItem("资产信息修改");
            miEedit.addActionListener(maincontrol);
            miEdel=new JMenuItem("资产删除");
            miEdel.addActionListener(maincontrol);
            miEuse=new JMenuItem("资产领用");
            miEuse.addActionListener(maincontrol);
            miEreturn=new JMenuItem("资产归还");
            miEreturn.addActionListener(maincontrol);
            miUadd=new JMenuItem("用户添加");
            miUadd.addActionListener(maincontrol);
            miUedit=new JMenuItem("用户修改");
            miUedit.addActionListener(maincontrol);
            miUdel=new JMenuItem("用户删除");
            miUdel.addActionListener(maincontrol);
            miSkind=new JMenuItem("根据种类");
            miSkind.addActionListener(maincontrol);
            miSinformation=new JMenuItem("根据其他信息");
            miSuserinformation=new JMenuItem("用户查询");
            miSuserinformation.addActionListener(maincontrol);
            miSinformation.addActionListener(maincontrol);
```

```
            bar=new JMenuBar();
            pm.setProgress(90);
            setJMenuBar(bar);
            bar.add(muLogin);
            bar.add(muEquipment);
            bar.add(muUser);
            bar.add(muScand);
            bar.add(muAbout);
            bar.add(muExit);
            muLogin.add(miLogin);
            muLogin.add(miLedit);
            muExit.add(miExit);
            muAbout.add(miAbout);
            muEquipment.add(miEadd);
            muEquipment.add(miEedit);
            muEquipment.add(miEdel);
            muEquipment.add(miEuse);
            muEquipment.add(miEreturn);
            muUser.add(miUadd);
            muUser.add(miUedit);
            muUser.add(miUdel);
            muScand.add(miSkind);
            muScand.add(miSinformation);
            muScand.add(miSuserinformation);
            pm.setProgress(100);
            pm.close();

    }
    return jContentPane;
}
public void framedo()
{
    String Result=maincontrol.getResult();
    if(Result!=null)
    {
        card.show(cards,Result);
        maincontrol.setResult(null);
        Result=null;
    }
    else
    {
        Result=treecontrol.getResult();
        card.show(cards,Result);
        Result=null;

    }

  }
}
```

5.6 Swing 中的对话框

在 Java 图形用户界面编程中还存在另一类组件，那就是各类对话框。例如，Windows 中的文件打开和保存对话框，本章将详细介绍这些对话框在 Java 中的具体实现。

5.6.1 JDialog 容器

在 Swing 组件中还存在着另一个容器，那就是 JDialog 类对话框，该容器是从一个窗口中弹出的窗口，因此 JDialog 对话框不能单独使用，必须依附于另一个顶级容器。

JDialog 容器的常用构造函数形式如下。

- JDialog()：创建一个没有标题并且没有指定窗体所有者的无模式对话框。
- JDialog(Frame owner)：创建一个没有标题但将指定的窗体作为其所有者的无模式对话框。
- JDialog(Frame owner, String title)：创建一个具有指定标题和指定所有者窗体的无模式对话框。

JDialog 容器常用的方法如表 5.23 所示。

表 5.23　JDialog 容器常用的方法

方法	功能说明
show()	显示对话框
setVisible(boolean b)	设置是否显示对话框
getContentPane()	返回此对话框的 contentPane 对象
remove(Component comp)	从该容器中移除指定组件

【例 5.20】显示 JDialog 对话框。

Step 01　在 Eclipse 中创建一个名称为 SwingDemo5 的 Java Project 项目。

Step 02　在该项目中，创建一个名称为 JDialogDemo 的 Java 类，并在打开的 Java 代码编辑器中编写该类的具体定义代码：

```
import javax.swing.*;
import javax.swing.event.*;
import java.awt.event.*;
import java.awt.BorderLayout;
import java.awt.GridLayout;

public class JDialogDemo extends JDialog implements ActionListener {
    //声明 JDialog 的所有者窗体
    JFrame mainFrame;
    JButton okButton;
    //声明计数器对象
    javax.swing.Timer myTimer;
    int Counter = 0;
    //构造函数
    public JDialogDemo(JFrame mainFrame) {
        super(mainFrame, "关于本程序的说明", true); // true 代表为有模式对话框
    //设置该对话框的所有者窗体
        this.mainFrame = mainFrame;
        JPanel contentPanel = new JPanel();
        contentPanel.setLayout(new BorderLayout());
        JPanel authorInfoPane = new JPanel();
        authorInfoPane.setLayout(new GridLayout(1, 1));
        JTextArea aboutContent = new JTextArea("本程序是 JDialog 的应用实例");
        aboutContent.setEnabled(false);
        authorInfoPane.add(aboutContent);
        contentPanel.add(authorInfoPane, BorderLayout.NORTH);
        JPanel sysInfoPane = new JPanel();
        sysInfoPane.setLayout(new GridLayout(5, 1));
        sysInfoPane.setBorder(BorderFactory.createLoweredBevelBorder());
        contentPanel.add(sysInfoPane, BorderLayout.CENTER);
        JLabel userName = new JLabel("本机的用户名为: "
                + System.getProperty("user.name"));
        JLabel osName = new JLabel("本机的操作系统是: " + System.getProperty
("os.name"));
```

127

```java
        JLabel javaVersion = new JLabel("本机中所安装的 Java SDK 的版本号是: "
                + System.getProperty("java.version"));
        JLabel totalMemory = new JLabel("本机中 Java 虚拟机所可能使用的总内存数: "
                + Runtime.getRuntime().totalMemory() + "字节数");
        JLabel freeMemory = new JLabel("本机中 Java 虚拟机所剩余的内存数?"
                + Runtime.getRuntime().freeMemory() + "字节数");
        sysInfoPane.add(userName);
        sysInfoPane.add(osName);
        sysInfoPane.add(javaVersion);
        sysInfoPane.add(totalMemory);
        sysInfoPane.add(freeMemory);
        JPanel OKPane = new JPanel();
        okButton = new JButton("确定");
       // 设置该按钮为该对话框的默认的按钮.
        this.getRootPane().setDefaultButton(okButton);
        okButton.addActionListener(this);
        OKPane.add(okButton);
        contentPanel.add("South", OKPane);
        setContentPane(contentPanel);
    //设置计数器
        myTimer = new javax.swing.Timer(1000, this);
    //开始计数
        myTimer.start();
    }

    public void actionPerformed(ActionEvent parm1) {
        if (parm1.getSource() == okButton) {
            dispose();
        } else if (parm1.getSource() == myTimer) {
            Counter++;
            this.setTitle("当前的定时器的值为:" + Counter + "秒");
        }
    }


    public static void main(String[] args) {
    //创建 JDialog 实例，其中参数为 null，表示没有该对话框的拥有者
        JDialogDemo aboutDialog = new JDialogDemo(null);
    //设置对话框大小
        aboutDialog.setSize(300, 200);
    //显示对话框
        aboutDialog.setVisible(true);
    }
}
```

该类是 JDialog 的子类，因此该类本身就是一个对话框类，在创建该类的实例时，参数为 null，表明该对话框没有拥有者，即该对话框将直接显示。该实例的运行结果如图 5.24 所示。

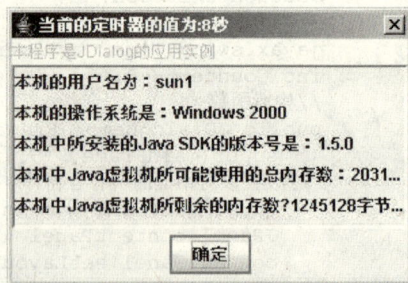

图 5.24　显示的对话框

5.6.2　FileDialog 对话框

FileDialog 类是 AWT 组件包中的对话框，它用来显示出一个文件选择对话框，用户可以从中选择文件。因为它是一个模式对话框，所以当该对话框显示时，会阻塞应用的其余部分，直到用户选择了一个文件。

FileDialog 对话框的常用构造函数形式如下。

- FileDialog(Frame parent)：创建一个文件对话框，用于加载文件。
- FileDialog(Frame parent, String title, int mode)：创建一个具有指定标题的文件对话框，用于加载或保存文件。

FileDialog 对话框常用的方法如表 5.24 所示。

表 5.24　FileDialog 对话框常用方法

方法	功能说明
getDirectory()	获得此文件对话框的目录
getFile()	获得此文件对话框的选定文件
getFilenameFilter()	确定此文件对话框的文件名过滤器
setDirectory(String dir)	将此文件对话框的目录设置为指定目录
setFile(String file)	将此文件对话框的选定文件设置为指定文件
setFilenameFilter(FilenameFilter filter)	将此文件对话框的文件名过滤器设置为指定的过滤器

【例 5.21】显示打开文件对话框。

在名称为 SwingDemo5 的 Java Project 项目中，创建一个名称为 JFileDialogDemo 的 Java 类，并在打开的 Java 代码编辑器中编写该类的具体定义代码：

```java
import java.awt.FileDialog;
import java.awt.event.ActionEvent;
import java.awt.event.ActionListener;

import javax.swing.JFrame;
import javax.swing.JMenu;
import javax.swing.JMenuBar;
import javax.swing.JMenuItem;


public class JFileDialogDemo extends JFrame implements ActionListener{
    //声明文件对话框对象
    FileDialog file;
    public JFileDialogDemo(String title)
    {
        super(title);
        JMenuBar bar=new JMenuBar();
        JMenu menu=new JMenu("File");
        JMenuItem item=new JMenuItem("Open");
     //实例化打开文件对话框的对象
        file=new FileDialog(this,"打开文件",FileDialog.LOAD);
        bar.add(menu);
        menu.add(item);
        item.addActionListener(this);
        this.setJMenuBar(bar);
        this.setSize(300, 200);
        this.setVisible(true);
    }
    public void actionPerformed(ActionEvent e)
    {
     //显示“打开文件”对话框
        file.setVisible(true);
    }
    public static void main(String[] args) {

        new JFileDialogDemo("Menu");
```

```
        }
    }
```

该实例的运行结果如图 5.25 所示。

单击菜单栏中的 Open 菜单将打开如图 5.26 所示的"打开文件"对话框。

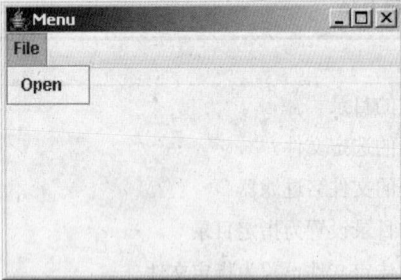

图 5.25 程序运行界面

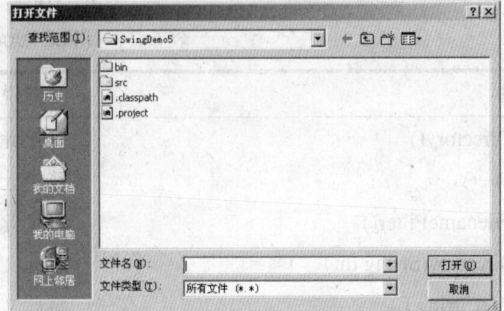

图 5.26 "打开文件"对话框

5.6.3 任务：创建办公文件管理界面

在办公固定资产管理系统中，需要将固定资产的一些文字信息形成办公文件，并进行打开和保存。因此需要创建一个办公文件管理界面。完成后的办公文件管理界面如图 5.27 所示。

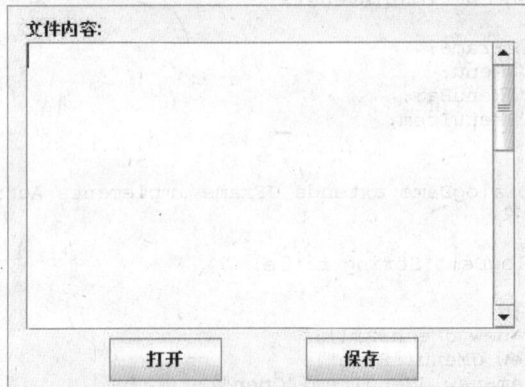

图 5.27 办公文件管理界面

办公文件管理界面中的组件的类型及名称如表 5.25 所示。

表 5.25 办公文件管理界面中的组件说明

控件类型	控件名称	说明
JLabel	filelbl	显示文件内容的文本
JTextArea	filetex	接收输入的文本或者打开的文件的文本域
JButton	openbtn	"打开"按钮
JButton	savebtn	"保存"按钮
JScrollPane	jpane	为文本域添加滚动条的滚动框

办公文件管理界面类 FileManagementPane 的代码如下：

```java
import javax.swing.JFrame;
import javax.swing.JPanel;
import javax.swing.JLabel;
import javax.swing.JScrollPane;
import javax.swing.JTextArea;
import javax.swing.JButton;

public class FileManagementPane extends JPanel{
    private JLabel filelbl = null;
    public JTextArea filetex = null;
    public JButton openbtn = null;
    public JButton savebtn = null;
    public FileManagementPane() {
        super();
        initialize();
    }
    private void initialize() {
        filelbl = new JLabel();
        this.setLayout(null);
        filelbl.setText("文件内容:");
        filelbl.setBounds(20, 6, 55, 30);
        //创建文本域
        filetex=new JTextArea(30,20);
        //设置文本域自动换行
        filetex.setLineWrap(true);
        //为文本域添加滚动条
        JScrollPane jpane=new JScrollPane(filetex);
        jpane.setBounds(20, 30, 350, 200);
        openbtn=new JButton("打开");
        openbtn.setBounds(80, 235, 80, 30);
        savebtn=new JButton("保存");
        savebtn.setBounds(220, 235, 80, 30);
        this.setBounds(0, 0, 400, 300);
        this.add(filelbl, null);
        this.add(jpane, null);
        this.add(openbtn, null);
        this.add(savebtn, null);

    }

}
```

在该类中我们使用了一个新的组件 JTextArea,该组件也是用来接收用户输入的文本的,与之前介绍的 JTextField 组件的功能类似,但是 JTextField 组件只能接收单行文本,而 JTextArea 组件可以接收多行多列的文本,并且可以设置自动换行功能,而且结合 JScrollPane 滚动框可以在显示的文本超出范围时自动加载滚动条。

5.7 上机实训——万年历

本节介绍的上机实训例子是使用 Swing 组件包来实现万年历,要求读者熟练掌握 Swing 中各种组件以及对应的事件处理的运用。

5.7.1 项目要求

在本项目中使用 Swing 组件实现能够显示年、月、日的万年历。

5.7.2　项目分析

首先使用 Calendar 类获取当前系统的日期，然后使用 JSpinner 组件设置万年历的年份，使用 JComboBox 组件设置万年历的月份，使用 JTable 组件设置万年历的具体日期。

5.7.3　项目实现

Step 01　在 Eclipse 中创建一个名称为 CalendarDemo 的 Java Project 项目。

Step 02　在该项目中，创建一个名称为 MyCalendar 的 Java 类，并在打开的 Java 代码编辑器中编写该类的具体定义代码：

```java
import java.awt.*;
import java.awt.event.*;
import java.util.*;
import javax.swing.*;
import javax.swing.event.*;
import javax.swing.table.*;
public class MyCalendar extends JFrame {
    //设置表示星期的静态常量值
    public static final String WEEK_SUN = "SUN";
    public static final String WEEK_MON = "MON";
    public static final String WEEK_TUE = "TUE";
    public static final String WEEK_WED = "WED";
    public static final String WEEK_THU = "THU";
    public static final String WEEK_FRI = "FRI";
    public static final String WEEK_SAT = "SAT";
    //设置日历中日期的底色
    public static final Color background = Color.white;
    public static final Color foreground = Color.black;
    public static final Color headerBackground = Color.blue;
    public static final Color headerForeground = Color.white;
    public static final Color selectedBackground = Color.blue;
    public static final Color selectedForeground = Color.white;

    private JPanel cPane;
    private JLabel yearsLabel;
    private JSpinner yearsSpinner;
    private JLabel monthsLabel;
    private JComboBox monthsComboBox;
    private JTable daysTable;
    private AbstractTableModel daysModel;
    private Calendar calendar;
    //初始化各控件
    public MyCalendar(String title) {
        super(title);
        cPane = (JPanel) getContentPane();
        cPane.setLayout(new BorderLayout());
        //创建日期对象的实例，获取当前系统的日期
        calendar = Calendar.getInstance();
        yearsLabel = new JLabel("Year: ");
        //通过JSpinner控件设置年份
        yearsSpinner = new JSpinner();
        yearsSpinner.setEditor(new JSpinner.NumberEditor(yearsSpinner, "0000"));
        yearsSpinner.setValue(new Integer(calendar.get(Calendar.YEAR)));
        yearsSpinner.addChangeListener(new ChangeListener() {
            public void stateChanged(ChangeEvent changeEvent) {
                int day = calendar.get(Calendar.DAY_OF_MONTH);
                calendar.set(Calendar.DAY_OF_MONTH, 1);
                calendar.set(Calendar.YEAR,
                            ((Integer) yearsSpinner.getValue()).intValue());
                int maxDay = calendar.getActualMaximum(Calendar.DAY_OF_MONTH);
                calendar.set(Calendar.DAY_OF_MONTH,day>maxDay ? maxDay : day);
```

```
                               updateView();
                    }
             });
        JPanel yearMonthPanel = new JPanel();
        cPane.add(yearMonthPanel, BorderLayout.NORTH);
        yearMonthPanel.setLayout(new BorderLayout());
        yearMonthPanel.add(new JPanel(), BorderLayout.CENTER);
        JPanel yearPanel = new JPanel();
        yearMonthPanel.add(yearPanel, BorderLayout.WEST);
        yearPanel.setLayout(new BorderLayout());
        yearPanel.add(yearsLabel, BorderLayout.WEST);
        yearPanel.add(yearsSpinner, BorderLayout.CENTER);
        monthsLabel = new JLabel("Month: ");
        //通过 JComboBox 控件设置月份
        monthsComboBox = new JComboBox();
        for (int i = 1; i <= 12; i++) {
            monthsComboBox.addItem(new Integer(i));
        }
        monthsComboBox.setSelectedIndex(calendar.get(Calendar.MONTH));
        monthsComboBox.addActionListener(new ActionListener() {
                public void actionPerformed(ActionEvent actionEvent) {
                 int day = calendar.get(Calendar.DAY_OF_MONTH);
                 calendar.set(Calendar.DAY_OF_MONTH, 1);
                 calendar.set(Calendar.MONTH, monthsComboBox.getSelectedIndex());
                 int maxDay = calendar.getActualMaximum(Calendar.DAY_OF_ MONTH);
                 calendar.set(Calendar.DAY_OF_MONTH, day > maxDay ? maxDay : day);
                    updateView();
                }
            });
        JPanel monthPanel = new JPanel();
        yearMonthPanel.add(monthPanel, BorderLayout.EAST);
        monthPanel.setLayout(new BorderLayout());
        monthPanel.add(monthsLabel, BorderLayout.WEST);
        monthPanel.add(monthsComboBox, BorderLayout.CENTER);
        //通过 JTable 控件设置具体日期
        daysModel = new AbstractTableModel() {
                public int getRowCount() {
                    return 7;
                }
                public int getColumnCount() {
                    return 7;
                }
                public Object getValueAt(int row, int column) {
                  if (row == 0) {
                      return getHeader(column);
                  }
                  row--;
                  Calendar calendar = (Calendar) MyCalendar.this.calendar.clone();
                  calendar.set(Calendar.DAY_OF_MONTH, 1);
                  int dayCount = calendar.getActualMaximum(Calendar.DAY_ OF_MONTH);
                   int moreDayCount = calendar.get(Calendar.DAY_OF_WEEK) - 1;
                   int index = row * 7 + column;
                   int dayIndex = index - moreDayCount + 1;
                   if (index < moreDayCount || dayIndex > dayCount) {
                       return null;
                   } else {
                       return new Integer(dayIndex);
                   }
                }
            };

        daysTable = new CalendarTable(daysModel, calendar);
        daysTable.setCellSelectionEnabled(true);
        daysTable.setSelectionMode(ListSelectionModel.SINGLE_SELECTION);

        daysTable.setDefaultRenderer(daysTable.getColumnClass(0),
                new TableCellRenderer() {
                    public  Component  getTableCellRendererComponent(JTable  table,
Object value, boolean isSelected, boolean hasFocus, int row, int column) {
                        String text = (value == null) ? "" : value.toString();
```

```
                            JLabel cell = new JLabel(text);
                            cell.setOpaque(true);
                            if (row == 0) {
                                cell.setForeground(headerForeground);
                                cell.setBackground(headerBackground);
                            } else {
                                if (isSelected) {
                                    cell.setForeground(selectedForeground);
                                    cell.setBackground(selectedBackground);
                                } else {
                                    cell.setForeground(foreground);
                                    cell.setBackground(background);
                                }
                            }

                            return cell;
                        }
                    });
                updateView();

                cPane.add(daysTable, BorderLayout.CENTER);
            }
            //设置JTable的表头
            public static String getHeader(int index) {
                switch (index) {
                case 0:
                    return WEEK_SUN;
                case 1:
                    return WEEK_MON;
                case 2:
                    return WEEK_TUE;
                case 3:
                    return WEEK_WED;
                case 4:
                    return WEEK_THU;
                case 5:
                    return WEEK_FRI;
                case 6:
                    return WEEK_SAT;
                default:
                    return null;
                }
            }

            public void updateView() {
                daysModel.fireTableDataChanged();
                daysTable.setRowSelectionInterval(calendar.get(Calendar.WEEK_OF_
MONTH), calendar.get(Calendar.WEEK_OF_MONTH));
                daysTable.setColumnSelectionInterval(calendar.get(Calendar.DAY_
OF_WEEK) - 1, calendar.get(Calendar.DAY_OF_WEEK) - 1);
            }
            public static class CalendarTable extends JTable {
                private Calendar calendar;
                public CalendarTable(TableModel model, Calendar calendar) {
                    super(model);
                    this.calendar = calendar;
                }
                public void changeSelection(int row, int column, boolean toggle, boolean
extend) {
                    super.changeSelection(row, column, toggle, extend);
                    if (row == 0) {
                        return;
                    }
                    Object obj = getValueAt(row, column);
                    if (obj != null) {
                        calendar.set(Calendar.DAY_OF_MONTH, ((Integer)obj).intValue());
                    }
                }
            }
```

```
public static void main(String[] args) {
    MyCalendar frame = new MyCalendar(
             "Calendar Application");
    frame.setSize(240, 172);
    frame.setVisible(true);
}

}
```

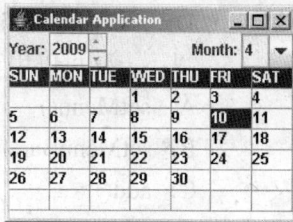

图 5.28　显示万年历

该项目运行后的结果如图 5.28 所示。

5.8 小结

本章主要介绍了 Java 中实现图形用户界面的 Swing 组件包中常用容器和组件的使用，在详细讲解这些组件和容器的构造函数和常用方法的基础上，通过大量的实例为读者展示了这些组件和容器在实际开发中所起的作用，并针对办公固定资产管理系统的需要，利用本章所介绍的知识点设计并完成了系统所需的部分界面。本章是 Java 编程中重要的一个技术环节，也是完成办公固定资产管理系统所需的必备知识，所以读者应该深入掌握，为最后的案例开发做好准备。

5.9 习题

5.9.1 思考题

（1）代码 JTextField tf = new JTextField(30);的作用是＿＿＿＿。

　　A．生成一个包含 30 行的文本框

　　B．生成一个包含 30 列的文本框

　　C．生成一个包含 30 列的文本框，但文本框中不能输入文字

　　D．代码语法错误

（2）下列布局中将组件从上到下、从左到右依次摆放的是＿＿＿＿。

　　A．BorderLayout

　　B．FlowLayout

　　C．CardLayout

　　D．GridLayout

（3）下列容器必须加入到顶级容器中使用的是＿＿＿＿。

　　A．JFrame

　　B．JDialog

　　C．JPanel

（4）以下事件监听接口中有适配器的是＿＿＿＿。

　　A．ActionListener

　　B．ItemListener

　　C．WindowListener

D. AdjustmentListener

（5）以下方法可以用于在 JFrame 中加入 JMenuBar 的是_____。

    A. setMenu()

    B. setMenuBar()

    C. add()

    D. addMenuBar()

（6）单击按钮产生的事件是_____。

    A. ActionEvent

    B. ItemEvent

    C. MouseEvent

    D. KeyEvent

（7）以下对于事件监听的叙述正确的是_____。

    A. 一个组件可以注册多个事件监听器，一个事件监听器也可以注册到多个组件上

    B. 一个监听器只能监听一个组件

    C. 一个监听器只能监听处理一种事件

    D. 一个组件只可能引发一种事件

5.9.2　操作题

（1）实现办公固定资产管理系统中的管理员信息修改界面，该界面如图 5.29 所示。

（2）实现办公固定资产管理系统中的资产修改界面，该界面如图 5.30 所示。

图 5.29　管理员信息修改界面 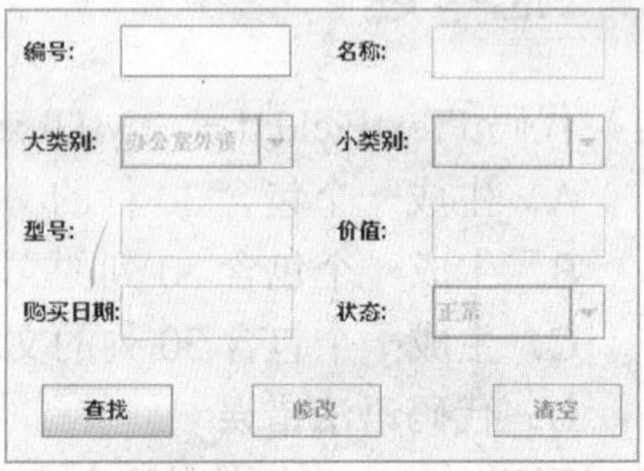　　　　图 5.30　资产修改界面

（3）实现办公固定资产管理系统中的用户查询界面，该界面如图 5.31 所示。

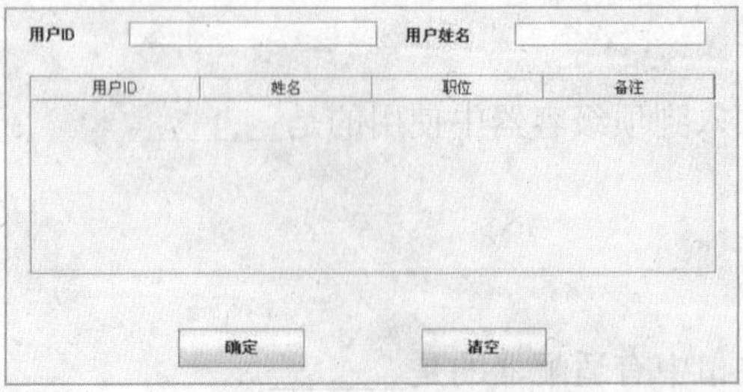

图 5.31　用户查询界面

第 6 章

Java 输入/输出流编程

Java 把对各种输入/输出外设的操作，都变成了对数据流的存取操作，这样的好处是不管对磁盘文件数据访问还是对网络文件的读写，程序代码中对数据的处理都是一样的，只有建立连接的部分不一样而已。本章将重点讲解 Java 语言的输入/输出流，使读者深入掌握 Java 中输入/输出的处理方法。

知 识 点

◎ Java 的输入/输出流概述

◎ Java 的输入流

◎ Java 的输出流

◎ Java 的文件类

6.1 Java 的输入/输出流概述

在计算机软件系统中，简单来讲，程序大体由 3 部分构成：数据输入、数据处理和数据输出。因此，输入/输出（I/O）是程序设计中的一个重要内容。任何程序都需要有数据输入，对输入的数据进行运行处理后，再将数据输出。

现代的计算机总是带有各种各样的外部设备，例如键盘、鼠标、硬盘和打印机等，这些设备通过 I/O 接口（也叫端口）与计算机相连接。在实际应用中，程序更多的是使用这些端口上连接的设备进行数据的输入/输出操作。对于其操作的对象，人们形象地称为"数据流"。从程序的角度观察数据流动的方向，可以分为输入数据流和输出数据流。

Java 语言把对各种输入/输出外设的操作，都变成了对数据流的存取操作，这样的好处是不管对磁盘文件数据访问还是对网络文件的读写，在程序代码中对数据的处理都是一样的，只有建立连接的部分不一样而已。

Java 将数据流的输入/输出处理都放到了 java.io 包中，Java 支持两种类型的数据流：字节流(binary stream)和字符流(character stream)。字节流为处理字节的输入/输出提供了便利的方法，它在处理文件时也非常有用。字符流用于处理字符的输入/输出，因为它使用 Unicode 编码，利于程序的国际化，而且在某些情况下，字符流比字节流效率更高。

在 java.io 包中，字节流和字符流分别有多层类的结构定义，其中 InputStream 和 OutputStream 作为字节输入/输出流的父类，Reader 和 Writer 作为字符输入/输出流的父类，它们都是抽象类。

字节输入/输出流的层次结构如图 6.1 所示。

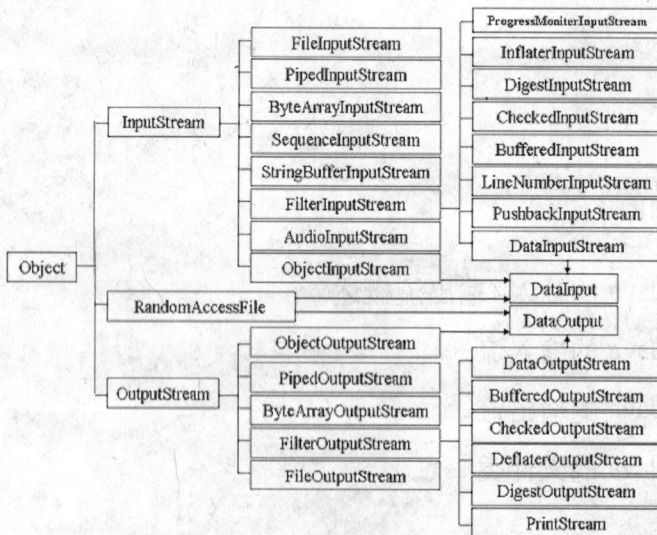

图 6.1 字节输入/输出流的层次结构

字符输入/输出流的层次结构如图 6.2 所示。

Java 中的流除了按照流所处理的数据类型划分为字节流和字符流之外，还可以按照流的封装性划分为节点流和处理流。

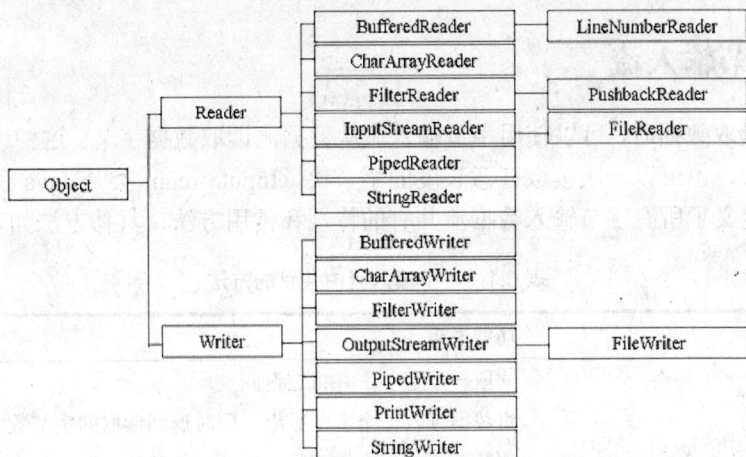

图 6.2　字符输入/输出流的层次结构

可以从（向）一个特定的 I/O 设备（如磁盘、网络）读/写数据的流，称为节点流。节点流也被称为低级流。

实现对一个已存在的流的连接和封装，通过所封装的流的功能调用实现数据读/写功能的流，称为处理流或封装流。处理流也被称为高级流。

在 Java 程序中，一般很少使用单个节点流访问数据，而是由多个不同功能的流对象的连接和封装形成处理流来处理数据。如图 6.3 所示就是一个输入封装流。

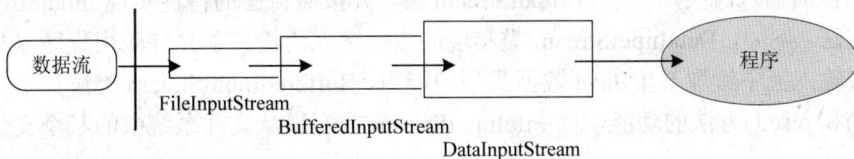

图 6.3　输入封装流

图 6.4 所示的是一个输出封装流。

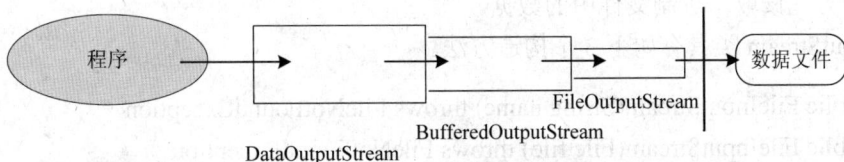

图 6.4　输出封装流

6.2　Java 的输入流

Java 中的输入流是用来将 I/O 设备中的数据输入到程序中的。本章将按照输入数据的格式将输入流分为字节输入流和字符输入流分别进行讲解。

6.2.1 字节输入流

Java 程序读取数据时，可以使用字节输入流从数据源读取数据字节。这种读取可以是一个一个字节地读取，也可以一次读取任意长度的字节块。InputStream 类是 Java 所有字节输入流的父类。该类定义了所有字节输入数据流共有的特性和常用方法，具体方法如表 6.1 所示。

表 6.1　字节输入流中共有的方法

方法	功能说明
read()	读取一个字节，并将它返回
read(byte[] buffer)	将数据读入一个字节数组，同时返回读取的字节数
read(byte[] buffer, int offset, int length)	将数据读入一个字节数组，放到数组的 offset 指定的位置开始，并用 length 来指定读取的最大字节数
close()	关闭输入流
available()	返回可以从输入流中读取的字节数
skip(long n)	在输入流中跳过 n 个字节，并将实际跳过的字节数返回
markSupported()	判断流是否支持标记功能
mark(int readlimit)	在支持标记的输入流的当前位置设置一个标记
reset()	返回到流的上一个标记，注意只有当流支持标记功能时该方法才可用

其他具体的输入流类均继承自 InputStream 类，并按照自己的特性实现 InputStream 类中的上述抽象方法。例如，DataInputStream 类实现的数据输入流提供了允许应用程序以与机器无关方式从底层输入流中读取基本 Java 数据类型的能力，BufferedInputStream 类添加了缓冲输入和支持 mark() 和 reset() 方法的功能，而 FileInputStream 类实现从文件系统中的某个文件中获取输入字节的方法。

1. FileInputStream 类

FileInputStream 类继承自抽象类 InputStream，实现了 InputStream 类中的抽象方法 read()，将按字节的方式读取二进制文件中的数据。

FileInputStream 类具有如下 3 个构造方法。

- public FileInputStream(String name) throws FileNotFoundException
- public FileInputStream(File file) throws FileNotFoundException
- public FileInputStream(FileDescriptor fdObj) throws FileNotFoundException

第一个构造方法使用文件名的方式构造 FileInputStream 对象，其中 name 是包含文件名的字符串，示例代码如下：

```
FileInputStream fIns=new FileInputStream("mydata.bat");
```

在这里文件名既可以使用相对路径，也可以使用绝对路径。但是文件必须存在，如果文件不存在，当程序试图构造 FileInputStream 对象时，就会抛出 FileNotFoundException 异常，提示程序试图打开一个不存在的文件。

第二个构造方法使用独立于平台的 File 类的对象来描述要访问的文件，如果文件存在并且可以读取则生成一个 FileInputStream 对象，否则抛出 FileNotFoundException 异常。其中 File 类的使用将在后面详细介绍。示例代码如下：

```
File mf=new File("mydata.bat");
FileInputStream fIns=new FileInputStream(mf);
```

第三种构造方法使用文件描述符 FileDescriptor 类的对象创建一个 FileInputStream 对象，该文件描述符表示到文件系统中某个实际文件的现有连接。第三种构造方法一般很少用到，Java 程序访问文件主要使用前两种构造方法。

【例 6.1】使用 FileInputStream 类读取文件。

Step 01　在 Eclipse 中创建一个名称为 InputStreamDemo 的 Java Project 项目。

Step 02　在项目中创建一个名称为 vpn 的文本文件，并在其中输入 https://60.209.94.5 字符串。

Step 03　在该项目中，创建一个名称为 FileInputStreamDemo 的 Java 类，并在打开的 Java 代码编辑器中编写该类的具体定义代码：

```java
import java.io.*;

public class FileInputStreamDemo {

    public static void main(String[] args)
    {
        //定义一个 byte 数组，用于接收从文件中读出的字节
        //注意它的长度为 1024
        byte[] buff = new byte[1024];
        int n;
        FileInputStream fis = null;
        //进行异常处理
        try
            {
            // 创建 FileInputStream 对象 fis，准备读取文件
            fis = new FileInputStream("vpn.txt");
            // 从文件读取数据
            while((n = fis.read(buff))!=-1)
                {
                    // 写入 System.out 中
                    System.out.write(buff, 0, n);
                }
            }
        catch (FileNotFoundException e)
            {
            System.out.println("没有找到文件");
            System.exit(1);
            }
        catch (IOException e)
            {
            System.out.println("");
            }
            //关闭输入流
        finally
            {
            try
                {
                    fis.close();
                }
            catch (IOException e)
                {
                System.out.println("文件错误");
                System.exit(1);
                }
            }
        }
    }
```

在该类中，使用了 FileInputStream 类的 read((byte [] b)方法，从此输入流中将最多 b.length 个字节的数据读入一个 byte 数组中，返回值为读入的字节个数，当读到文件结尾时，该方法将返回–1，所以如果没有读到文件结尾，while()循环就将一直执行下去。该实例的运行结果如图 6.5 所示。

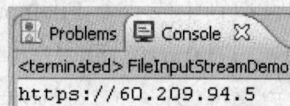

图 6.5　显示通过 FileInputStream 类读取的文件内容

2．BufferedInputStream 类

BufferedInputStream 类是一个处理流，它并不直接与系统中具体的文件连接，而是通过对一个节点流的封装，为该输入流提供缓冲功能，从而加速文件的读取速度。

BufferedInputStream 类的构造函数具体语法格式如下：

```
public BufferedInputStream(InputStream in)
```

其参数不是具体文件，而是另一个输入流对象。

构造 BufferedInputStream 对象的示例代码如下：

```
FileInputStream fIns=new FileInputStream("mydata.dat");
BufferedInputStream bIns=new BufferedInputStream(fIns);
```

其中 fIns 对象直接连接到"mydata.dat"文件，而 bIns 对象为输入流 fIns 对象提供数据缓冲功能。

【例 6.2】使用 BufferedInputStream 类读取文件。

在名称为 InputStreamDemo 的 Java Project 项目中，创建一个名称为 BufferedInputStream-Demo 的 Java 类，并在打开的 Java 代码编辑器中编写该类的具体定义代码如下：

```java
import java.io.*;
import java.util.*;

public class BufferedInputStreamDemo {
    public static void main( String[] args) throws IOException{
        System.out.println("BufferInputStream Test");
    //声明 FileInputStream 对象
        FileInputStream fIns;
        int count=0;
        System.out.println("start buffer - "+ new Date());
    //创建 FileInputStream 对象
        fIns=new FileInputStream("vpn.txt");
    //使用 FileInputStream 对象来创建 BufferedInputStream 对象
        BufferedInputStream bIns=new BufferedInputStream(fIns);
    //使用缓冲功能读取数据
        while(bIns.read()!=-1){count++;}
        bIns.close();
        System.out.println("读取了"+count+"字节数据");
        System.out.println("end  buffer - "+ new Date());
        System.out.println();
        count=0;
        System.out.println("start no buffer - "+ new Date());
    //创建 FileInputStream 对象
        fIns=new FileInputStream("vpn.txt");
    //不使用功能缓冲功能读取数据
        while(fIns.read()!=-1){count++;}
        fIns.close();
        System.out.println("读取了"+count+"字节数据");
        System.out.println("end no buffer - "+ new Date());
    }
}
```

该实例的运行结果如图 6.6 所示。

在该实例中对同一个数据文件进行读取，第一次使用 BufferedInputStream 类作为输入流，第二次没有使用 BufferedInputStream 类，而直接使用 FileInputStream 类作为输入流，从运行结果中可以看出两次读取数据的速度有明显的不同。使用带缓冲功能的 BufferedInputStream 类的速度明显较快。这里需要提醒读者的是，读取的数据文件必须足够大，至少要有百万字节以上才能够看出两者的差别。

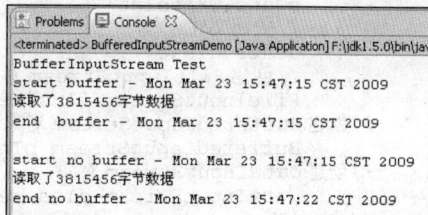

图 6.6　是否使用缓冲功能的比较

3. DataInputStream 类

DataInputStream 类用来完成对各种 Java 基本数据类型数据的读取工作，它也是一种处理流。DataInputStream 类的构造函数具体语法格式如下：

```
public DataInputStream(InputStream in)
```

其参数也不是具体文件，而是另一个输入流对象，在实际应用中往往由 BufferedInputStream 类的实例来承担。

构造 DataInputStream 对象的示例代码如下：

```
FileInputStream fIns=new FileInputStream("mydata.dat");
BufferedInputStream bIns=new BufferedInputStream(fIns);
DataInputStream dIns=new DataInputStream(bIns);
```

DataInputStream 类中为程序提供了直接从输入流中读取指定数据类型数据的方法，例如：

- public final int readInt() throws IOException：读取 int 类型数据。
- public final double readDouble() throws IOException：读取 double 类型数据。
- public final char readChar()throws IOException：读取 char 类型数据。
- public final boolean readBoolean()throws IOException：读取 boolean 类型数据。

在使用 DataInputStream 输入流时需要注意：DataInputStream 类必须和 DataOutputStream 类匹配使用，只有使用 DataOutputStream 输出流写入到文件中的数据，才能使用 DataInputStream 输入流读取，而且从文件中读取数据的类型时的顺序要和写入文件时数据类型的顺序一致，否则读取的结果将出错。

【例 6.3】使用 DataInputStream 类读取文件。

在名称为 InputStreamDemo 的 Java Project 项目中，创建一个名称为 DataInputStreamDemo 的 Java 类，并在打开的 Java 代码编辑器中编写该类的具体定义代码：

```
import java.io.*;

public class DataInputStreamDemo {
    public static void main( String[] args) throws IOException{
        System.out.println("DataInputStream Test");
    //创建 FileOutputStream 对象
        FileOutputStream fOuts=new FileOutputStream("mydata.dat");
    //创建 BufferedOutputStream 对象
        BufferedOutputStream bOuts=new BufferedOutputStream(fOuts);
    //创建 DataOutputStream 对象
        DataOutputStream dOuts=new DataOutputStream(bOuts);
    //向文件中写入数据
        dOuts.writeChar('中');
        dOuts.writeBoolean(true);
```

```
        dOuts.writeDouble(3.1415926);
        dOuts.writeInt(75);
        //关闭文件
        dOuts.close();
        //创建 FileInputStream 对象
        FileInputStream fIns=new FileInputStream("mydata.dat");
//创建 BufferedInputStream 对象
        BufferedInputStream bIns=new BufferedInputStream(fIns);
//创建 DataInputStream 对象
        DataInputStream dIns=new DataInputStream(bIns);
//读取数据
        char c=dIns.readChar();
        boolean b=dIns.readBoolean();
        int i=dIns.readInt();
        double d=dIns.readDouble();
        //关闭文件
        dIns.close();
        System.out.println("字符="+c+"\n 布尔="+b+"\n 浮点数="+d+"\n 整型数="+i);
    }

}
```

该类中关于向文件中写入数据的 DataOutputStream 输出流的相关内容，我们将在稍后的 6.3.1 小节中详细介绍。该实例的运行结果如图 6.7 所示。

在上述实例中，写入数据时，写入是按字符数据"中"、布尔数据 true、double 类型 3.1415926 和整型数 75 顺序写入的，而读取的顺序前两个不变，只是 double 类型和 int 类型交换了一下，通过图 6.7 所示的运行结果可以看到，读取的结果与写入的结果完全不同，其中"浮点数"和"整型数"的值出错了，由此可见，使用 DataInputStream 类读取数据时必须注意读取的数据类型的顺序。

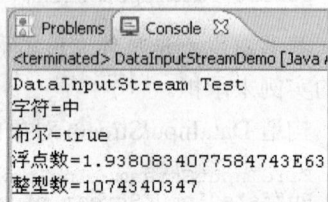

图 6.7　使用 DataInputStream 类读取的文件内容

6.2.2　字符输入流

文本文件是由字符构成的，在 Java 中，字符采用 Unicode 编码，一个字符占双字节。上一小节中介绍了字节输入流，现在我们将介绍直接读取字符的字符输入流。字符输入流的父类是 Reader，Reader 和 InputStream 一样，用于从流中读取数据。它和 InputStream 的区别在于，InputStream 以字节为单位，而 Reader 以字符为单位。Reader 类也是一个抽象类，该类定义了所有字符输入数据流共有的特性和常用方法，具体方法如表 6.2 所示。

表 6.2　字符输入流中共有的方法

方法	功能说明
read()	用于从流中读出一个字符，并将它返回
read(char[] buffer)	将从流中读出的字符放到字符数组 buffer 中，返回读出的字符数
read(char[] buffer,int offset,int length)	将读出的字符放到字符数组的指定 offset 开始的空间，每次最多读出 length 个字符
close()	关闭输入流
ready()	判断流是否已经准备好被读取
skip(long n)	在输入流中跳过 n 个字节，并将实际跳过的字节数返回

（续表）

方法	功能说明
markSupported()	判断流是否支持标记功能
mark(int readAheadLimit)	在支持标记的输入流的当前位置设置一个标记
reset()	返回到流的上一个标记，注意只有当流支持标记功能时该方法才可用

在实际开发中读取文本文件时常用 FileReader 类和 BufferedReader 类按字符读取输入流中的数据。

1. FileReader 类

FileReader 类是节点流，提供了打开文本文件和按字符或字符块读取文件的功能。其常用构造方法如下：

```
public FileReader(String fileName) throws FileNotFoundException
```

其中 fileName 为要打开的文本文件的名称，可以是相对地址，也可以使用绝对地址。如果文件不存在，将会抛出 FileNotFoundException 异常，表示打开文件失败。

【例 6.4】使用 FileReader 类读取文件。

Step 01 在 Eclipse 中创建一个名称为 ReaderDemo 的 Java Project 项目。

Step 02 在项目中创建一个名称为 vpn 的文本文件，并在其中输入 https://60.209.94.5 字符串。

Step 03 在该项目中，创建一个名称为 FileReaderDemo 的 Java 类，并在打开的 Java 代码编辑器中编写该类的具体定义代码：

```java
import java.io.*;

public class FileReaderDemo {
    public static void main(String args[]) throws IOException
    {
        // 建立可容纳 1024 个字符的数组
        char data[]=new char[1024];
        // 建立 FileReader 的对象 fr
        FileReader fr=new FileReader("vpn.txt");
        // 将数据读入字符列表 data 内
        int num=fr.read(data);
        // 将字符列表转换成字符串
        String str=new String(data,0,num);
        // 在控制台输出
        System.out.println("Characters read= "+num);
        System.out.println(str);
        fr.close();
    }
}
```

在该实例中使用 FileReader 输入流来读取文件，输入流是以字节的形式进行读取，因此读入到程序中的文本是字节，为了将读取内容打印出来，还需要将字节转换成字符串。该实例的运行结果如图 6.8 所示。

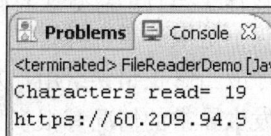

图 6.8 显示通过 FileReader 类读取的文件内容

2. BufferedReader 类

BufferedReader 类与 BufferedInputStream 类的作用是一样的，为基本字符输入流提供了数据缓冲功能。其常用构造方法如下：

```
public BufferedReadert(Reader in)
```

其参数不是具体文件，而是另一个字符输入流对象。

BufferedReader 类还实现了按行读取文件内容的功能，因此使用起来更加便利。BufferedReader 类的 readLine()方法按字符串类型一次返回文本文件中一行的内容，如果读到文件的结尾，则返回 null 值表示读取结束。

【例 6.5】 使用 BufferedReader 类读取文件。

在名称为 ReaderDemo 的 Java Project 项目中，创建一个名称为 BufferedReaderDemo 的 Java 类，并在打开的 Java 代码编辑器中编写该类的具体定义代码：

```java
import java.io.*;
public class BufferedReaderDemo {
    public static void main (String[] args) {

        String record = null;
        int recCount = 0;
        try {
         //创建 FileReader 对象
            FileReader fr = new FileReader("vpn.txt");
         //使用 FileReader 对象来创建 BufferdeReader 对象
            BufferedReader br = new BufferedReader(fr);
            record = new String();
         //调用 readLine()方法循环读取文本文件，直到返回 null，表示读取结束
            while ((record = br.readLine()) != null) {
                //计算行号
                recCount++;
                //输出行号和文本内容
                System.out.println("Line" + recCount + ": " + record);
            }
            br.close();
            fr.close();
        } catch (IOException e) {
            e.printStackTrace();
        }

    }

}
```

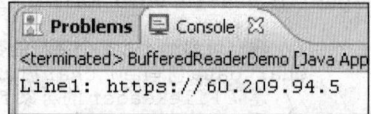

该实例的运行结果如图 6.9 所示。

图 6.9　显示通过 BufferedReader 类读取的文件内容

6.2.3　输入/输出异常处理

在程序运行的过程中，总会有这样或那样不寻常发生的错误打断程序的正常执行，如果这种错误不是很严重，例如程序试图打开一个不存在的磁盘文件或访问一个断开的网络连接，这时程序应当修正错误给用户友好的提示并回到正常的执行过程，而不是直接终止执行。程序执行时发生异常的情况有很多种，例如以下几种情况。

- 要打开的文件可能不存在；
- 要载入的类文件遗失或格式不正确；
- 网络连接的另一端不操作；
- 读写网络时，网络掉线了；
- 读取数组时，下标越界；
- 进行计算时除数为零。

如果按照传统的编程方式，使用 if 语句对异常情况进行判断处理，这样在正常程序中将会布满异常检测和处理程序，严重影响程序的可读性。Java 采用类似于 C++的异常处理机制，为程序提供了清晰可靠的编程手段。

Java 将这些异常定义成一个一个的类，程序运行出错时，就会抛出其中相应的异常，Java许多类的方法都会抛出异常，因此在程序中要调用这些会产生异常的方法时，必须将方法可能产生的异常捕获，并做适当的处理，让程序友好正常的执行。Java 仿照 C++异常处理语法，使用 try…catch…finally 语句结构处理程序中的异常情况。其语法格式如下：

```
try{
    正常程序语句块，其中某些方法调用可能会抛出异常
}
catch(某种异常){
    处理该种异常情况的语句块
}
finally{
    不管是否出现异常都必须执行的语句块，如关闭文件连接
}
```

首先，正常的程序处理语句块包含在 try{}结构中，如果其中的程序执行过程中发生了异常条件，就会抛出一个异常状态，该异常可以使用 catch 块捕获，在 catch 块中处理该异常情况。如果程序执行中会产生多种不同的异常，则可以使用多个 catch 块来分别捕获这些异常。最后，finally 结构的作用是不管前面是否产生异常或产生的异常是否被捕获处理，都会执行 finally 结构中的程序代码，所以我们在使用异常结构处理程序时，将程序中的资源释放代码放到 finally结构中，可以保证系统资源在使用完毕后得到释放，例如打开的文件连接，我们将关闭代码放到 finally 结构中，保证当程序结束时一定会关闭释放文件连接句柄。

【例 6.6】对文件不存在异常进行处理。

在名称为 ReaderDemo 的 Java Project 项目中，创建一个名称为 FileExceptionDemo 的 Java类，并在打开的 Java 代码编辑器中编写该类的具体定义代码：

```java
import java.io.*;

public class FileExceptionDemo {
    public static void main(String[] args) {
        System.out.println("测试文本文件读取");
        // 声明 FileReader 类对象
        FileReader fr = null;
        // 声明 BufferedReader 类对象
        BufferedReader bf = null;
        try {
            // 正常程序语句块
            fr = new FileReader("exception.txt");
            bf = new BufferedReader(fr);
            String ss;
            while ((ss = bf.readLine()) != null) {
                System.out.println(ss);
            }
        } catch (FileNotFoundException e) {// 捕获文件不存在异常
            System.out.println("文件不存在" + e.getMessage());
        } catch (IOException e) {// 捕获文件读取异常
            System.out.println("文件读取错误" + e.getMessage());
        } finally {
            // 必须执行的语句块
            if (bf != null) {
                try {
                    bf.close();
                } catch (IOException e) {// 捕获文件关闭异常
                    System.out.println("文件关闭错误" + e.getMessage());
```

```
                }
            }
        }
    }
}
```

在该实例中使用FileReader字符输入流读取文本文件的内容，但是指定的文件路径下并没有存在该文件，因此程序将无法正常执行。该实例的运行结果如图6.10所示。

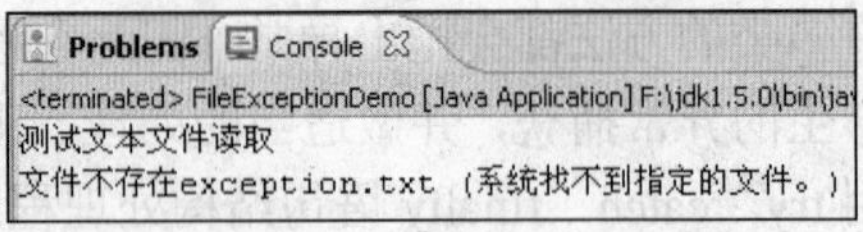

图6.10　显示I/O异常处理信息

如果程序不添加异常机制代码，则程序运行就会出现错误，执行结果如图6.11所示。

```
测试文本文件读取
Exception in thread "main" java.io.FileNotFoundException: exception.txt (系统找不到指定的文件。)
        at java.io.FileInputStream.open(Native Method)
        at java.io.FileInputStream.<init>(Unknown Source)
        at java.io.FileInputStream.<init>(Unknown Source)
        at java.io.FileReader.<init>(Unknown Source)
        at FileR.main(FileR.java:5)
```

图6.11　未添加异常处理机制的程序运行结果

从上面的实例中可以看出，使用异常机制提高了程序的健壮性，在程序运行发生意外时能够正常地结束。

由于异常的匹配是顺序进行的，在使用多个catch块捕获异常时，如果一个异常处理器程序的catch语句在其父类异常处理器的后面，则永远不会被执行，因此上例中的FileNotFoundException的处理器程序必须放到IOException的处理器的前面，因为IOException类是FileNotFoundException类的直接父类。

程序编译时会检查所有的异常处理器是否都可以到达，如果将上例的FileNotFoundException异常处理器放到IOException异常处理器后面，编译时会出现如图6.12所示的错误。

```
Exception in thread "main" java.lang.Error: Unresolved compilation problem:
        Unreachable catch block for FileNotFoundException. It is already handled by the catch block for IOException

        at FileExceptionDemo.main(FileExceptionDemo.java:20)
```

图6.12　显示异常处理器不能到达错误

在异常处理try…catch…finally结构中，catch语句是可选的，finally语句也是可选的，但是至少要有一个catch或finally语句。如果程序抛出的异常在try…catch…finally结构中的catch处理器中没有匹配项，这时异常就会被抛出给被调函数，由函数的调用者处理，这时抛出异常的被调函数必须在其函数声明中使用throws关键字抛出该异常，如果一个函数可能会抛出多个异常，则多个异常使用逗号隔开。

【例6.7】 使用throws关键字抛出异常。

```
//使用throws语句抛出异常
 public  String  readPadFile(String  filename)  throws  FileNotFoundException,
IOException{
    //声明FileReader类对象
      FileReader fr;
      BufferedReader br=null;
      String fcon="";
      try{
```

```
    //创建 FileReader 类对象
        fr=new FileReader(filename);
    //创建 BufferedReader 类对象
        br=new BufferedReader(fr);
        String s;
        while((s=br.readLine())!=null){
            fcon+=s+"\r\n";
        }
    }finally{
        if(br!=null) br.close();
    }
    return fcon;
}
```

在上面的实例中，只使用 try…finally 结构来关闭打开的文件句柄，没有捕获处理可能出现的异常，而是通过函数声明使用 throws 关键字将打开读文件过程中可能产生的异常抛出，让函数调用者来处理，如果没有异常发生，则函数返回文件的全部内容。

在异常程序处理过程中，还可以使用 throw 语句主动抛出一个异常，例如下述语句：

```
throw new IOException("未找到文件目录，目录可能不存在！");
```

6.2.4　任务：打开办公文件

在本书第 5 章的 5.6.3 小节中，我们已经创建了办公固定资产管理系统中的办公文件管理界面，在本小节中，我们为该界面添加功能，使用户单击"打开"按钮后，能够在弹出的文件选择对话框中选中要打开的文件，并将文件显示在界面的 JTextArea 组件中。

（1）修改办公文件管理界面的代码，在其中添加事件监听器类，并在对应的打开按钮上添加监听，具体代码定义如下：

```
import javax.swing.JFrame;
import javax.swing.JPanel;
import javax.swing.JLabel;
import javax.swing.JScrollPane;
import javax.swing.JTextArea;
import javax.swing.JButton;

//引入监听器类
import contorl.FMControl;

public class FileManagementPane extends JPanel{
    private JLabel filelbl = null;
    public JTextArea filetex = null;
    public JButton openbtn = null;
    public JButton savebtn = null;
    public FileManagerFrame frame;
    //声明监听器对象
    private FMControl fmc;
    public FileManagementPane(FileManagerFrame frame) {
        super();
        initialize();
        this.frame=frame;
    }
    private void initialize() {

        filelbl = new JLabel();
        this.setLayout(null);
        filelbl.setText("文件内容:");
        filelbl.setBounds(20, 6, 55, 30);
        filetex=new JTextArea(30,20);
        filetex.setLineWrap(true);
        JScrollPane jpane=new JScrollPane(filetex);
        jpane.setBounds(20, 30, 350, 200);
```

```
openbtn=new JButton("打开");
openbtn.setBounds(80, 235, 80, 30);
savebtn=new JButton("保存");
savebtn.setBounds(220, 235, 80, 30);
this.setBounds(0, 0, 400, 300);
this.add(filelbl, null);
this.add(jpane, null);

this.add(openbtn, null);
this.add(savebtn, null);
//实例化监听器类的对象
fmc=new FMControl(this);
//为按钮添加监听器类
openbtn.addActionListener(fmc);
    }

}
```

（2）创建监听器类 FMControl，具体代码定义如下：

```
import java.awt.event.ActionEvent;
import java.awt.event.ActionListener;
import java.io.BufferedReader;
import java.io.FileReader;
import java.io.IOException;


import view.FileManagementPane;

public class FMControl implements ActionListener {
    private FileManagementPane pane;

    public FMControl(FileManagementPane pane) {
        this.pane=pane;

    }
    public void actionPerformed(ActionEvent e)
    {
        //判断获取的事件源
        Object button=e.getSource();
        StringBuffer text= new StringBuffer();
        if(button==pane.openbtn)
        {
         //显示文件选择对话框
            pane.frame.file.setVisible(true);
            try {
                //根据文件选择对话框中选中的文件的目录和名称构造 FileReader 对象
                FileReader  fr  =  new  FileReader(pane.frame.file.getDirectory()+
pane.frame.file.getFile());
                BufferedReader br = new BufferedReader(fr);
                String record = new String();
                //读取文件内容，并显示在 JTextArea 组件中
                while ((record = br.readLine()) != null) {
                    text.append(record);

                }
                pane.filetex.setText(text.toString());
                br.close();
                fr.close();
            } catch (IOException ex) {
                ex.printStackTrace();
            }
        }
    }
}
```

（3）创建办公文件管理窗体类 FileManagerFrame，具体代码定义如下：

```
import java.awt.FileDialog;
import javax.swing.JFrame;
```

```
public class FileManagerFrame extends JFrame{
    public FileDialog file;
    public FileManagementPane pane;
    public FileManagerFrame()
    {
     //实例化文件选择对话框
       file=new FileDialog(this,"打开文件",FileDialog.LOAD);
       pane=new FileManagementPane(this);
       getContentPane().add(pane);
       setSize(400, 300);
       setVisible(true);

    }
    public static void main(String[] args)
    {
       new FileManagerFrame();

    }
}
```

打开办公文件的运行界面步骤如下。

Step 01 在办公文件管理界面中单击"打开"按钮，将弹出如图 6.13 所示的文件选择对话框，在其中选中要打开的办公文件。

Step 02 单击"打开"按钮后，文件将显示在办公文件管理界面中的 JTextArea 组件中，如图 6.14 所示。

图 6.13　选择要打开的办公文件

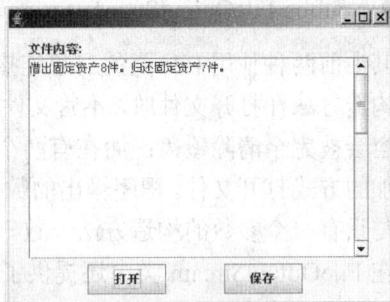

图 6.14　打开办公文件

6.3 Java 的输出流

Java 中的输出流与输入流正好相反，是用来将程序中计算后的数据输入到 I/O 设备中的。本章将按照输出数据的格式将输出流分为字节输出流和字符输出流分别进行讲解。

6.3.1　字节输出流

OutputStream 类是所有字节输出流的抽象父类，它提供了所有字节输出数据流共有的特性和常用方法，允许子类在继承父类的基础上来实现各自向输出流中写入字节数据的方法。具体方法如表 6.3 所示。

表 6.3　字节输出流中共有的方法

方法	功能说明
write(int c)	将一个字节写入当前输出流
write(byte[] buffer)	将一个字节数组中的数据写入当前输出流
write(byte[] buffer, int offset, int length)	将指定字节数组中从 offset 开始的 length 个字节写到当前输出流
close()	关闭输出流
flush()	刷新当前输出流，将任何缓冲输出的字节输出到此流中

与之前介绍的字节输入流相对应，字节输出流中常用的也是 FileOutputStream、BufferedOutputStream 以及 DataOutputStream 类。下面我们具体介绍这些字节输出流的使用。

1. FileOutputStream 类

FileOutputStream 类是文件字节输出流的节点类，该类实现了 OutputStream 类中的抽象方法 write()，将按字节的方式向二进制文件中写入数据。

FileOutputStream 类具有如下 4 个构造方法。

- public FileOutputStream(File file) throws FileNotFoundException
- public FileOutputStream(File file,boolean append) throws FileNotFoundException
- public FileOutputStream(String name) throws FileNotFoundException
- public FileOutputStream(String name,boolean append) throws FileNotFoundException

其中前两种使用 File 类的对象连接文件，而后两种直接使用文件名打开文件。只有一个参数的构造方法在打开文件时，不管文件是否存在，都是直接创建一个新文件，如果源文件存在，则内容会被完全清除覆盖；而在有两个参数的构造方法中，如果 append 参数为 true 值，表示以追加的方式打开文件，程序输出的数据被添加到文件的尾部，否则将以覆盖的方式打开文件，效果与只有一个参数的构造方法一致。

在 FileOutputStream 类中还提供了 flush()方法，其作用是将系统缓冲区的输出内容写入到磁盘文件中，因为 FileOutputStream 类的 write()方法只是将数据写到输出流中，如果操作系统提供了缓冲功能，数据会被先输出到缓冲区，并没有将数据写到磁盘文件中，只有在调用了 flush()方法或 close()方法后，缓冲区中的数据才会被写入磁盘文件中，所以如果程序在非正常结束前没有关闭文件，就会丢失部分数据。在向输入流中写入大量数据后，如果不关闭文件，一般使用 flush()方法将数据从缓冲区写入磁盘文件，确保数据不丢失。

【例 6.8】使用 FileOutputStream 类向文件写入数据。

Step 01 在 Eclipse 中创建一个名称为 OutputStreamDemo 的 Java Project 项目。

Step 02 在项目中创建一个名称为 myfile.的文本文件。

Step 03 在该项目中，创建一个名称为 FileOutputStreamDemo 的 Java 类，并在打开的 Java 代码编辑器中编写该类的具体定义代码：

```
import java.io.*;
public class FileOutputStreamDemo {
    public static void main(String args[]) {
        //声明一个 FileOutputStream 变量
        FileOutputStream out;
        //声明一个 Print Stream 流
```

```
PrintStream p;

try {
    //建立一个 FileOutputStream 对象
    out = new FileOutputStream("myfile.txt");
    // 将 PrintStream 连接到 OutputStream
    p = new PrintStream( out );
    //通过 PrintStream 向 OutputStream 输出一句话，OutputStream 类将会把它写入到文件中
    p.println ("面朝大海，春暖花开");
    p.close();
} catch (Exception e) {
    System.err.println ("Error writing to file");
}
}
}
```

该实例运行后，将把数据写入到文本文件中，打开文本文件将看到如图 6.15 所示的内容。

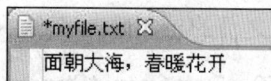

图 6.15　通过 FileOutputStream 类写入到文件中的内容

2．BufferedOutputStream 类

BufferedOutputStream 类实现带缓冲功能的输出流。通过设置这种输出流，应用程序就可以将各个字节写入底层输出流中，而不必针对每次字节写入调用底层系统。

BufferedOutputStream 类的构造函数为：

```
public BufferedOutputStream(OutputStream out)
```

其参数是另一个输出流对象。

构造 BufferedOutputStream 对象的示例代码如下：

```
FileOutputStream fOuts=new FileOutputStream("mydata.dat");
BufferedOutputStream bOuts=new BufferedOutputStream(fOuts);
```

其中 fOuts 是 FileOutputStream 对象，提供了和底层文件的连接，以及基本的字节输出功能，而 bOuts 对象使用 fOuts 对象来创建，为输出提供缓冲功能，提高数据的写入速度。

【例 6.9】使用 BufferedOutputStream 类向文件写入数据。

在名称为 OutputStreamDemo 的 Java Project 项目中，创建一个名称为 BufferedOutputStream-Demo 的 Java 类，并在打开的 Java 代码编辑器中编写该类的具体定义代码：

```
import java.io.BufferedInputStream;
import java.io.BufferedOutputStream;
import java.io.FileInputStream;
import java.io.FileOutputStream;


public class BufferedOutputStreamDemo {
    public static void main(String[] args) throws Exception {
        BufferedInputStream bis = null;
        BufferedOutputStream bos = null;
        //创建带缓冲的输入流
        FileInputStream fis = new FileInputStream("myfile.txt");
        bis = new BufferedInputStream(fis);
        //创建带缓冲的输出流
        FileOutputStream fos = new FileOutputStream("mycopy.txt");
        bos = new BufferedOutputStream(fos);
        int byte_;
        //将从 myfile.txt 文件中读取的字节写入到 mycopy.txt 中
        while ((byte_ = bis.read()) != -1)
            bos.write(byte_);
        //关闭输出流
        bos.close();
        //关闭输入流
```

```
                bis.close();
    }

}
```

在上述实例中，通过带缓冲的输入流读取 myfile.txt 文件中的数据，然后通过带缓冲的输出流写入到 mycopy.txt 文件中，实际上实现了一个文件拷贝的功能。该实例运行后，刷新 Eclipse 中的项目，将会看到在项目下出现一个名称为 mycopy 的文本文件，打开该文件后将会看到，该文件中的内容与之前的 myfile.txt 文件中的内容完全一致，如图 6.16 所示。

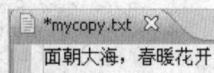

图 6.16　使用 BufferedOutputStream 类向文件写入的内容

3．DataOutputStream 类

DataOutputStream 类用来将各种 Java 基本数据类型的数据直接写入输出流中。其中定义了一些直接写入数据类型数据到输出流的方法，例如：

- public final void writeInt(int v) throws IOException：int 类型数据写入。
- public final void writeChar(int v) throws IOException：char 类型数据写入。
- public final void writeBoolean(boolean v) throws IOException：boolean 类型数据写入。
- public final void writeDouble(double v) throws IOException：double 类型数据写入。

【例 6.10】使用 DataOutputStream 类写入数据。

在名称为 OutputStreamDemo 的 Java Project 项目中，创建一个名称为 DataOutput-StreamDemo 的 Java 类，并在打开的 Java 代码编辑器中编写该类的具体定义代码：

```java
import java.io.*;

public class DataOutputStreamDemo {
    public static void main( String[] args) throws IOException{
            System.out.println("OutputStream Test");
        //创建 FileOutputStream 对象
            FileOutputStream fOuts=new FileOutputStream("mydata.dat");
        //创建 BufferedOutputStream 对象
            BufferedOutputStream bOuts=new BufferedOutputStream(fOuts);
        // 创建 DataOutputStream 对象
            DataOutputStream dOuts=new DataOutputStream(bOuts);
        //向文件写入数据
            dOuts.writeChar('中');
            dOuts.writeBoolean(true);
            dOuts.writeDouble(3.1415926);
            dOuts.writeInt(75);
            dOuts.flush();
            dOuts.close();
    }

}
```

在该实例中首先声明一个 FileOutputStream 对象连接数据文件，然后声明一个 BufferedOutputStream 类对象提供数据缓冲区，包装 FileOutputStream 对象，最后通过 DataOutputStream 类对象将数据直接写入数据流。

这里需要注意的是，用 DataOutputStream 对象输出的文件是二进制文件，不能直接使用记事本打开，必须使用 DataInputStream 对象读出。读者可以参看本章例 6.3 中的操作。

6.3.2 字符输出流

字符输出流与上一小节中介绍的字节输出流的区别就在于输出流中的数据是以字符为单位的。字符输出流的父类是 Writer。Writer 类也是一个抽象类，该类定义了所有字符输出数据流共有的特性和常用方法，具体方法如表 6.4 所示。

表 6.4 字符输出流中共有的方法

方法	功能说明
write(int c)	将参数 c 的低 16 位组成字符写入到输出流中
write(char[] buffer)	将字符数组 buffer 中的字符写入到输出流中
write(char[] buffer, int offset, int length)	将字符数组 buffer 中从 offset 开始的 length 个字符写入到输出流中
write(String string)	将 string 字符串写入到输出流中
write(String string, int offset, int length)	将字符 string 中从 offset 开始的 length 个字符写入到输出流中
close()	关闭输出流
flush()	刷新当前输出流，将任何缓冲输出的字符输出到此流中

在实际开发中常用 FileWriter、BufferedWriter 以及 PrintWriter 类按字符向输出流中写入数据。

1. FileWriter 类

FileWriter 是用来写入字符文件的节点类。此类的构造函数已经设置默认字符编码和默认字节缓冲区大小。其构造函数主要有以下几种。

- public FileWriter(File file) throws IOException
- public FileWriter(File file,boolean append) throws IOException
- public FileWriter(String name) throws IOException
- public FileWriter(String name,boolean append) throws IOException

其参数的含义与 FileOutputStream 类的构造函数中的参数一致，这里不再赘述。

【例 6.11】使用 FileWriter 类写入数据。

Step 01 在 Eclipse 中创建一个名称为 WriterDemo 的 Java Project 项目。
Step 02 在该项目中，创建一个名称为 FileWriterDemo 的 Java 类，并在打开的 Java 代码编辑器中编写该类的具体定义代码：

```java
import java.io.*;

public class FileWriterDemo {
    public static void main (String[] args) {
        try {
         //创建 FileWriter 对象
            FileWriter fw = new FileWriter("mydata.txt");
         //向输出流中写入字符串
            fw.write("面朝大海，春暖花开！");
         //关闭输出流
            fw.close();
        } catch (IOException e) {
            e.printStackTrace();
        }
    }
}
```

155

该实例运行后，将把数据写入到文本文件中，打开文本文件将看到如图 6.17 所示的内容。

2. BufferedWriter 类

BufferedWriter 类将文本写入字符输出流，缓冲各个字符，从而提供单个字符、数组和字符串的高效写入。BufferedWriter 类在构造时可以指定缓冲区的大小，或者使用默认的大小。在大多数情况下，默认值就足够大了。

该类提供了 newLine()方法，它使用 Eclipse 平台自己的行分隔符，需要注意的是并非所有平台都使用新行符 ('\n') 来作为行分隔符。因此调用此方法来终止每个输出行要优于直接写入新行符。

【例 6.12】使用 BufferedWriter 类写入数据。

在名称为 WriterDemo 的 Java Project 项目中，创建一个名称为 BufferedWriterDemo 的 Java 类，并在打开的 Java 代码编辑器中编写该类的具体定义代码：

```
import java.io.BufferedWriter;
import java.io.FileWriter;
import java.io.IOException;

public class BufferedWriterDemo {
    public static void main (String[] args) {
        try {
            //创建 FileWriter 对象
            FileWriter fw = new FileWriter("mydata1.txt");
            //使用 FileWriter 对象构造 BufferedWriter 对象
            BufferedWriter bw=new BufferedWriter(fw);
            //向带缓冲的输出流写入字符串
            bw.write("面朝大海，春暖花开！");
            //写入分隔符
            bw.newLine();
            //关闭输出流
            bw.close();
            fw.close();
        } catch (IOException e) {
            e.printStackTrace();
        }
    }
}
```

该实例运行后，将把数据写入到文本文件中，打开文本文件将看到如图 6.18 所示的内容。

图 6.17　通过 FileWriter 类写入到文件中的内容　　图 6.18　通过 BufferedWriter 类写入到文件中的内容

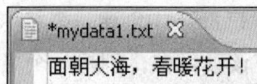

3. PrintWriter 类

PrintWriter 类用来向输出流写入对象的格式化表示形式。它是一个处理流，不能直接操作文件。而且该类中的方法不会抛出 I/O 异常。

下面通过实例演示如何使用 PrintWriter 类、BufferedWriter 类以及 FileWriter 类组成字符输出流链，格式化输出各种 Java 数据类型。

【例 6.13】使用 PrintWriter 类实现格式化输出。

在名称为 WriterDemo 的 Java Project 项目中，创建一个名称为 PrintWriterDemo 的 Java 类，

并在打开的 Java 代码编辑器中编写该类的具体定义代码：

```java
import java.io.*;

public class PrintWriterDemo {
    public static void main(String[] args){
        System.out.println("测试文本文件写入");
        //声明 FileWriter、BufferedWriter 和 PrintWriter 对象
            FileWriter fw=null;
            BufferedWriter bw=null;
            PrintWriter pw=null;
            try{
             //创建 FileWriter、BufferedWriter 和 PrintWriter 对象
                fw=new FileWriter("mydata2.txt");
                bw=new BufferedWriter(fw);
                pw=new PrintWriter(bw);
                //使用 PrintWriter 对象向文件写入各种 Java 数据类型格式的数据
                pw.println(100);
                pw.println(3.1415);
                pw.println(false);
                pw.println("我");
            }catch(FileNotFoundException   e){
                System.out.println("文件不存在-"+e.getMessage());
            }catch(IOException ex){
                System.out.println("文件读取错误-"+ex.getMessage());
            }
            finally{
                if (pw!=null){
                    pw.close();
                }
            }
    }

}
```

程序首先声明 FileWriter 对象，然后通过封装 FileWriter
对象创建一个 BufferedWriter 对象用以提供数据缓冲区，最后
通过 PrintWriter 对象把程序中的数据输入到文本文件中。

该实例运行后，将把数据写入到文本文件中，打开文本
文件将看到如图 6.19 所示的内容。

从输出的文件内容可以看出 PrintWriter 类将各种 Java 数
据类型格式化成字符串输出到文本文件。

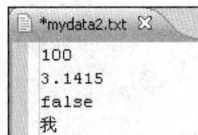

图 6.19　通过 PrintWriter 类写入到文
件中的各种 Java 数据类型

6.3.3　任务：保存办公文件

在 6.2.4 小节的任务中，我们已经实现了办公文件的打开功能，本小节我们继续实现办公
文件的保存。

Step 01　修改办公文件管理界面的代码，在其中的 initialize() 方法中为对应的保存按钮处添加监听，
具体添加的代码定义如下：

```java
savebtn.addActionListener(fmc);
```

Step 02　在监听器类 FMControl 的 actionPerformed() 方法中添加对保存按钮的事件处理代码，具体
代码定义如下：

```java
if(button==pane.savebtn)
    {
        try{
        pane.frame.savefile.setVisible(true);
```

```
        System.out.println(pane.frame.savefile.getDirectory()+
pane.frame.savefile.getFile());
        FileWriter fw = new FileWriter(pane.frame.savefile.getDirectory()+
pane.frame.savefile.getFile());
        BufferedWriter bw = new BufferedWriter(fw);
        bw.write(pane.filetex.getText());
        bw.close();
        fw.close();
    } catch (IOException ex) {
        ex.printStackTrace();
    }
}
```

Step 03 在办公文件管理窗体类 FileManagerFrame 类中声明保存文件对话框，具体代码定义如下：

```
package view;
import java.awt.FileDialog;
import javax.swing.JFrame;

public class FileManagerFrame extends JFrame{
    public FileDialog file;
    public FileDialog savefile;
    public FileManagementPane pane;
    public FileManagerFrame()
    {
        file=new FileDialog(this,"打开文件",FileDialog.LOAD);
        savefile=new FileDialog(this,"保存文件",FileDialog.SAVE);
        pane=new FileManagementPane(this);
        getContentPane().add(pane);
        setSize(400, 300);
        setVisible(true);

    }
    public static void main(String[] args)
    {
        new FileManagerFrame();


    }
}
```

保存办公文件的运行界面步骤如下：

Step 01 在办公文件管理界面中的 JTextArea 组件中输入办公文件内容，如图 6.20 所示。

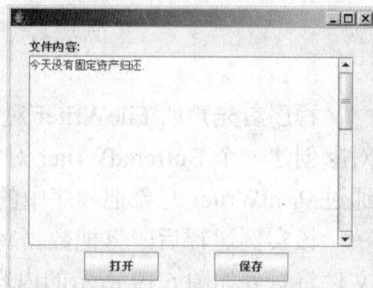

图 6.20　输入办公文件内容

Step 02 单击"保存文件"按钮，将弹出如图 6.21 所示的文件保存对话框，在其中设置办公文件保存的路径和名称。

Step 03 单击"保存文件"对话框的"保存"按钮后，文件将保存在指定的路径中。可以在 Windows 中打开保存的文件查看内容，如图 6.22 所示。

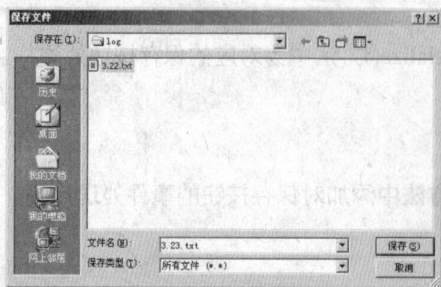

图 6.21　设置要保存的办公文件的名称和路径

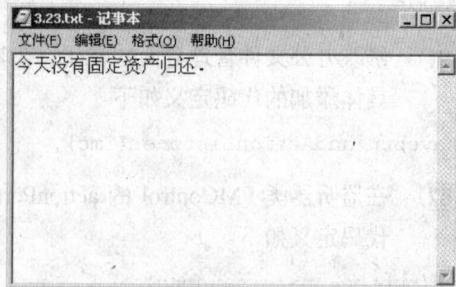

图 6.22　查看保存后的办公文件

6.4 Java 的文件类

文件系统是操作系统为用户提供的重要系统功能之一，然而不同的操作系统实现文件系统的方法不尽相同，如在 Windows 系统中的路径分隔字符是"\"，其文件名大小写不敏感，而在 UNIX 系统中的路径分隔字符却是"/"，文件名大小写敏感。操作系统的差异造成文件管理的不一致。Java 是如何解决这个问题呢？

Java 是通过 File 类来解决这个问题的。File 类提供统一的方法管理各种操作系统中的文件和目录，如复制、删除、创建、移动文件，建立、删除、重命名目录，获取文件和目录的各种属性等。

6.4.1 文件类概述

程序运行时有时需要输入或者输出大量信息，直接用键盘或显示器显示显然不太合适，这时可以利用文件，将要输入的信息预先保存到磁盘文件中，程序运行时直接从文件中读入信息，程序的大量输出也可以直接写入磁盘文件。在 Java 中要通过程序对磁盘文件进行操作，需要使用 File 类。File 类不是流，不负责数据的输入和输出，而专门用来管理磁盘文件和目录的。

File 类常用的构造方法有如下 3 种。

- public File(String pathname)
- public File(String parent,String child)
- public File(File parent, String child)

其中第一种构造方法直接使用一个字符串表示的文件或目录名创建 File 对象，在这里参数 pathname 可以使用绝对路径来表示，也可以使用相对路径表示，示例代码如下：

```
File mf=new("c:\java\mydata.txt");
```

上述代码创建了一个 File 对象 mf，表示 C 盘 java 目录中的 mydata.txt 文件。

```
File mfo=new("mydata.txt");
```

上述代码创建了一个 File 对象 mfo，表示程序当前目录中的 mydata.txt 文件。

在创建 File 对象时，并不要求其表示的文件或目录必须存在，也就是说，我们可以为一个不存在的文件建立一个 File 对象。因此在使用 File 对象时，应当先使用 File 类的 exists()方法判断一下其代表的文件是否存在。exists()方法将返回一个布尔类型的值，如果返回值为 true 则表示文件存在，如果为 false 则表示文件不存在，示例代码如下：

```
if (mf.exists()) {
//如果 mf 对象代表的文件存在，可以进行其他操作
...
}
```

此外，由于 File 对象既可以表示文件，也可以表示目录，因此在使用时还需要判断 File 对象表示的是文件还是目录，因为在 File 类的方法中，有些方法是针对文件操作的，而另一些是操作目录的。使用 isFile()方法可判断是否为文件，其返回值为 true 时表示 File 对象代表的是文件，使用 isDirectory()方法可判断是否为目录，其返回值为 true 时表示 File 对象代表的是目录。

查看指定目录中的文件和子目录是 File 类的重要功能之一，使用 File 类的 list()方法可以轻松地完成该功能，该方法可以将 File 对象所代表的目录中的文件和子目录名称以字符串数组

的形式返回。

【例 6.14】显示 C 盘根目录下的文件和子目录。

Step 01 在 Eclipse 中创建一个名称为 FileDemo 的 Java Project 项目。

Step 02 在该项目中，创建一个名称为 FileListDemo 的 Java 类，并在打开的 Java 代码编辑器中编写该类的具体定义代码：

```java
import java.io.*;

public class FileListDemo {
    public static void main(String[] args){
        //创建 File 类对象
        File pdir=new File("c:\\");
        //判断 pdir 是文件还是目录
        if (pdir.isDirectory()){
        //输出要查看的文件目录
        System.out.println("当前查看的目录为:"+pdir.getAbsolutePath());
        //查看目录下的文件和子目录
        String[] subFD=pdir.list();
        //输出目录下的文件和子目录名称
        for(int i=0;i<subFD.length;i++){
            File subf=new File(pdir,subFD[i]);
            if(subf.isFile()){
                System.out.println(subFD[i]+"是文件,大小为"+subf.length()+"字节");
            }else if (subf.isDirectory()){
                System.out.println("【"+subFD[i]+"】是目录");
            }
        }
    }
}
}
```

在上面的程序中，首先创建一个 File 对象表示要查看的目录，然后调用 File 对象的 list()方法返回当前 File 对象表示的目录中的文件和所在的文件夹名称，在这里要注意 list()方法返回的只有文件夹名称和文件名称，不包括其父目录的路径，所以下面在通过该名称建立新的 File 对象时，使用 public File(File parent, String child)构造方法即 File subf=new File(pdir,subFD[i])，才能为该目录下的文件或文件夹创建出正确的 File 对象。

图 6.23　显示 C 盘根目录下的文件和子目录

该实例的运行结果如图 6.23 所示。我们可以看到 C 盘根目录下的文件和子目录。

6.4.2 复制和删除文件

在 Java 编程中，使用 File 类管理文件的重要意义在于使用统一的方法来处理不同操作系统中的文件，例如移动或重命名、复制和删除等操作。

在 File 类中，删除文件的方法是 public boolean delete()，在删除文件时，由于受访问权限的影响，可能成功也可能失败，所以应当判断该方法的返回值，如果为 true 则表示成功删除了文件。

移动或重命名文件的方法是 public boolean renameTo(File dest)，该方法在使用时也应当根据返回值判断是否成功，在这里需要注意一点，如果目标文件（dest 参数表示的文件）已经存在，则操作将会失败，而且源文件和目标文件不发生任何变化，如果目标文件不存在，则源文件被重命名成目标文件，如果目标文件和源文件不在一个目录中，就产生了移动文件的效果。

【例 6.15】创建、移动和删除文件。

在名称为 FileDemo 的 Java Project 项目中，创建一个名称为 FileDeleteDemo 的 Java 类，并在打开的 Java 代码编辑器中编写该类的具体定义代码如下：

```java
import java.io.*;
public class FileDeleteDemo {
    public static void main(String[] args) throws IOException{
        //创建 File 类对象
        File fsource=new File("测试文件.txt");
        File fdest=new File("c:/测试文件2.txt");
        //创建源文件
        fsource.createNewFile();
        //测试文件是否创建成功
        if(fsource.exists()){
            System.out.println("测试文件已经创建");
        }
        //移动文件
        if(fsource.renameTo(fdest)){
            System.out.println("文件被移动到"+fdest.getAbsolutePath());
        }
        //删除文件
        if(fsource.delete()){
            System.out.println("测试文件被删除");
        }
        //判断文件是否存在
        if(!fsource.exists()){
            System.out.println("测试文件不存在");
        }
    }
}
```

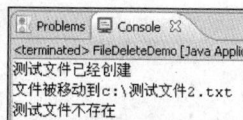

图 6.24　目标文件不存在

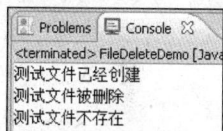

图 6.25　目标文件存在

该实例第一次执行结果如图 6.24 所示。

程序第一次执行时，由于目标文件不存在，因此源文件可以被移动，源文件被移动后就不能被删除，最终显示测试文件不存在。

该实例第二次执行结果如图 6.25 所示。

第二次执行时，由于目标文件已经存在，因此源文件可以成功删除，最后再测试文件是否存在时，就会显示测试文件不存在。

File 类没有提供复制文件内容的方法，因此要实现文件的复制操作，必须结合前面介绍的文件输入/输出流类才能实现文件的复制。

首先创建一个 File 对象 fsource 表示源文件，并创建 BufferedReader 对象连接到该 File 对象，示例代码如下：

```java
File fsource=new File(sourcefile);//sourcefile 表示源文件的路径
BufferedReader brsource=new BufferedReader(new FileReader(fsource));
```

然后创建另一个 File 对象 fdest 表示目标文件，再创建 PrintWriter 对象封装该对象，示例代码如下：

```java
File fdest=new File(destfile);//destfile 表示目标文件的路径
BufferedWriter bwdest=new BufferedWriter(new FileWriter(fdest));
PrintWriter pwdest=new PrintWriter(bwdest);
```

最后使用 BufferedReader 类的 readLine()方法按行读取源文件内容，使用 PrintWriter 类的 println()方法将读取的字符串写入目标文件中完成文件的复制操作。

在这里不直接使用 BufferedWriter 类的原因有两个，首先是 BufferedWriter 类对字符串操作时，只提供了 write()方法，没有提供方便的字符串写入方法，其次是 BufferedReader 类的 readLine()

方法按行读取文本文件内容，但是会自动将行尾的回车换行符去掉，所以在这里使用 PrintWriter 类提供的 println()方法输出字符串，既可以直接将字符串写入输出流中，又可以将回车换行符添加到文件中。

【例 6.16】 复制文件。

在名称为 FileDemo 的 Java Project 项目中，创建一个名称为 FileCopyDemo 的 Java 类，并在打开的 Java 代码编辑器中编写该类的具体定义代码：

```java
import java.io.*;
public class FileCopyDemo {
    public static void main(String[] args) throws IOException{
        //创建 File 类对象
        File fsource=new File("c:\\vpn.txt");
        File fdest=new File("c:\\vpnnew.txt");
        //判断源文件是否存在
        if (!fsource.exists()){
            System.out.println("源文件 vpn.txt 不存在");
            return;
        }
        //判断目标文件是否存在
        if(fdest.exists()){
            System.out.println("目标文件 vpnnew.txt 存在，不能覆盖");
            return;
        }
        //创建 BufferedReader 对象
        BufferedReader brsource=new BufferedReader(new FileReader(fsource));
        //创建 BufferedWriter 对象
        BufferedWriter bwdest=new BufferedWriter(new FileWriter(fdest));
        //创建 PrintWriter 对象
        PrintWriter pwdest=new PrintWriter(bwdest);
        String str;
        //从源文件中读取文件，并写入到目标文件中
        while((str=brsource.readLine())!=null){
            pwdest.println(str);
        }
        System.out.println("文件复制完成");
        //关闭文件
        pwdest.close();
        brsource.close();
    }
}
```

在该类中首先创建一个 File 对象 fsource 表示源文件，并创建 BufferedReader 对象连接到该 File 对象，然后创建另一个 File 对象 fdest 表示目标文件，再创建 PrintWriter 对象连接该对象，最后使用 BufferedReader 对象的 readLine()方法按行读取源文件内容，使用 PrintWriter 对象的 println()方法将读取的字符串写入目标文件中完成文件的复制操作。

复制完成后，我们将在 C 盘根目录下看到复制后的文件，如图 6.26 所示。

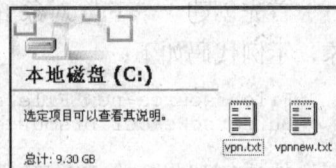

图 6.26　完成文件复制

6.4.3　创建和删除文件夹

在 Java 程序中，对目录的管理也是使用 File 类，使用 File 类的 public boolean mkdir()方法将创建目录，例如在当前目录下创建子目录"childDir"的示例代码如下：

```
File dirS=new File("childDir");
if (dirS.mkdir()){
    System.out.println("子目录"+dirS.getAbsolutePath()+"被成功创建");
}
```

删除和重命名目录使用的方法和对文件相同操作所使用的方法一致，也是 public boolean delete()方法和 public boolean renameTo(File dest)方法。在使用 delete()方法删除目录时，要求该目录中不能有子目录和文件，否则不能删除该目录。

【例 6.17】创建和删除文件夹。

在名称为 FileDemo 的 Java Project 项目中，创建一个名称为 DirCopyDemo 的 Java 类，并在打开的 Java 代码编辑器中编写该类的具体定义代码如下：

```
import java.io.*;

public class DirCopyDemo {
    public static void main(String[] args){
        //创建 File 目录对象
            File dirS=new File("C:\\txt1");
            File dirC=new File(dirS,"Child");
        //判断目录是否已经存在
        if(!dirS.exists()){
            System.out.println("C:\\txt1 目录不存在");
            //创建目录
            if(dirS.mkdir()){
                System.out.println("C:\\txt1 目录建立");
                dirC.mkdir();
            }
        }
        //如果该目录没有子目录则删除目录，否则提示目录不能被删除
        if(dirS.delete()){
            System.out.println("C:\\txt1 目录被删除");
        }else{
            System.out.println("C:\\txt1 有子目录，该目录不能删除");
        }
    }
}
```

在上述类中首先在当前目录下创建一个目录，然后在创建的目录中再创建一个子目录，最后删除当前目录，由于当前目录下有子目录，因此不能被删除。

该实例的运行结果如图 6.27 所示。

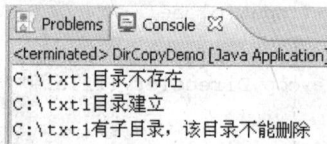

图 6.27　创建和删除文件夹

6.4.4　任务：备份办公文件

在办公固定资产管理系统中，我们已经实现了办公文件的打开和保存操作，为了办公文件的安全性，在本小节中我们为系统添加对办公文件的备份功能。

办公固定资产管理系统的办公文件被放置在 C 盘根目录的 log 文件夹下，因此我们需要对该文件夹进行备份。

为了实现备份办公文件功能，只需在菜单栏的"文件管理"菜单中的"备份文件"菜单项的事件处理方法中添加如下代码即可。

```
//设置办公文件的目录
String url1="C:/log";
//设置备份办公文件的目录
String url2="c:/backuplog";
//创建备份办公文件的 File 对象
```

163

```
(new File(url2)).mkdirs();
//获取办公文件目录中的办公文件列表
File[] file=(new File(url1)).listFiles();
//循环遍历办公文件目录中的办公文件
for(int i=0;i<file.length;i++){
//如果是办公文件目录下的办公文件就直接进行复制操作
if(file[i].isFile()){
FileInputStream input=new FileInputStream(file[i]);
FileOutputStream output=new FileOutputStream(url2+"/"+file[i].getName());
byte[] b=new byte[1024*5];
int len;
while((len=input.read(b))!=-1){
output.write(b,0,len);
}
output.flush();
output.close();
input.close();
}
//如果是办公文件目录下的子目录则调用子目录的复制方法
if(file[i].isDirectory()){
copyDirectiory(url2+"/"+file[i].getName(),url1+"/"+file[i].getName());
}
}
}

//定义子目录的复制方法
public static void copyDirectiory(String file1,String file2) throws IOException{
(new File(file1)).mkdirs();
File[] file=(new File(file2)).listFiles();
for(int i=0;i<file.length;i++){
if(file[i].isFile()){
FileInputStream input=new FileInputStream(file[i]);
FileOutputStream output=new FileOutputStream(file1+"/"+file[i].getName());
byte[] b=new byte[1024*5];
int len;
while((len=input.read(b))!=-1){
output.write(b,0,len);
}
output.flush();
output.close();
input.close();
}
if(file[i].isDirectory()){
copyDirectiory(file1+"/"+file[i].getName(),file2+"/"+file[i].getName());
}

}
}
```

6.5 上机实训——文件复制器

本节介绍的上机实训例子是制作一个文件复制器，能够方便地将系统中的文件进行复制。要求读者熟练掌握 Java 的文件输入流和输出流的操作。

6.5.1 项目要求

本项目使用 Java 的文件流，将选中的源文件复制到目标文件所指定的位置。

6.5.2 项目分析

首先根据给定的源文件使用 FileInputStream 类构造文件输入流，然后使用 DataInputStream 类流对其进行封装并读取源文件中的内容，再根据目标文件使用 FileOutputStream 类构造文件输出流，然后再使用 DataOutputStream 流对其进行封装并将读取的源文件的内容写入到目标文件中，从而实现了文件的复制。

6.5.3 项目实现

Step 01 在 Eclipse 中创建一个名称为 CopyFileDemo 的 Java Project 项目。

Step 02 在该项目中，创建一个名称为 MyZip 的 Java 类，并在打开的 Java 代码编辑器中编写该类的具体定义代码：

```java
import javax.swing.*;
import java.io.*;
import java.awt.event.*;
public class MyZip implements ActionListener
{
    JFrame f;
    JPanel p;
    JLabel l1,l2;
    JTextField t1,t2;
     //声明文件的输入和输出流
    FileInputStream in;
    FileOutputStream out;
    DataInputStream dain;
    DataOutputStream daout;
    JButton b;
    byte []zip = new byte[1];
    public MyZip()
    {
        f=new JFrame("复制窗口");
        p=new JPanel();
        l1=new JLabel("源文件");
        l2=new JLabel("目的文件");
        t1=new JTextField(10);
        t2=new JTextField(10);
        b=new JButton("确定");
        b.addActionListener(this);
        f.getContentPane().add(p);
        p.add(l1);
        p.add(t1);
        p.add(l2);
        p.add(t2);
        p.add(b);
        f.pack();
        f.setVisible(true);
    }
    public void actionPerformed(ActionEvent evt)
    {
        try
            {
            //根据源文件构造 FileInputStream 输入流
              in=new FileInputStream(t1.getText());
            //根据目标文件构造 FileOutputStream 输出流
              out=new FileOutputStream(t2.getText());
            //封装 FileInputStream 输入流
              dain=new DataInputStream(in);
            //封装 FileOutputStream 输出流
              daout=new DataOutputStream(out);
              //读取源文件中的数据并写入到目标文件中
              while(dain.read(zip)!=-1)
                {
                  daout.write(zip);
                }
            //显示复制成功的信息提示框
              JOptionPane.showMessageDialog(p,"复制完毕","信息窗口",
JOptionPane.INFORMATION_MESSAGE);
            }
```

```
        catch(IOException e)
    {
        System.out.println(e);
    }
    }
    public static void main(String []s)
    {
        new MyZip();
    }
}
```

6.6 小结

本章重点介绍了 Java 中的 I/O 流的基本操作，详细讲解了各种常用的字节和字符输入/输出流的基本操作，并通过详尽的实例使读者清楚在什么情况下需要使用何种流。在此基础上，本章还介绍了 Java 中的 File 类的具体使用方法，该类对使用 Java 操作系统中的文件和文件夹起到至关重要的作用。

6.7 习题

6.7.1 思考题

（1）应用文件字节输入/输出流对文件进行读写时，将数据写入文件所用的方法如下：

```
public void write(int b) throws IOException
```

此方法向文件写入一个字节，由于 b 是 int 类型，所以＿＿＿＿＿。

A. 将 b 的低 8 位写入　　　　　　　　　B. 将 b 的高 8 位写入

C. 将 b 的所有位都写入　　　　　　　　　D. 将 b 的低 4 位和高 4 位写入

（2）在 File 类的构造函数 public File(String parent, String child)中，参数 child 是＿＿＿＿＿。

A. 子文件夹名　　　　　　　　　　　　　B. 子文件夹对象名

C. 文件名　　　　　　　　　　　　　　　D. 文件对象名

6.7.2 操作题

（1）将办公固定资产管理系统中的办公文件使用 JComboBox 选择框进行显示。

（2）将办公固定资产管理系统中的办公文件使用 JList 列表框进行显示。

（3）编程实现用字符输入/输出流，将一个文本文件从硬盘某个文件夹复制到另一个文件夹中。

（4）编程实现在屏幕上显示 C 盘根目录下的所有文件。

第 7 章

Java 网络编程

客户机/服务器模式是网络系统的一个重要模式，它可以使用 Socket（套接字）来实现，套接字需要一对，一个在服务器端进程中运行，另一个在客户端进程中运行，信息在这两个 Socket 之间以报文的形式传递。在客户机/服务器模式中，服务器是监听请求的进程，客户端是发起请求的进程。一旦服务器进程接收到了请求，它就去处理请求，并将结果返回客户端。本章将重点介绍 Java 中的 Socket 编程。

知 识 点

- ◎ Java Socket 编程概述
- ◎ Socket 服务器端编程
- ◎ Socket 客户端编程
- ◎ Java 多线程编程

7.1 Java Socket 编程概述

在客户机/服务器编程模式中，服务器端使用守护进程，监听计算机的某个指定端口，当客户端进程使用 Socket 通过该端口连接服务器时，守护进程可以从该端口中创建出一个 Socket 对象，并从该 Socket 对象中获取一个字节输入流和一个字节输出流，用于和客户端进行通信。通信一般由客户端发起，即客户端提出请求，然后服务器响应请求，将请求的结果返回客户端，重复这一个过程，直到信息访问完成，最后客户端结束访问关闭 Socket，服务器也关闭 Socket。

在网络编程中，一共有 3 类 Socket 可以使用，分别是 SOCK_STREAM、SOCK_DGRAM 和 SOCK_RAW。其中 SOCK_STREAM 提供一对一的字节流通信，即 TCP 编程，而 SOCK_DGRAM 则提供的是报文服务，即 UDP 编程。这两种都是双向通信，连接建立后，客户端和服务器之间互相发送信息。最后的 SOCK_RAW 是提供给想要对信息传输进行控制的高级用户使用的，由于安全原因，在 Java 网络编程中，只提供了对前两种 Socket 类型的支持，不支持最后一种 SOCK_RAW 类型。

Java 对 Socket 编程提供了内在的支持。在 Java.net 包中提供了两个核心类：Socket 类用于面向连接的 TCP 编程，而 DatagramSocket 类提供了数据报文服务功能，实现 UDP 编程。图 7.1 显示了在 Java 中服务器和客户端使用 Socket 编程通信的过程。

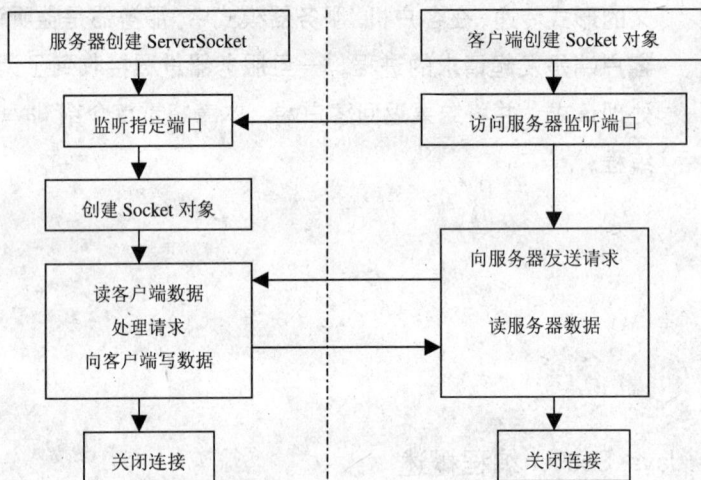

图 7.1　Java 中的 Socket 通信模型

在 Java 的 Socket 编程中，输入/输出的核心是数据流，当一个 Socket 连接通道被建立起来时，每一个终止点都构建一个 InputStream 输入流从通道中读信息，一个 OutputStream 输出流来向通道写入数据。因此，我们可以将 Java 中的 Socket 编程大体分为以下 4 步。

（1）打开一个 Socket。
（2）从 Socket 中创建数据输出流。
（3）从 Socket 中创建数据输入流。
（4）关闭 Socket。

7.2 Socket 服务器端编程

客户端程序访问服务器时，除了要知道提供服务的计算机 IP 地址外，还需要知道服务器程序在哪个端口上提供服务，如 WWW 服务一般在 80 端口上提供访问，而 FTP 服务一般使用 21 端口。因此，在编写服务器程序时，必须指定服务要监听的端口，当有客户机访问该端口时，服务器程序就可以从该端口中构建一个 Socket 对象进行通信。

7.2.1 创建服务器端 Socket

在 Java.net 包中，使用 ServerSocket 类来提供打开服务器端监听端口的功能。该类常用的构造函数语法格式定义如下：

```
ServerSocket (int port) throws IOException
```

这表示建立一个 ServerSocket 对象，负责监听端口号为 port 的端口。其中 port 的范围为 0~65 535，如果 port 为 0，则监听所有空闲端口。在使用时，一般不使用 1~1 024，因为这些端口可能会被其他系统服务使用。如果 port 已经被其他服务占用，则在构造 ServerSocket 对象时将会抛出 IOException 异常。

在 ServerSocket 类中主要的方法有两个，一个是 close()方法，在关闭服务器程序时用来关闭监听；另一个是 accept()方法，其语法定义格式如下：

```
public Socket accept ( ) throws IOException
```

该方法用来阻塞服务器进程，当客户端请求连接时，方法就将返回一个 Socket 对象，此时，该 Socket 对象已经和客户端的 Socket 对象建立了连接，服务器进程只需调用 Socket 对象的 getInputStream()方法和 getOutputStream()方法分别得到输入流和输出流，即可与客户端进程通信。

下面我们创建一个服务器监听进程的实例，将客户端输入的数据返回给客户端程序。

【例 7.1】创建服务器端 Socket 对象。

Step **01** 在 Eclipse 中创建一个名称为 SocketDemo 的 Java Project 项目。

Step **02** 在该项目中，创建一个名称为 ServerSocketDemo 的 Java 类，并在打开的 Java 代码编辑器中编写该类的具体定义代码：

```java
import java.io.*;
import java.net.*;

public class ServerSocketDemo {
    public static void main(String[] args)throws IOException{
            //创建 ServerSocket 类对象
            ServerSocket ss=new ServerSocket(1002);
            //调用 ServerSocket 类的 accept()方法
            Socket s=ss.accept();
            System.out.println("...");
            //Socket 对象的 getInputStream 方法得到输入流
            BufferedReader br=
                    new BufferedReader(new InputStreamReader(s.getInputStream()));
            //Socket 对象的 getOutputStream 方法得到输出流
            PrintWriter pw=
                    new PrintWriter(new OutputStreamWriter(s.getOutputStream()));
```

```
        String str="";
        //读取从客户端传过来的数据并显示到屏幕上
        while((str=br.readLine())!=null){
            System.out.println(str);
        }
        //关闭连接
        br.close();
        pw.close();
        s.close();
        ss.close();
    }
}
```

在该类中创建 ServerSocket 对象监听 8888 端口，使用 accept()方法阻塞进程，当客户端连接后，accept()方法返回一个已经和客户端连接的 Socket 对象，然后从该对象中获得一个输入流 br 和输出流 pw，输入流从客户端读入数据，最后当客户端关闭时，关闭所有创建的流对象和 Socket 对象。

7.2.2 Socket 中的异常处理

数据信息在网络上传输时，总会因为这样或那样的原因而中断，因此，必须使用异常处理来加强程序的鲁棒性。在网络通信的连接和数据传输等阶段，都会产生 IOException 异常，该异常必须在程序中捕获，并进行相应的处理。

例 7.1 中没有进行 Socket 的异常处理，下面我们在其基础上添加对服务器监听进程的异常处理代码，添加后的代码如下：

```
import java.io.*;
import java.net.*;
public class ServerView {
    public static void main() throws IOException{
        ServerSocket ss=null;
        Socket s=null;
        BufferedReader br=null;
        PrintWriter pw=null;
        try{
            //创建 ServerSocket 和 Socket 对象
            ss=new ServerSocket(8888);
            s=ss.accept();
            //利用 Socket 对象的 getInputStream 方法得到输入流
            br=new BufferedReader(new InputStreamReader(s.getInputStream()));
            //利用 Socket 对象的 getOutputStream 方法得到输出流
            pw=new PrintWriter(new OutputStreamWriter(s.getOutputStream()));
            String str="";
            //读取从客户端传过来的数据并发送到客户端
            while((str=br.readLine())!=null){
                pw.print(str);
                pw.flush();
            }
        }catch(IOException e){//捕获异常并输出
            System.out.print(e);
        }finally{
            //关闭连接
            br.close();
            pw.close();
            s.close();
            ss.close();
        }
    }
}
```

7.2.3　任务：创建网络协同办公服务器端

我们设计开发的办公固定资产管理系统需要具备网络协同办公功能，所谓网络协同办公也就是指系统必须具备在局域网中快速、便捷的传输文件的能力。而在局域网中最方便的通信方式就是利用 Socket 来实现，因此本小节将实现办公固定资产管理系统中网络协同办公的服务器端。

Step 01　实现网络协同办公的服务器端的界面设计，服务器端的界面非常简单，包括两个 JButton 按钮，一个 JLabel 标签，如图 7.2 所示。

Step 02　单击"Accept"按钮，将弹出一个选择接收文件保存目录的对话框，如图 7.3 所示。

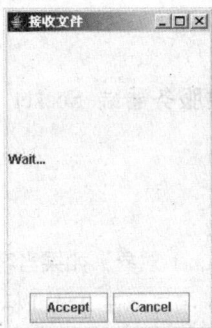

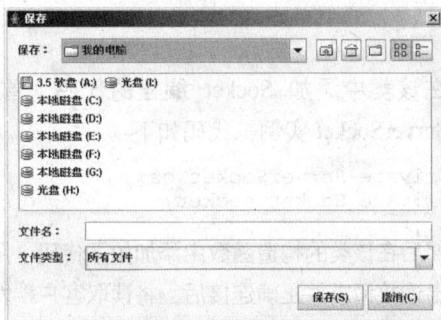

图 7.2　服务器端界面　　　　　　　　　图 7.3　选择接收文件目录的对话框

Step 03　与界面实现相关的具体代码定义如下：

```java
public class RTFReceiveFrame {
    //声明选择文件保存目录的对话框对象
    private JFileChooser jfc;
    private JFrame fr;
    private JButton btnAccept;
    private JButton btnCancel;

    RTFReceiveFrame() {
        //界面布局
        jfc = new JFileChooser();
        fr = new JFrame("接收文件");
        JLabel lblMsg = new JLabel("Wait...");
        btnAccept = new JButton("Accept");
        btnCancel = new JButton("Cancel");
        JPanel pnlBtn = new JPanel();
        pnlBtn.add(btnAccept);
        pnlBtn.add(btnCancel);
        Container c = fr.getContentPane();
        c.setLayout(new BorderLayout());
        c.add(BorderLayout.CENTER,lblMsg);
        c.add(BorderLayout.SOUTH,pnlBtn);
        fr.setSize(200,300);
        fr.setVisible(true);
        //注册监听器实例来监听事件
        AcceptHandler ah = new AcceptHandler();
        btnAccept.addActionListener(ah);
        btnCancel.addActionListener(ah);
        //添加窗体关闭事件的监听器
        fr.addWindowListener(new WindowHandler());
    }

    public static void main(String[] args) {
        new RTFReceiveFrame();
```

```
    }

    class AcceptHandler implements ActionListener{
        public void actionPerformed(ActionEvent e){
            //如果同意接收，则弹出选择文件保存目录的对话框
            if(btnAccept == e.getSource()){
                jfc.showSaveDialog(fr);
            }else if(btnCancel == e.getSource()){
                System.out.println("user do not accept!");
            }
        }
    }
    //关闭窗口的同时回收资源
    class WindowHandler extends WindowAdapter {
        public void windowClosing(WindowEvent e) {
            System.out.println("Transfer file end!");
        }
    }
}
```

Step 04 在该类中添加 Socket 编程的代码，首先在该类中声明创建服务器端 Socket 对象的 ServerSocket 实例，代码如下：

```
private ServerSocket ss;
private Socket socket;
```

Step 05 然后在该类的构造函数中添加如下代码，用来创建服务器端的 Socket 对象，如果当客户端发出连接请求并正确连接后，将读取客户端发来的文件名，并将文件名显示在 JLabel 标签中。

```
//不断监听，并接收发送的文件名
    try {
        ss = new ServerSocket(5800);
        while(!ss.isClosed()){
            socket = ss.accept();
            DataInputStream din =
                    new DataInputStream(socket.getInputStream());
            String fileName = din.readUTF();
            lblMsg.setText(fileName);
        }
    } catch (IOException e) {
        if(ss.isClosed()){
            System.out.println("End");
        }else{
            e.printStackTrace();
        }
    }
```

7.3 Socket 客户端编程

Socket 的客户端程序用来向服务器端发出连接请求。客户端程序要连接服务器端需要知道两件事情：首先是服务器的 IP 地址，其次还需要知道要求服务器端打开的端口。

7.3.1 创建客户端 Socket

在 Java.net 包中，使用 Socket 类来连接服务器端，该类最常用的构造函数格式如下：

```
public Socket(String host , int port) throws UnknowHostException , IOException
```

其中第一个字符串参数 host 表示服务器端的 IP 地址或主机名称，第二个参数 port 是要访

问的服务器端打开的监听端口号。构造函数执行成功后将返回一个已经和服务器端连接好的
Socket 对象。Socket 对象在构造时，可能会抛出两个异常，UnknowHostException 异常表示无
法确定 IP 地址所代表的主机；IOException 异常表示在创建套接字时发生 I/O 异常。该构造函
数使用的示例代码如下：

```
try{
    Socket clientSocket = new Socket("localhost",8888);
    }catch(UnknowHostException e){
        System.out.println("主机不存在");
    }catch(IOException e){
            System.out.println("服务不存在或忙");
    }
```

7.3.2 Socket 通信中的 I/O 流

要使用客户端的 Socket 对象与服务器端的 Socket 对象进行通信，就必须从 Socket 对象中
获取数据输入流和数据输出流，向输入流中写入发送给服务器端的数据，然后从输出流中读取
服务器端返回的数据。

获取输入流需要使用 Socket 类中的 getInputStream()方法，该方法返回一个字节输入流
InputStream 对象，我们可以按字节从该输入流中读取数据。不过一般不会直接使用该对象，
而是使用其他输入类封装一下，例如，可以使用 InputStreamReader 对象将该字节输入流转换成
字符输入流，然后使用 BufferedReader 对象封装 InputStreamReader 对象，从而形成带缓冲功
能的字符输入流，然后使用该类提供的 readLine()方法实现按行读取数据的功能。

获取 Socket 对象对应输入流的示例代码如下：

```
try{
    //其中 clientSocket 是之前声明的 Socket 对象
     BufferedReader input=
       new BufferedReader(new InputStreamReader(clientSocket.getInputStream()));
    //读取来自客户端的数据流
    String message="";
    while((message=input.readLine())!=null){
    //处理数据
    ...
    }
}catch(IOException e){
System.out.println("数据读取出错: "+e.getMessage());
}
```

获取输出流使用 Socket 类中的 getOutputStream()方法，该方法返回一个字节输出流
OutputStream，我们可以使用 read()方法从该流中按字节读取数据，但是使用起来十分不便，因
此也需要使用处理流来封装一下。例如，使用 OutputStreamWriter 对象将字节流转换成字符流，
然后使用 PrintWriter 对象提供将各种数据类型按字符串的方式写入字符输出流的功能。注意，
每次输出完毕后要使用 flush()方法将数据刷新到服务器端。

获取 Socket 对象对应输出流的示例代码如下：

```
try{
    PrintWriter output=
            new PrintWriter(new OutputStreamWriter(s.getOutputStream()));
    String message="";
//从客户端获取数据
...
//输出到服务器
    output.println(message);
    output.flush();
```

```
}catch(IOException e){
  System.out.println("数据写入出错："+e.getMessage());
}
```

最后在客户端和服务器端通信完毕后，要关闭输入/输出流和套接字，示例代码如下：

```
try{
    output.close();
    input.close();
    socket.close();
}catch(IOException e){
    System.out.println("关闭出错："+e.getMessage());
}
```

【例 7.2】创建客户端 Socket 对象。

在名称为 SocketDemo 的 Java Project 项目中，创建一个名称为 ClientSocketDemo 的 Java 类，并在打开的 Java 代码编辑器中编写该类的具体定义代码：

```
import java.io.BufferedReader;
import java.io.IOException;
import java.io.InputStreamReader;
import java.io.OutputStreamWriter;
import java.io.PrintWriter;
import java.net.Socket;


public class ClientSocketDemo {
    public static void main(String[] args)throws IOException{
        //创建 Socket 类对象
        Socket clientSocket = new Socket("127.0.0.1",1002);
        //利用 Socket 对象的 getInputStream 方法得到输入流
        BufferedReader br=
        new BufferedReader(new InputStreamReader(clientSocket.getInputStream()));
        //利用 Socket 对象的 getOutputStream 方法得到输出流
        PrintWriter pw=
         new PrintWriter(new OutputStreamWriter(clientSocket.getOutputStream()));
        String str="";
        //创建接收用户输入的输入流实例
        BufferedReader client=
         new BufferedReader(new InputStreamReader(System.in));
        //接收用户输入并发送给服务器
        String str1=client.readLine();
        pw.print(str1);
        pw.flush();
        //关闭连接
        br.close();
        pw.close();
        clientSocket.close();

    }
}
```

在该类中使用给定的服务器端的 IP 地址和端口号创建 Socket 对象，当对象创建成功后，将根据 IP 地址和端口号连接服务器端，当与服务器端建立连接后，使用 BufferedReader 对象读取用户从屏幕中输入的内容，并通过从该 Socket 对象中获得的输出流 pw 发往服务器端。

将本例与例 7.1 一起运行，就可以完成 Socket 客户端向服务器端发送信息的操作，首先运行例 7.1，服务器端的 Socket 将等待客户端的请求，再运行例 7.2，将与服务器端建立连接，并在屏幕中输入要发送的内容，当输入完成后，将把信息发往服务器端，服务器端接收到后，将把接收到的客户端信息显示在屏幕上。

7.3.3　任务：创建网络协同办公客户端

在 7.2.3 小节中我们已经定义了办公固定资产管理系统中网络协同办公服务器端的代码，本小节我们来定义网络协同办公客户端的代码。

Step 01　实现网络协同办公的客户端的界面设计，该客户端的界面更加简单，只有一个 JButton 按钮，如图 7.4 所示。

Step 02　单击"发送"按钮，将弹出一个选择发送文件目录的对话框，如图 7.5 所示。

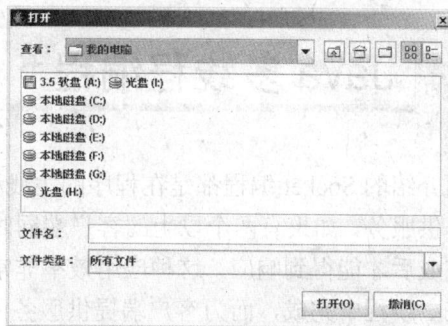

图 7.4　客户端界面　　　　　　　　　图 7.5　选择发送文件目录的对话框

Step 03　与界面实现相关的具体代码定义如下：

```java
public class RTFSendFrame {
    private JFileChooser jfc;
    private JFrame fr;
    public RTFSendFrame() {
        //界面布局
        fr = new JFrame("文件发送");
        Container c = fr.getContentPane();
        c.setLayout(new FlowLayout());
        JButton btnSend = new JButton("发送");
        jfc = new JFileChooser();
        c.add(btnSend);
        fr.setSize(200,200);
        fr.setVisible(true);
        //为"发送"按钮注册事件
        btnSend.addActionListener(new SendHandler());
    }

    public static void main(String[] args) {
        new RTFSendFrame();
    }

    class SendHandler implements ActionListener{
        public void actionPerformed(ActionEvent e) {
            //弹出文件选择对话框
            jfc.showOpenDialog(fr);
        }
    }
}
```

Step 04　与创建客户端 Socket 对象相关的代码定义如下：

```java
private Socket socket;
    private DataInputStream bin;
    private DataOutputStream bout;
```

```
RTFSend(File sendFile) {
    this.sendFile = sendFile;
    //初始化Socket及其相关的输入/输出流
    try {
        socket = new Socket("localhost",5800);
        bin = new DataInputStream(
                new BufferedInputStream(
                    socket.getInputStream()));
        bout = new DataOutputStream(
                    socket.getOutputStream());
    } catch (IOException e) {
        e.printStackTrace();
    }
}
```

7.4 Java 多线程编程

上面介绍的 Socket 编程都是在程序的主线程中完成的单线程编程,服务器一次只能为一个客户端提供服务,如果有两个以上的客户端同时请求连接,后面的客户端必须等待前面的客户端请求完成后才能得到响应,这种应用效率非常低下。因此在服务器端的程序中,端口监听工作一般在主线程中完成,而为客户端提供服务处理的程序则要使用多线程技术完成。

7.4.1 Java 中的多线程

现代的计算机系统允许用户同时执行多个任务。从用户的角度看来就好像同时拥有了多台计算机一样。例如,我们在使用浏览器浏览网站的同时,可以进行软件下载、收听在线音乐等。在现代的多任务操作系统中,可以同时启动多个程序,每个程序对应一个进程,这些进程是同时运行的。如图 7.6 所示的是 Windows 操作系统中任务管理器中显示的多进程执行情况。

但是多进程也存在一些限制,例如,每个进程都是需要独立分配资源的,进程之间不能直接互相访问资源,同时运行的进程数是有限的等。这些限制增加了多进程编程的复杂性,因此,后来又引入了线程(Thread)的概念。

线程是指在一个程序进程的执行过程中,能够主动执行程序代码的一个执行单位,线程是比进程更小的运行单位,一个进程可以被划分成多个线程。在一个支持线程的系统中,线程是处理器调度的基本单位。

图 7.6 Windows 任务管理器中显示的多进程

Java 语言提供了对多线程的支持,每一个 Java 程序至少要有一个线程,称为主线程。如果除了主线程外,又创建了多个子线程同时执行不同的任务,这就被称为多线程编程。Java 中是通过继承 Thread 类或者实现 Runnable 接口来实现多线程编程的。

7.4.2 线程的创建

在 Java 中是通过 java.lang.Thread 类来创建和控制线程的,在该类中包含了一个 run()方法,每一个线程都是从 run()方法开始执行的, run()方法必须在一个具体的线程类中被实现,已实现的 run()方法称为该线程类的线程体。在创建并启动一个线程后, run()方法将被系统自动调用。

创建线程类可以通过两种方式,一种是通过继承 Thread 类创建线程类,另一种是通过实现 Runnable 接口创建线程类。

1. 继承 Thread 类创建线程

首先我们来详细了解一下 Thread 类。Thread 类具有如下 7 个构造方法:

- public Thread();
- public Thread(String name);
- public Thread(Runnable target);
- public Thread(Runnable target, String name);
- public Thread(ThreadGroup group, Runnable target);
- public Thread(ThreadGroup group, String name);
- public Thread(ThreadGroup group, Runnable target, String name)。

其中, name 表示线程的名字, target 表示执行线程体的目标对象,该对象必须实现 Runnable 接口的 run()方法, group 表示线程所属的线程组的名字。

Thread 类中还定义了一些控制线程执行的方法,具体方法如表 7.1 所示。

表 7.1 Thread 类中的常用方法

方法	功能说明
getName()	返回线程名
setName(String name)	设置线程的名字
start()	启动已创建的线程对象
isAlive()	判断线程是否已启动
getThreadGroup()	返回线程所属的线程组
toString()	以字符串的形式返回线程的名字、优先级和所属线程组的信息
currentThread()	返回当前正在执行的线程对象
activeCount()	返回当前线程组的活动线程个数
enumerate(Thread [ ] array)	将当前线程组中的活动线程复制到线程数组 array 中

Thread 类中的 run()方法是空的,因此使用 Thread 类创建线程时,必须覆盖 Thread 类的 run()方法,在该方法中定义线程所要执行的逻辑代码。使用继承 Thread 类创建线程的示例代码如下:

```java
public class MyThread extends Thread{
    public void run(){
        //线程执行代码
        System.out.println("子线程启动");
        //...
    }
    public static void main(){
```

```
        System.out.println("主线程启动");
    MyThread mt=new MyThread ();
    //启动线程
    mt.start();
    }
}
```

其中，MyThread 类就是我们继承自 Thread 类而定义的线程类，在该类的 run()方法中定义了线程要执行的代码，然后在主函数中实例化线程类的对象，并调用 start()方法启动线程类，从而执行 run()方法所定义的线程体。

2. 实现 Runnable 接口创建线程

Runnable 接口中只声明了一个方法 run()。因此使用 Runnable 接口创建线程时，必须实现该接口中的 run()方法。但是实现该接口的类并不是一个线程类，而只是一个用来构造线程类所需的参数，我们要使用该类的一个实例来初始化一个线程对象。使用实现 Runnable 接口创建线程的示例代码如下：

```
public class MyRunnable implements Runnable{
        public void run(){
            //线程执行代码
 System.out.println("子线程启动");
            //...
    }
public static void main(){
    System.out.println("主线程启动");
    //创建实现 Runnable 接口的类的实例
    MyRunnable mt=new MyRunnable ();
    //使用实现 Runnable 接口的类的实例来构造线程对象
    Thread t=new Thread(mt);
    //启动线程
    t.start();
    }
}
```

其中，MyRunnable 类是实现 Runnable 接口的类，它实现了该接口中的 run()方法，并在方法中定义了线程要执行的代码，然后在主函数中实例化 MyRunnable 类的对象，并使用该对象来创建一个线程对象，接着调用线程类的 start()方法启动线程，从而执行 run()方法所定义的线程体。

7.4.3 线程的控制

线程随着程序的运行而产生，随着程序的结束而消亡。每个线程都存在一个从创建、运行到消亡的生命周期。在生命周期中，一个线程具有创建、可运行、运行中、阻塞和死亡这 5 种状态，使用 Thread 类中的方法可以控制线程状态的改变。

1. 线程的状态

（1）创建状态

使用 new 运算符创建一个线程后，该线程仅仅是一个空对象，系统没有为其分配资源，这时称该线程处于创建状态(new thread)。

（2）可运行状态

使用 start()方法启动一个线程后，系统将为该线程分配除 CPU 外的所需资源，使该线程处于可运行状态(Runnable)。

（3）运行中状态

系统通过调度选中一个处于可运行状态的线程，使其占有 CPU 并执行线程的 run()方法，此时该线程进入运行中状态(Running)。

（4）阻塞状态

由于某种特殊原因使得运行中的线程不能继续运行，该线程将进入阻塞状态(Blocked)。阻塞的情况又分为 3 种。

- 等待阻塞：运行的线程执行 wait()方法，系统会把该线程放入等待队列中。
- 同步阻塞：运行的线程在获取对象的同步锁时，若该同步锁被别的线程占用，则系统会把该线程放入锁队列中。
- 其他阻塞：运行的线程执行 sleep()或 join()方法，或者发出了 I/O 请求时，系统会把该线程置为阻塞状态。当 sleep()状态超时、join()等待线程终止或超时，或者 I/O 处理完毕时，线程将重新转入就绪状态。

（5）死亡状态

当线程的 run()方法运行结束后，该线程将被自然撤销，进入死亡状态(Dead)。

图 7.7 显示了线程在 5 种状态之间的转换。

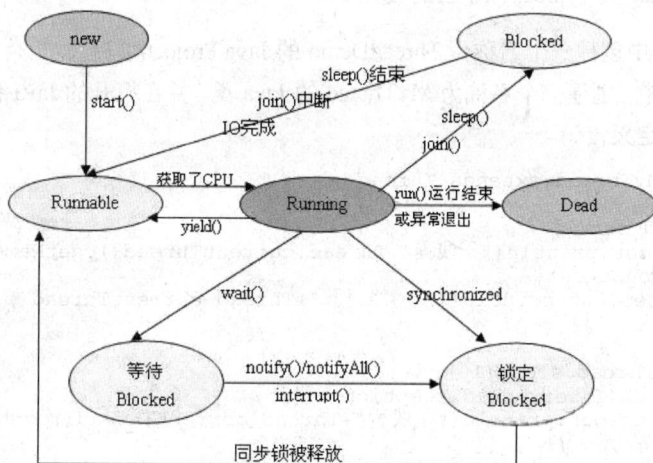

图 7.7　线程状态的转换

通过图 7.7 可以看出，在线程的生命周期中，首先创建线程对象，但这时线程并没有运行，当调用线程对象的 start()方法时线程就进入可运行状态，表示线程开始准备执行 run()方法中的内容，当线程获得 CPU 时间时，就执行 run()方法，线程处于运行中状态，在 run()方法执行的过程中，由于各种原因，线程会被阻塞或中断执行，这时，线程被转换成阻塞或可运行状态，在阻塞状态的线程，如果阻塞原因解除，则该线程回到可运行状态，进行 CPU 时间片的竞争，竞争到 CPU 时间后，该线程继续从上次中断的位置开始执行，直到下一次被中断为止。如果线程的 run()方法中代码被执行完毕，则线程结束执行，自动进入死亡状态，该线程被自动回收。

2．线程状态的控制

在 Thread 类中定义了若干个方法，用于对线程状态之间的切换。具体方法如表 7.2 所示。

表 7.2　Thread 类中控制状态切换的方法

方法	功能说明
sleep(long millis)	使线程睡眠，进入阻塞状态，其中 mills 用于指定睡眠的时间
yield()	暂停线程的执行，但此时线程仍在可执行状态，并未进入阻塞状态，系统将重新选择优先级高的线程执行，若无比该线程更高优先级的线程，则继续执行该线程
join()/join(long mills)	暂停线程的执行，直到调用该方法的线程执行结束后再继续执行本线程。参数 mills 表示等待的时间，若无参数或者参数为 0，本线程则要等到调用该方法的线程结束后再继续执行
wait()	使当前线程进入阻塞状态
notify()/notifyall()	唤醒等待队列中的其他线程，使它们进入可运行状态
interrupt()	为线程设置一个中断标记
isInterrupt()	检测线程是否被设置中断标记
interrupted()	检测线程是否被中断

下面我们通过实例来看一下这些线程状态控制方法的具体用法。

【例 7.3】Thread 类中 sleep() 方法的使用。

Step 01 在 Eclipse 中创建一个名称为 ThreadDemo 的 Java Project 项目。

Step 02 在该项目中，创建一个名称为 MyThread 的 Java 类，并在打开的 Java 代码编辑器中编写该类的具体定义代码：

```java
public class MyThread extends Thread {
    int count=0;
    public void run(){
        System.out.println("子线程"+Thread.currentThread().getName()+"开始");
        while(count<10){
            System.out.println(" 子 线 程 "+Thread.currentThread().getName()+" 输 出
count="+count);
            try{
                Thread.sleep(10);
            }catch(InterruptedException e){}
            System.out.println("子线程"+Thread.currentThread().getName()+"休眠后输出
count="+count);
            count++;
        }
    }
    public static void main(String[] args){
        System.out.println("主程序开始");
        //创建子线程
        MyThread m1=new MyThread();
        MyThread m2=new MyThread();
        //启动线程
        m2.start();
        m1.start();
        System.out.println("主程序结束");
    }
}
```

MyThread 通过继承 Thread 类覆盖了其中的 run() 方法来实现用户线程。在 run() 方法中首先打印出线程的名称，然后调用线程的 sleep() 方法使线程睡眠 10ms，接着再继续执行。

在程序的 main 函数中，首先创建了两个线程对象：m1 和 m2，然后通过线程对象的 start() 方法分别启动线程，按照启动的顺序系统将自动为这两个线程命名为 Thread-0 和 Thread-1，当

main 函数执行完毕时，由于还有两个子线程没有结束，因此整个程序没有结束，当 Thread-0 和 Thread-1 两个子线程都执行完毕，整个程序才结束。该实例的运行结果如图 7.8 所示。

图 7.8 继承 Thread 类的两个线程交替睡眠的执行结果

7.4.4 线程的同步

把线程划分为进程可以获得更高的执行效率，但是当多个线程对同一个数据进行操作时就会产生一些问题。例如，我们将例 7.3 中的程序改写成例 7.4。

【例 7.4】使用 Runnable 接口实现线程类。

在名称为 ThreadDemo 的 Java Project 项目中，创建一个名称为 MyRunnable 的 Java 类，并在打开的 Java 代码编辑器中编写该类的具体定义代码：

```java
public class MyRunnable implements Runnable {
    int count=0;
    public void run(){
        System.out.println("子线程"+Thread.currentThread().getName()+"开始");
        while(count<10){
        System.out.println("子线程"+Thread.currentThread().getName()+"输出 count="+
count);
            try{
                Thread.sleep(10);
            }catch(InterruptedException e){}
            System.out.println("子线程"+Thread.currentThread().getName()+"休眠后输出
count="+count);
            count++;
        }
    }
    public static void main(String[] args){
        System.out.println("主程序开始");
        MyRunnable mr=new MyRunnable();
        //创建子线程
        Thread m1=new Thread(mr);
        Thread m2=new Thread(mr);
        //启动线程
        m2.start();
        m1.start();
        System.out.println("主程序结束");
    }
}
```

上面的 MyRunnable 类通过使用 Runnable 接口来实现用户线程，MyRunnable 类中的 run()方法和例 7.3 中的 run()方法代码完全一样，也就是说这两个线程类的线程体相同。该实例的运行结果如图 7.9 所示。

但是从图 7.9 与图 7.8 中可以看出例 7.4 与例 7.3 的执行结果是有差别的。这是因为，继承 Thread 类实现的线程对象 m1 和 m2 中的 count 成员变量是独立的，分别进行自增运算。而通过 Runnable 接口实现的线程对象 m1 和 m2 共享同一个 count 成员变量，当其中一个增加了 count 的值，另一个也马上可以看到 count 值的变化。

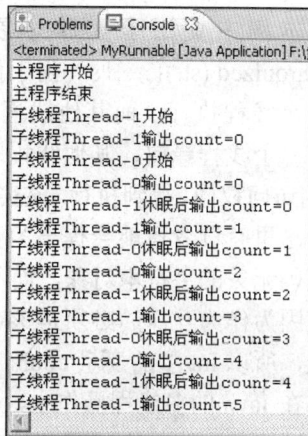

图 7.9 实现 Runnable 接口的两个线程交替睡眠的执行结果

181

这里休眠前和休眠后的 count 值不同了。原因是当多线程访问共享变量时，一个线程在访问未结束时被中断，这时另一个线程改变了共享变量的内容，第一个线程再次访问该共享变量时就会出现错误。这种情况下，必须采取有效的手段保证数据的一致性，在 Java 中使用 synchronized 关键字，可以有效地解决这一问题。

【例 7.5】解决多线程中的共享变量问题。

在名称为 ThreadDemo 的 Java Project 项目中，创建一个名称为 MyRunnable2 的 Java 类，并在打开的 Java 代码编辑器中编写该类的具体定义代码：

```java
public class MyRunnable2 {
    int count=0;
    String str="";
    public void run(){
        System.out.println("子线程"+Thread.currentThread().getName()+"开始");
        while(count<10){
            //互斥对象 str
            synchronized (str) {
            System.out.println("子线程"+Thread.currentThread().getName()+"输出 count="+count);
                try{
                    Thread.sleep(10);
                }catch(InterruptedException e){}
                System.out.println("子线程"+Thread.currentThread().getName()+"休眠后输出 count="+count);
                count++;
            }
        }
    }
    public static void main(String[] args){
        System.out.println("主程序开始");
        MyRunnable mr=new MyRunnable();
        //创建子线程
        Thread m1=new Thread(mr);
        Thread m2=new Thread(mr);
        //启动线程
        m2.start();
        m1.start();
        System.out.println("主程序结束");
    }

}
```

本例中使用了互斥对象 str，当线程代码执行到 synchronized (str){…}时，由于使用了互斥对象 str，因此只允许一个线程执行，而其他线程则被阻塞，直到互斥对象 str 被前一个线程释放，其他线程中的一个才能获得该互斥对象 str 的访问权限，得到执行。该实例的运行结果如图 7.10 所示。

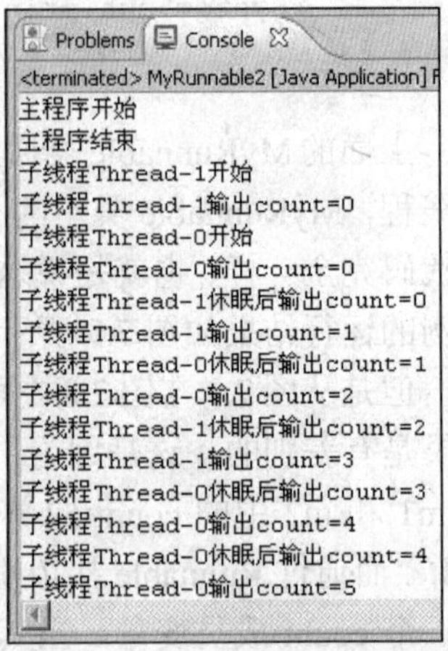

这里有读者可能会提出为什么互斥对象使用了一个与程序代码无关的字符串对象，而不直接使用计数器 count 呢？这是因为作为互斥的必须是 Java 中的类，而不能是初等数据类型，所以 int 型的变量 count 是无法用来进行互斥的。

在 Java 的多线程操作中，除了互斥访问共享变量之外，有时还需要同步多个线程的访问操作。所谓同步，指的是当两个线程访问一个共享空间时，其中一个线程向空间中写入数据，而另一个线程从空间中读数据，要求不能丢失数据，

图 7.10　使用互斥对象后的运行结果

也不能重复访问数据，这时就需要在互斥访问的基础上同步这两个线程，即写线程写入数据后要通知读线程来读取数据，而读线程在读取数据后也要通知写线程写入数据。

在同步多个线程访问时，首先要设立一个共享的互斥访问共享对象，然后使用该对象上的 wait()和 notify()方法使多个线程同步访问该互斥对象。

【例 7.6】 多线程的同步。

在名称为 ThreadDemo 的 Java Project 项目中，创建一个名称为 MultiThreadSyncDemo 的 Java 类，并在打开的 Java 代码编辑器中编写该类的具体定义代码：

```java
public class MultiThreadSyncDemo {
    int top=0;
        int [] stack=new int[3];
        public static void main(String[] args){
            System.out.println("主程序开始");
            MultiThreadSyncDemo o=new MultiThreadSyncDemo();
            //创建线程
            Thread m1=new Thread(new MRead(o));
            Thread m2=new Thread(new MWrite(o));
            //启动线程
            m2.start();
            m1.start();
            System.out.println("主程序结束");
        }
}
//定义读取互斥对象的线程类
class MRead implements Runnable {
    MultiThreadSyncDemo o;
    int count=0;
    public MRead(MultiThreadSyncDemo m){
        o=m;
    }
    public void run() {
     System.out.println("子线程"+Thread.currentThread().getName()+"开始读数据");
        while(count<10){
            //得到对象 o 的锁
            synchronized (o) {
                while (o.top<1){
                    try{
                        //此时线程被放置在等待线程池中
                        o.wait();
                    }catch(InterruptedException e){}
                }
                o.top--;
            System.out.println("子线程"+Thread.currentThread().getName()+"读数据:"
+o.stack[o.top]);
                count++;
                //当另外的线程执行了 notify()方法后，线程可能会被释放出来
                o.notify();
            }
        }
    }
}
//定义向互斥对象写入数据的线程类
class MWrite implements Runnable {
     MultiThreadSyncDemo o;
    int count=0;
    public MWrite(MultiThreadSyncDemo m){
        o=m;
    }
    public void run() {
     System.out.println("子线程"+Thread.currentThread().getName()+"开始写数据");
        while(count<10){
            synchronized (o) {
                while (o.top>2){
                    try{
```

```
                          //此时线程被放置在等待线程池中
                          o.wait();
                      }catch(InterruptedException e){}
                  }
                  o.stack[o.top]=count;
          System.out.println("子线程"+Thread.currentThread().getName()+"写数
据:"+o.stack[o.top]);
                  o.top++;
                  count++;
                  //当另外的线程执行了 notify()方法
后，线程可能会被释放出来
                  o.notify();
              }
          }
      }
  }
```

图 7.11 多线程的同步访问互斥对象

程序中创建的 MultiThreadSyncDemo 类的对象 o 是互斥对象，Mread 线程从该对象中读数据，而 Mwrite 线程向对象 o 中写入数据，因此必须在 o 对象上使用线程类的 wait()和 notify()方法同步这两个线程，从而能够同步访问互斥对象。

该实例的运行结果如图 7.11 所示。

7.4.5 任务：网络协同办公客户端和服务器添加多线程功能

在本章前面的任务中，我们已经实现了网络协同办公客户端和服务器端的界面以及 Socket 通信的代码，但是服务器和客户端之间并无法真正实现文件的发送和接收，这主要是因为客户端和服务器运行的 main()函数作为主线程用来响应用户的界面事件，我们需要为其添加多线程支持，创建另一个子线程来完成 Socket 通信过程，这样才能够完成整个文件的发送和接收功能。

Step 01 为服务器端添加多线程代码，添加后完整的网络协同办公服务器端的代码如下：

```
import javax.swing.*;
import java.awt.*;
import java.awt.event.ActionListener;
import java.awt.event.ActionEvent;
import java.awt.event.WindowAdapter;
import java.awt.event.WindowEvent;
import java.net.ServerSocket;
import java.net.Socket;
import java.io.IOException;
import java.io.DataInputStream;
import java.io.*;
import java.net.Socket;

import javax.swing.*;
import java.awt.*;
import java.awt.event.ActionListener;
import java.awt.event.ActionEvent;
import java.awt.event.WindowAdapter;
import java.awt.event.WindowEvent;
import java.net.ServerSocket;
import java.net.Socket;
import java.io.IOException;
import java.io.DataInputStream;
import java.io.*;
import java.net.Socket;
//创建线程类
class RTFReceive extends Thread{
    //声明用来接收文件的 File 对象
```

```java
    private File receiveFile;
    //声明 Socket 对象
    private Socket socket;

    public RTFReceive(File receiveFile, Socket socket) {
        this.receiveFile = receiveFile;
        this.socket = socket;
    }

    public void run() {
        //判断用户是否保存文件
        if(receiveFile == null){
            System.out.println("you do not save file!");
            return;
        }else{
            //保存文件后，则向发送方发送同意（true）
            try {
                DataOutputStream dout =
 new DataOutputStream(socket.getOutputStream());
                dout.writeBoolean(true);
            } catch (IOException e) {
                e.printStackTrace();
            }
        }
        //开始接收文件
        System.out.println("Begin receive...");
        try {
            FileOutputStream fout = new FileOutputStream(receiveFile);
            BufferedOutputStream bout = new BufferedOutputStream(fout);
            BufferedInputStream bin =
 new BufferedInputStream(socket.getInputStream());
            byte[] buf = new byte[2048];
            int num = bin.read(buf);
            while(num != -1){
                bout.write(buf,0,num);
                bout.flush();
                num = bin.read(buf);
            }
            bout.close();
            bin.close();
            System.out.println("Receive Finished!");
        } catch (Exception e) {
            e.printStackTrace();
        }finally{
            try {
                socket.close();
            } catch (IOException e) {
                e.printStackTrace();
            }
        }
    }
}
public class RTFReceiveFrame {
    private JFileChooser jfc;
    private JFrame fr;
    private ServerSocket ss;
    private Socket socket;
    private JButton btnAccept;
    private JButton btnCancel;

    RTFReceiveFrame() {
        //界面布局
        jfc = new JFileChooser();
        fr = new JFrame("接收文件");
        JLabel lblMsg = new JLabel("Wait...");
        btnAccept = new JButton("Accept");
        btnCancel = new JButton("Cancel");
        JPanel pnlBtn = new JPanel();
        pnlBtn.add(btnAccept);
        pnlBtn.add(btnCancel);
```

```
        Container c = fr.getContentPane();
        c.setLayout(new BorderLayout());
        c.add(BorderLayout.CENTER,lblMsg);
        c.add(BorderLayout.SOUTH,pnlBtn);
        fr.setSize(200,300);
        fr.setVisible(true);
        //注册事件
        AcceptHandler ah = new AcceptHandler();
        btnAccept.addActionListener(ah);
        btnCancel.addActionListener(ah);
        fr.addWindowListener(new WindowHandler());
        //不断监听，并接收发送的文件名
        try {
            //创建 ServerSocket 对象
            ss = new ServerSocket(5800);
            while(!ss.isClosed()){
                //当客户端发来请求时，则创建 Socket 对象
                socket = ss.accept();
                //获取 Socket 对象的输入流
                DataInputStream din = new DataInputStream(socket.getInputStream());
                //读取接收的文件名，并显示在界面的 JLabel 中
                String fileName = din.readUTF();
                lblMsg.setText(fileName);
            }
        } catch (IOException e) {
            if(ss.isClosed()){
                System.out.println("End");
            }else{
                e.printStackTrace();
            }
        }
    }

    public static void main(String[] args) {
        new RTFReceiveFrame();
    }

    class AcceptHandler implements ActionListener{
        public void actionPerformed(ActionEvent e){
            //如果同意接收，则启动线程接收文件
            if(btnAccept == e.getSource()){
                jfc.showSaveDialog(fr);
                //构造线程类对象
                RTFReceive receive = new RTFReceive(jfc.getSelectedFile(),socket);
                //启动线程体
                receive.start();
            }else if(btnCancel == e.getSource()){
                System.out.println("user do not accept!");
            }
        }
    }
    //关闭窗口的同时回收资源
    class WindowHandler extends WindowAdapter {
        public void windowClosing(WindowEvent e) {
            System.out.println("Transfer file end!");
            try {
                ss.close();
                System.exit(0);
            } catch (IOException e1) {
                e1.printStackTrace();
            }
        }
    }
}
```

Step 02 为客户端添加多线程代码，添加后完整的网络协同办公客户端的代码如下：

```
import javax.swing.*;
import java.awt.*;
import java.awt.event.ActionListener;
```

```java
import java.awt.event.ActionEvent;
import java.io.*;
import java.net.Socket;
//定义线程类
class RTFSend extends Thread{
    //声明用户选择要发送的文件的 File 对象
    private File sendFile;
    //声明 Socket 对象
    private Socket socket;
    private DataInputStream bin;
    private DataOutputStream bout;

    RTFSend(File sendFile) {
        this.sendFile = sendFile;
        //初始化 Socket 及其相关的输入/输出流
        try {
            //根据 IP 地址和端口号连接服务器
            socket = new Socket("localhost",5800);
            //获取 Socket 对象的输入流和输出流
            bin = new DataInputStream(
                    new BufferedInputStream(
                            socket.getInputStream()));
            bout = new DataOutputStream(
                            socket.getOutputStream());
        } catch (IOException e) {
            e.printStackTrace();
        }
    }
    //定义线程类的线程体
    public void run() {
        //发送文件名
        try {
            //把文件名发送到接收方
            bout.writeUTF(sendFile.getName());
            System.out.println("send name" + sendFile.getName());
            //判断接收方是否同意接收
            boolean isAccepted = bin.readBoolean();
            //如果同意接收则开始发送文件
            if(isAccepted){
                System.out.println("begin send file");
                BufferedInputStream fileIn =
new BufferedInputStream(new FileInputStream(sendFile));
                byte[] buf = new byte[2048];
                int num = fileIn.read(buf);
                while(num != -1){
                    bout.write(buf,0,num);
                    bout.flush();
                    num = fileIn.read(buf);
                }
                fileIn.close();
                System.out.println("Send file finished:" + sendFile.toString());
            }
        } catch (IOException e) {
            e.printStackTrace();
        }finally{
            try {
                bin.close();
                bout.close();
                socket.close();
            } catch (IOException e) {
                e.printStackTrace();
            }
        }
    }
}
public class RTFSendFrame {
    private JFileChooser jfc;
    private JFrame fr;
    public RTFSendFrame() {
        //界面布局
```

```
    fr = new JFrame("文件发送");
    Container c = fr.getContentPane();
    c.setLayout(new FlowLayout());
    JButton btnSend = new JButton("发送");
    jfc = new JFileChooser();
    c.add(btnSend);
    fr.setSize(200,200);
    fr.setVisible(true);
    //为"发送"按钮注册事件
    btnSend.addActionListener(new SendHandler());
}

public static void main(String[] args) {
    new RTFSendFrame();
}

class SendHandler implements ActionListener{
    public void actionPerformed(ActionEvent e) {
        //弹出文件选择对话框
        jfc.showOpenDialog(fr);
        //创建新的线程传递文件
        RTFSend send = new RTFSend(jfc.getSelectedFile());
        //启动线程,执行线程体
        send.start();
    }
}
}
```

至此，我们就完成了网络协同办公客户端和服务器的设计，可以在系统中实现基于 Socket 的局域网通信了。

7.5 上机实训——局域网聊天工具

本节介绍的上机实训例子是使用 Socket 编程实现局域网中的聊天工具，该实例要求读者熟练掌握 Java 中的 Socket 网络编程以及多线程编程。

7.5.1 项目要求

本项目使用 Socket 编程以及多线程编程在局域网内部实现一个服务器端和一个客户端，能够使双方进行双向通信。

7.5.2 项目分析

首先创建一个服务器端用来打开端口，并监听客户端发来的连接请求，然后再创建一个客户端用来请求连接服务器，最后定义一个用户图形界面用来分别启动服务器端和客户端，从而实现服务器端和客户端的通信。

7.5.3 项目实现

Step 01 在 Eclipse 中创建一个名称为 TalkDemo 的 Java Project 项目。

Step 02 在该项目中，创建一个名称为 Sever 的 Java 类，该类表示服务器端，并在打开的 Java 代码编辑器中编写该类的具体定义代码：

```java
import java.net.*;
import java.io.*;
//定义服务器类
public class Server extends Thread {
    ServerSocket skt;
    Socket Client[]=new Socket[10];;
    Socket Client1=null;
    int i = 0;
    int port,k=0,l=0;
    PrintStream theOutputStream;
    Face chat;
    //构造函数
    public Server(int port, Face chat) {
        try {
            this.port = port;
             //创建 ServerSocket 对象
            skt = new ServerSocket(port);
            this.chat = chat;
        } catch (IOException e) {
            chat.ta.append(e.toString());
        }
    }
    //定义线程类所要执行的线程体
    public void run() {
        chat.ta.append("等待连线……");
        while (true) {
            try {
            Client[k] = skt.accept(); /* 接收客户连接 */
            //当有客户端连接时就新建一个子线程
            if (i < 2) {
                //创建与每个客户端相对应的客户端对象，并启动该服务器端对象的线程
                ServerThread server[] = new ServerThread[10];
                 server[k]= new ServerThread(Client[k], this.chat, i);
                 l=server.length;
                 server[k].start();
                chat.ta.append("客户端" + Client[k].getInetAddress() + "已连线\n");
                theOutputStream =
new PrintStream(server[k].getClient().getOutputStream());
                i = server[k].getI();
                k++;
            } else {

            }
        } catch (SocketException e) {

            } catch (IOException e) {
                chat.ta.append(e.toString());
            }
        }
    }

    public void dataout(String data) {
        theOutputStream.println(data);
    }
}
class ServerThread extends Thread {
    ServerSocket skt;
    Socket Client;
    int port;
    int i;
    BufferedReader theInputStream;
    PrintStream theOutputStream;
    String readin;
    Face chat;
    //服务端用来与客户端通信的子线程
    public ServerThread(Socket s, Face chat, int i) {
        this.i = ++i;
```

```
        Client = s;
        this.chat = chat;
    }
    public int getI() {
        return this.i;
    }
    public Socket getClient() {
        return this.Client;
    }
    public void run() {
        try {
            theInputStream = new BufferedReader(new InputStreamReader(Client
                .getInputStream()));
            theOutputStream = new PrintStream(Client.getOutputStream());
            while (true) {
                readin = theInputStream.readLine();
                chat.ta.append(readin + "\n");
            }
        } catch (SocketException e) {
            chat.ta.append("连线中断! \n");
            chat.clientBtn.setEnabled(true);
            chat.serverBtn.setEnabled(true);
            chat.tfaddress.setEnabled(true);
            chat.tfport.setEnabled(true);
            try {
                i--;
                skt.close();
                Client.close();
            } catch (IOException err) {
                chat.ta.append(err.toString());
            }
        } catch (IOException e) {
            chat.ta.append(e.toString());
        }
    }

    public void dataout(String data) {
        theOutputStream.println(data);
    }
}
```

Step 03   在该项目中，创建一个名称为 Client 的 Java 类，该类表示客户端，并在打开的 Java 代码编辑器中编写该类的具体定义代码：

```
import java.net.*;
import java.io.*;
class Client extends Thread {
    Socket skt;
    InetAddress host;
    int port;
    BufferedReader theInputStream;
    PrintStream theOutputStream;
    String readin;
    Face chat;
    //构造函数
    public Client(String ip, int p, Face chat) {
        try {
            host = InetAddress.getByName(ip);
            port = p;
            this.chat = chat;
        } catch (IOException e) {
            chat.ta.append(e.toString());
        }
    }
    //定义线程类所要执行的线程体
    public void run() {
        try {
            chat.ta.append("尝试连线……");
            //根据 IP 地址和端口连接服务器端
```

```
        skt = new Socket(host, port);
        chat.ta.append("连线成功\n");
        //连接成功后，创建 Socket 所对应的输入流和输出流
        theInputStream = new BufferedReader(new InputStreamReader(skt
                .getInputStream()));
        theOutputStream = new PrintStream(skt.getOutputStream());

        while (true) {
            readin = theInputStream.readLine();
            chat.ta.append(readin + "\n");
        }
    } catch (SocketException e) {
        chat.ta.append("连线中断! \n");
        chat.clientBtn.setEnabled(true);
        chat.serverBtn.setEnabled(true);
        chat.tfaddress.setEnabled(true);
        chat.tfport.setEnabled(true);
        try {
            skt.close();
        } catch (IOException err) {
            chat.ta.append(err.toString());
        }
    } catch (IOException e) {
        chat.ta.append(e.toString());
    }
}

public void dataout(String data) {
    theOutputStream.println(data);
}
}
```

Step 04 在该项目中，创建一个名称为 Face 的 Java 类，该类作为启动客户端和服务器端的用户图形界面，并在打开的 Java 代码编辑器中编写该类的具体定义代码：

```
import java.awt.*;
import java.awt.event.*;
import javax.swing.*;
public class Face extends JFrame {
    private static final long serialVersionUID = 1L;
    JButton clientBtn, serverBtn;
    JTextArea ta;
    JTextField tfaddress, tfport, tftype;
    int port;
    Client client;
    Server server;
    boolean iamserver;
    static Face frm;
    //构造函数
    public Face() {
        clientBtn = new JButton("客户端");
        serverBtn = new JButton("服务器");
        ta = new JTextArea("", 10, 30);
        tfaddress = new JTextField("127.0.0.1", 10);
        tfport = new JTextField("2000");
        tftype = new JTextField(30);
        tftype.addKeyListener(new TFListener());
        ta.setEditable(false);
        getContentPane().setLayout(new FlowLayout());
        getContentPane().add(tfaddress);
        getContentPane().add(tfport);
        getContentPane().add(clientBtn);
        getContentPane().add(serverBtn);
        getContentPane().add(ta);
        getContentPane().add(tftype);
```

```java
        setSize(400, 300);
        setTitle("我的聊天室");
        this.setVisible(true);
        //定义匿名监听器类
        clientBtn.addActionListener(new ActionListener() {
            //启动客户端对象
            public void actionPerformed(ActionEvent e) {
                port = Integer.parseInt(tfport.getText());
                client = new Client(tfaddress.getText(), port, frm);
                client.start();
                tfaddress.setEnabled(false);
                tfport.setEnabled(false);
                serverBtn.setEnabled(false);
                clientBtn.setEnabled(false);
            }
        });
        //定义匿名监听器类
        serverBtn.addActionListener(new ActionListener() {
            //启动服务器端对象
            public void actionPerformed(ActionEvent e) {
                port = Integer.parseInt(tfport.getText());
                server = new Server(port, frm);
                server.start();
                iamserver = true;
                tfaddress.setText("成为服务器");
                tfaddress.setEnabled(false);
                tfport.setEnabled(false);
                serverBtn.setEnabled(false);
                clientBtn.setEnabled(false);
            }
        });
        addWindowListener(new WindowAdapter() {
            public void windowClosing(WindowEvent e) {
                System.exit(0);
            }
        });
    }
    public static void main(String args[]) {
        frm = new Face();
    }
    //定义按键按下的监听器
    private class TFListener implements KeyListener {
        public void keyPressed(KeyEvent e) {
            if (e.getKeyCode() == KeyEvent.VK_ENTER) {
                ta.append(">" + tftype.getText() + "\n");
                if (iamserver)
                    server.dataout(tftype.getText());
                else
                    client.dataout(tftype.getText());
                tftype.setText("");
            }
        }
        public void keyTyped(KeyEvent e) {
        }
        public void keyReleased(KeyEvent e) {
        }
    }
}
```

该项目运行后的结果如图 7.12 所示。

图 7.12　服务器端和客户端通信

7.6 小结

　　本章主要介绍了 Java 中的网络编程以及多线程编程，重点介绍了 Java 中 Socket 编程的服务器端和客户端的基本设计方法以及 Socket 通信中的流操作。此外，本章详细介绍了 Java 语言对多线程的支持，详细介绍了 Java 中线程的创建、控制以及同步操作。读者需要注意的是，本章中关于多线程的几个实例的运行结果可能与读者运行时的结果不同，这主要是由于多线程操作与操作系统及计算机的硬件配置密切相关的原因，对于同一个多线程的程序，可能每次由于 CPU 时间片的切换时机不同而导致每次的运行结果都不相同。

7.7 习题

7.7.1　思考题

（1）下面是 Socket 编程基本步骤所使用到的语句，其中错误的是_____。

　　A．Socket socket = new Socket("http://www.qdu.edu.cn", 10000);

　　B．ServerSocket server = new ServerSocket(10000, 3);

　　C．Socket socket =server.accept(10000);

　　D．socket.close();

（2）关于线程，下列说法正确的是_____。

　　A．一个线程就是一个正在执行的程序

　　B．线程和线程之间服务进行通信

　　C．进程划分成线程，可以减少并发控制的时间

　　D．一个程序只有一个线程

（3）用实现 Runnable 接口的方法创建线程时需要_____。

　　A．直接创建线程对象

　　B．必须实现 start()方法

C. 必须实现 run()方法

D. 可以不实现 run()方法

（4）Thread 类用来创建和控制线程，一个线程是从以下_____方法开始执行的。

A. yield()方法

B. start()方法

C. run()方法

D. wait()方法

（5）Thread 类的 wait()方法使得_____。

A. 线程中止运行

B. 线程进入阻塞状态

C. 线程进入死亡状态

D. 线程进入可运行状态，并在队列中等待执行

7.7.2 操作题

利用 Socket 编程和多线程编程设计一个局域网聊天室的客户端和服务器端。

第 8 章

Java 数据库编程

　　JDBC 是实现 Java 同各种数据库连接的关键，它提供了将 Java 和数据库连接起来的程序接口，使用户可以以 SQL 的形式编写数据库操作代码，从而轻松地使用 Java 语言连接数据库。本章主要介绍 JDBC 数据库开发的相关知识，包括 JDBC 编程步骤以及 JDBC 中各种常用的类和接口。

知 识 点

- ◎ Java 数据库编程概述
- ◎ 建立数据库连接
- ◎ 执行数据库连接
- ◎ 查询数据库结果集
- ◎ 数据库事务处理

8.1 Java 数据库编程概述

随着信息爆炸时代的到来，计算机和网络中的数据量与日俱增，数据库的应用已经无处不在。作为一名开发人员，数据库应用的开发是必须掌握的技能之一。Java 语言为数据库应用的开发提供了良好的支持——JDBC 技术。

JDBC（Java Data Base Connectivity，Java 数据库连接）是一种用于执行 SQL 语句的 Java 应用程序设计接口，它由一些 Java 语言编写的类和接口组成，并支持 SQL 语言。利用 JDBC 可以将 Java 代码连接到 Oracle、DB2、SQL Server、MySQL 等数据库，从而实现对数据库中的数据进行操作的目的。

JDBC 中提供的常用类和接口如表 8.1 所示。

表 8.1　JDBC 中提供的常用类和接口

类或接口	主要作用
DriverManager	用于执行注册、连接以及注销等管理数据库驱动程序的任务
Connection	应用程序与特定数据库的连接
Statement	执行 SQL 语句并返回执行结果
PreparedStatement	代表预编译的 SQL 语句
CallableStatemet	执行 SQL 的存储过程
ResultSet	接收 SQL 查询语句执行后的返回结果
ResultSetMetaData	查询数据库返回的结果集的有关属性信息
DatabaseMetaData	数据库的有关属性信息
SQLException	数据存取中的错误信息

使用 JDBC 操作数据库，一般分为以下几个步骤。

（1）载入数据库驱动。不同的数据库驱动程序是不同的，一般由数据库厂商提供这些驱动程序。

（2）建立数据库连接，获取 Connection 对象。

（3）根据 SQL 语句建立 Statement 对象或者 PreparedStatement 对象。

（4）如果是查询操作，则执行 SQL 语句，获得结果集 ResultSet 对象。

（5）一条一条读取结果集 ResultSet 对象中的数据。

（6）如果是修改或者删除操作，则需要根据操作结果执行提交或回滚命令。

（7）最后依次关闭 Statement 对象和 Connection 对象。

按照上述步骤，简单地说使用 JDBC 操作数据库可分为 3 部分：连接数据库建立、执行数据库操作操作、数据库结果集。

接下来我们将按照 JDBC 的操作步骤具体介绍 JDBC 编程中常用的类和接口。

8.2 建立数据库连接

Java 应用程序要想访问数据库，首先必须建立数据库连接。在 JDBC 中建立数据库连接主要通过 DriverManager 类和 Connection 接口调用 JDBC 驱动程序。

8.2.1 JDBC 驱动程序类型

JDBC 的驱动程序是由数据库厂商提供的供 JDBC 访问数据库的接口层。JDBC 驱动程序可分为以下 4 种模式。

1. JDBC-ODBC 桥驱动程序

JDBC-ODBC 桥驱动程序利用 ODBC 驱动程序提供数据库访问功能。该种模式的驱动程序的结构如图 8.1 所示。

使用该类型的驱动程序必须要求每个客户机上都加载了 ODBC 二进制代码。

2. 本地 API 驱动程序

这种模式的驱动程序依靠特定于操作系统的共享库来与 Oracle、Sybase、Informix 或 DB2 等数据库通信。应用程序将装入这种 JDBC 驱动程序，而驱动程序将使用共享库来与数据库服务器通信。该种模式的驱动程序的结构如图 8.2 所示。

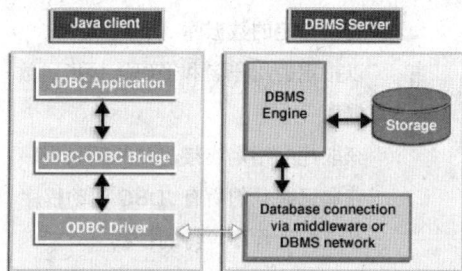

图 8.1　JDBC-ODBC 桥驱动程序结构图　　　　图 8.2　本地 API 驱动程序结构图

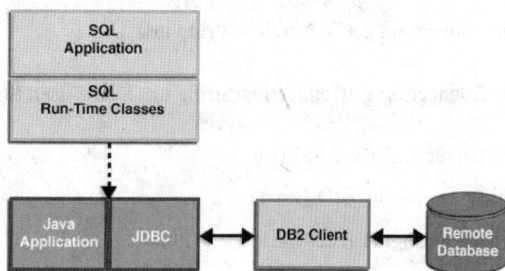

3. 网络协议纯 Java 驱动程序

这种模式的驱动程序是一种纯 Java 实现，它将 JDBC 转换为与数据库无关的网络协议，之后这种网络协议又被某个服务器转换为一种数据库协议。这种网络服务器中间件能够将它的纯 Java 客户机连接到多种不同的数据库上。所用的具体协议取决于数据库类型。该种模式的驱动程序的结构如图 8.3 所示。

4. 本地协议纯 Java 驱动程序

这种模式的驱动程序将 JDBC 调用直接转换为对数据库的访问。将允许从客户机上直接访问数据库服务器。该种模式的驱动程序的结构如图 8.4 所示。

在目前的实际开发中，本地协议纯 Java 驱动程序应用最为广泛，本章后续的内容都是基于这种驱动程序模式开发的。

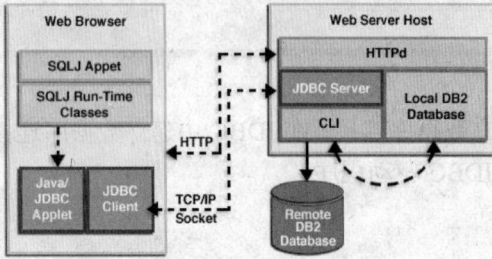

图 8.3　网络协议纯 Java 驱动程序　　　　图 8.4　本地协议纯 Java 驱动程序

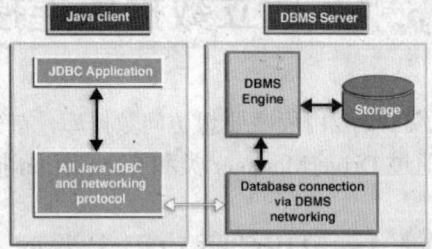

8.2.2　驱动程序管理类 DriverManager

DriverManager 类是 JDBC 的管理层，作用于用户程序和驱动程序之间，用来管理数据库驱动程序。它可以跟踪可用的驱动程序，注册、注销以及为建立数据库连接提供合适的驱动程序。因此，使用 JDBC 驱动程序之前，必须首先将驱动程序加载并向 DriverManager 注册后才可以使用。

DriverManager 类中的常用方法如表 8.2 所示。

表 8.2　DriverManager 类中的常用方法

方法	说明
static void deregisterDriver(Driver driver)	注销指定的驱动程序
static Connection getConnection(String url)	连接指定的数据库
static Connection getConnection(String url, String user, String password)	以指定的用户名和密码连接指定数据库
static Driver getDriver(String url)	获取建立指定连接需要的驱动程序
static Enumeration getDrivers()	获取已装载的所有 JDBC 驱动程序
static int getLoginTimeout()	获取驱动程序等待的秒数
static void setLoginTimeout(int seconds)	设置驱动程序等待连接的最大时间

通过表 8.2 可以看出，DriverManager 类的所有成员方法都是静态的，用户在程序中无须对该类进行实例化，可以直接通过类名来调用这些静态方法。

在使用 DriverManager 类管理驱动程序之前，首先要对驱动程序进行注册。最常用的驱动程序的注册方式是在程序中利用 Class.forName()方法来加载指定的驱动程序，这种方式将显式加载驱动程序类。

例如，如下代码将直接加载 SQL Server 2005 数据库的驱动程序。

```
Class.forName("com.microsoft.sqlserver.jdbc.SQLServerDriver ")
```

加载驱动程序后，就可以使用 DriverManager 类来与数据库建立连接。对于简单的应用，只需直接调用 DriverManager 类的 getConnection()方法，即可根据给定的参数建立与数据库的连接。

以下代码是使用 JDBC-ODBC 桥驱动程序建立连接的基本步骤的示例代码：

```
//加载 JDBC-ODBC 桥驱动程序
Class.forName("sun.jdbc.odbc.JdbcOdbcDriver");
```

```
//MyDataSource 是用户建立的 ODBC 数据源的名称
String url = "jdbc:odbc:MyDataSource";
//建立数据库连接
DriverManager.getConnection(url, "username", "password");
```

其中，DriverManager.getConnection()方法将返回代表数据库连接的 Connection 对象。该方法包含 3 个参数，其中，第一个参数是数据库的连接 URL 字符串，用来指定要连接的数据库的连接信息；第二个参数和第三个参数分别代表连接数据库的用户名和密码。

连接 URL 字符串的第一部分指定了连接数据库所使用的协议，后面总是跟着冒号，冒号后面给出了数据资源在网络中所处位置的相关信息。连接 URL 字符串是一种标识数据库的方法，可以使相应的驱动程序能识别该数据库并与之建立连接。由于连接 URL 字符串要与各种不同的驱动程序一起使用，所以针对不同的数据库，其格式会有所不同。连接 URL 字符串的标准语法由 3 部分组成，各部分间用冒号分隔，具体格式如下：

```
jdbc:<子协议>:<子名称>
```

其中"jdbc"表示连接协议，并且连接协议总是"jdbc"。<子协议>表示数据库连接机制的名称。例如，上面代码中的子协议是"odbc"，这就表示使用 JDBC-ODBC 桥驱动程序方式进行连接。<子名称>表示数据库连接字符串或者数据源的名字。

常用数据库的连接 URL 字符串格式如表 8.3 所示。

表 8.3 常用数据库的连接 URL 字符串

数据库名称	连接 URL 字符串
MySQL	jdbc:mysql://DbComputerNameOrIP:3306/DatabaseName
PostgreSQL	jdbc:postgresql://DbComputerNameOrIP/DatabaseName
Oracle	jdbc:oracle:thin:@DbComputerNameOrIP:1521:SID
Sybase	jdbc:sybase:Tds:DbComputerNameOrIP:2638
SQL Server 2005	jdbc:sqlserver://DbComputerNameOrIP:1433;databaseName=db
DB2	jdbc:db2://DbComputerNameOrIP:6789/db
ODBC	jdbc:odbc:DSN

8.2.3 数据库连接接口 Connection

Connection 接口用于应用程序和数据库的连接。Connection 接口中提供了丰富的方法，从事务处理到创建 Statement 对象，从管理连接到向数据库发送查询等。

Connection 接口中的常用方法如表 8.4 所示。

表 8.4 Connection 接口中的常用方法

方法	说明
void close()	关闭当前连接并释放资源
void commit()	提交对数据库所做的改动
Statement createStatement()	创建 Statement 对象
Statement createStatement(int resultSetType, int resultSetConcurrency)	创建一个要生成特定类型和并发性结果集的 Statement 对象

（续表）

方法	说明
boolean isClosed()	判断连接是否关闭
boolean isReadOnly()	判断连接是否处于只读状态
CallableStatement prepareCall(String sql)	创建 CallableStatement 对象
PreparedStatement prepareStatement(String sql)	创建 PreparedStatement 对象
void rollback()	回滚当前事务中的所有改动
void setReadOnly(boolean readOnly)	设置连接为只读模式

下面的示例代码说明了如何使用 Connection 接口连接数据库以及关闭数据库。

```
try{
    //声明 Connection 对象获取 DriverManager 连接数据库返回的数据库连接对象
    Connection conn=DriverManager.getConnection("jdbc:odbc:MyDataSource", "sa",
"123");
    }catch(SQLException ce){
        System.out.println("SQLException:"+ce.getMessage());
    }finally{
        try{
        //关闭连接
        conn.close();
    }catch(Exception e){
        e.printStackTrace();
    }
}
```

使用完数据库的连接之后，要记住关闭数据库连接。关闭数据库连接的代码一般都写在 finally 语句块中以保证其肯定能被执行。

8.2.4　任务：创建办公固定资产管理系统的数据库操作类

办公固定资产管理系统中的所有固定资产信息、管理员信息以及用户信息都存储在数据库中，因此所有通过界面的操作实际上都是对数据库的操作。为了简化编程模型和更好地实现软件复用技术，我们将该系统中的数据库连接、关闭和基本的增删改查的操作都定义在一个独立的数据库操作类 DBManager 中。该类的数据库连接和关闭的代码定义如下：

```
import java.sql.*;
public class DBManager{
    public DBManager()
    {
        try{
        //注册 SQL 2005 数据库的纯 Java JDBC 连接
            Class.forName("com.microsoft.sqlserver.jdbc.SQLServerDriver");
        }
        catch(ClassNotFoundException e1)
        {
            System.out.println(e1);
        }
        try
        {    //设置数据库连接字符串
            rul="jdbc:sqlserver://127.0.0.1:1433;DatabaseName=EquipManager;";
        //建立数据库连接
            conn=DriverManager.getConnection(rul,"sa","2001sun");
        }
        catch(SQLException e2)
        {
            System.out.println(e2);
        }
```

```
    }
    //关闭数据库连接的方法定义
    public boolean closeResultSet()
    {
        try
        {
            conn.close();

            return true;
        }catch(SQLException e5)
        {
            System.out.println(e5);
            return false;
        }
    }
    //声明数据库连接字符串的对象
        String rul;
    //声明数据库连接 Connection 对象
Connection conn;

}
```

8.3 执行数据库连接

建立数据库连接成功后，就可以使用 Statement、PreparedStatement 以及 CallableStatement 对象分别来执行 SQL 语句和存储过程。

8.3.1 SQL 声明接口 Statement

Statement 接口用于在已经建立数据库连接的基础上向数据库发送要执行的 SQL 语句。作为在给定数据库连接上执行 SQL 语句的容器对象，Statement 对象用于执行不带参数的简单 SQL 语句。它是由 Connection 类的 createStatement()方法产生的。读者通过表 8.4 可以看到 Connection 类的 createStatement()方法有两种异构形式，一种是：

```
Statement stmt = con.createStatement();
```

另一种是：

```
Statement stmt = con.createStatement(int type, int concurrency);
```

其中，参数 type 的值决定查询得到的结果集的滚动方式，其取值如下。

- ResultSet.TYPE_FORWORD_ONLY，表示结果集的游标只能向后滚动
- ResultSet.TYPE_SCROLL_INSENSITIVE，表示结果集的游标可以前后滚动，并且当数据库中的数据发生变化时，当前结果集不变化。
- ResultSet.TYPE_SCROLL_SENSITIVE，结果集的游标可以前后滚动，并且当数据库中的数据发生变化时，当前结果集同步变化。

参数 Concurrency 的值决定数据库是否是可更新的。其取值如下。

- ResultSet.CONCUR_READ_ONLY，表示结果集是只读的。
- ResultSet.CONCUR_UPDATETABLE，表示结果集是可更新的，可以通过更改结果集

中的数据更新数据库中的数据。

关于可滚动和可更新的结果集将在后续章节中详细介绍，这里不再具体说明。

Statement 接口中的常用方法如表 8.5 所示。

表 8.5　Statement 接口中的常用方法

方法	说明
void addBatch(String sql)	在 Statement 语句中增加 SQL 批处理语句
void cancel()	取消 SQL 语句指定的数据库操作指令
void clearBatch()	清除 Statement 语句中的 SQL 批处理语句
void close()	关闭 Statement 语句指定的数据库连接
boolean execute(String sql)	用于执行返回多个结果集或者多个更新数的 SQL 语句
int[ ] executeBatch()	批处理执行多个 SQL 语句
ResultSet executeQuery(String sql)	用于执行返回单个结果集的 SQL 语句，并返回结果集
int executeUpdate(String sql)	执行数据库更新，返回值说明执行该语句所影响数据表中的行数
Connection getConnection()	获取对数据库的连接
int getFetchSize()	获取结果集的行数
int getMaxFieldSize()	获取结果集的最大字段数
int getMaxRows()	获取结果集的最大行数
int getQueryTimeout()	获取查询超时时间设置
ResultSet getResultSet()	获取结果集
void setCursorName(String name)	设置数据库游标的名称
void setFetchSize(int rows)	设置结果集的行数
void setMaxFieldSize(int max)	设置结果集的最大字段数
void setMaxRows(int max)	设置结果集的最大行数
void setQueryTimeout(int seconds)	设置查询超时时间

【例 8.1】使用 Statement 接口实现数据的插入操作。

（1）新建数据库

进行开发之前，首先在 SQL Server 2005 数据库服务器中新建名称为"TestDemo"的数据库，具体步骤如下。

Step 01　在 SQL Server Management Studio 中单击工具栏中的"新建查询"按钮，将创建如图 8.5 所示的脚本编辑器。

Step 02　在脚本编辑器中输入如下代码，用来创建数据库以及数据库中用来存放用户信息的数据表 User。

```
CREATE DATABASE TestDemo;
GO
USE [TestDemo]
GO
CREATE TABLE [dbo].[User](
    [UserID] [int] IDENTITY(1,1) NOT NULL,
    [UName] [varchar](20) COLLATE Chinese_PRC_CI_AS NOT NULL,
    [UPass] [varchar](20) COLLATE Chinese_PRC_CI_AS NOT NULL,);
GO
```

Step 03 单击脚本编辑器工具栏中的"执行"按钮，将执行上述脚本代码，在 SQL Server 2005 数据库服务器中创建 TestDemo 数据库，如图 8.6 所示。

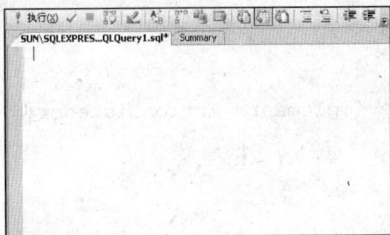

图 8.5　SQL Server 2005 中的 SQL 脚本编辑器

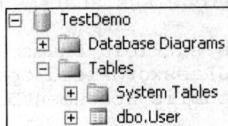

图 8.6　创建的 TestDemo 数据库

（2）开发 Java 应用程序

数据库创建完成之后，使用 Eclipse 开发一个 Java 应用程序，用来将用户注册的信息插入到 User 数据表中，具体步骤如下。

Step 01 在 Eclipse 中创建一个名称为 DataBaseDemo 的 Java Project 项目。

Step 02 将从微软官方网站下载的 SQL Server 2005 数据库的 JDBC 驱动程序 sqljdbc.jar 复制到项目中。

Step 03 在 Eclipse 中右键单击项目，在弹出的菜单中单击"Properties"选项，将显示如图 8.7 所示的项目属性对话框。

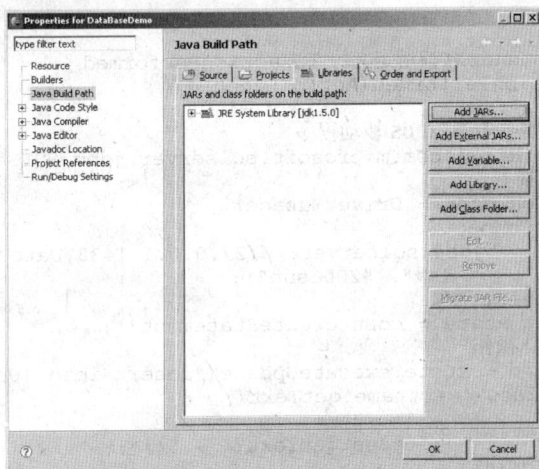

图 8.7　项目属性对话框

在其中单击"Add External JARs"按钮，将复制到项目中的 sqljdbc.jar 添加到项目的编译路径中。

Step 04 在该项目中，创建一个名称为 StatementDemo 的 Java 类，并在打开的 Java 代码编辑器中编写该类的具体定义代码：

```
import java.awt.event.ActionEvent;
import java.awt.event.ActionListener;
import java.sql.Connection;
import java.sql.DriverManager;
import java.sql.SQLException;
import java.sql.Statement;
```

```
import javax.swing.JButton;
import javax.swing.JFrame;
import javax.swing.JLabel;
import javax.swing.JOptionPane;
import javax.swing.JPanel;
import javax.swing.JPasswordField;
import javax.swing.JTextField;

public class StatementDemo extends JFrame implements ActionListener{

    JTextField tname;
    JPasswordField tpass;
    public StatementDemo(String title)
    {
     //设计程序界面
        super(title);
        JButton button1=new JButton("确定");
        JLabel lname=new JLabel("Name:");
        JLabel lpass=new JLabel("Pass:");
         tname=new JTextField(20);
         tpass=new JPasswordField(20);
        JPanel panel=new JPanel();
        button1.addActionListener(this);
        panel.add(lname);
        panel.add(tname);
        panel.add(lpass);
        panel.add(tpass);
        panel.add(button1);
        this.getContentPane().add(panel);
        this.setSize(300, 200);
        this.setVisible(true);
    }

    //实现 ActionListener 接口所定义的方法 actionPerformed
    public void actionPerformed(ActionEvent e){
        try {
         //载入 SQL Server 2005 驱动程序
            Class.forName("com.microsoft.sqlserver.jdbc.SQLServerDriver");
         //建立数据连接
            Connection conn = DriverManager
                .getConnection(
                        "jdbc:sqlserver://127.0.0.1:1433;DatabaseName=TestDemo",
                        "sa", "2001sun");
         //创建 Statement 对象
            Statement state = conn.createStatement();
         //执行数据插入操作
            int result = state.executeUpdate("insert into [User](UName,UPass)
                values('"+ tname.getText()
                    + "','"
                    + tpass.getText() + "')");
         //判断插入是否成功
          if (result == 1)
            //如果插入成功,则弹出显示成功的消息框
              JOptionPane.showMessageDialog(null,"用户注册成功");

        } catch (Exception ex) {
            System.out.println(ex);
        }
    }
    public static void main(String[] args)
    {
        new StatementDemo("插入数据");
    }
}
```

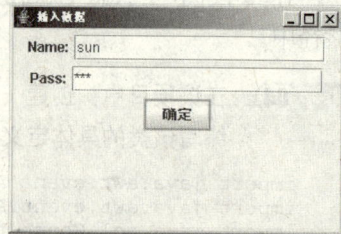

该实例运行后,在文本框和密码框中分别输入用户名和密码,如图 8.8 所示。

单击"确定"按钮,将把用户输入的数据插入到数据库中,并显示如图 8.9 所示的插入成

图 8.8 输入用户名和密码

功的消息提示框。

在 SQL Server 2005 中打开对应的 User 数据表，将看到插入到数据表中的用户注册信息如图 8.10 所示。

图 8.9　插入成功的消息提示框

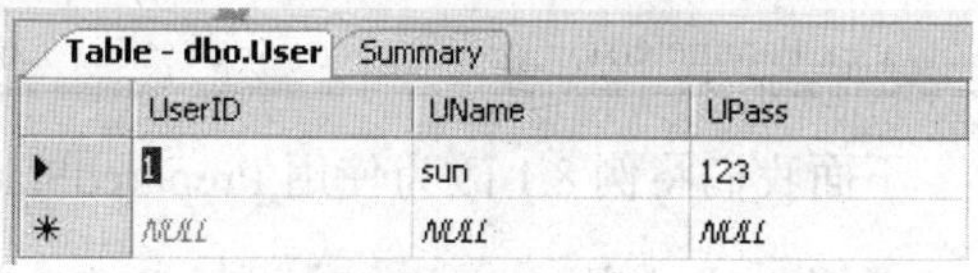

图 8.10　数据表中插入的用户注册信息

8.3.2　预编译声明接口 PreparedStatement

PreparedStatement 接口继承自 Statement 接口，用于处理需要被多次执行的带有 IN 参数的 SQL 语句。因为 PreparedStatement 接口执行时已经将 SQL 语句进行了预编译，因此执行效率比 Statement 接口高很多。因此，在 JDBC 实际开发过程中，建议开发者以 PreparedStatement 接口代替 Statement 接口。

PreparedStatement 接口的优势主要体现在以下 3 点：

（1）使用 PreparedStatement 接口的代码的可读性和可维护性高。虽然用 PreparedStatement 接口来代替 Statement 接口会使代码量增多，但这样的代码无论从可读性还是可维护性上来说都比直接使用 Statement 接口的代码好很多。

（2）使用 PreparedStatement 接口能够最大的提高代码地执行效率。每一种数据库都会尽最大努力对预编译语句提供最大的性能优化。因为预编译语句有可能被重复调用，所以语句在被数据库的编译器编译后的执行代码将被缓存下来，那么下次调用时，只要是相同的预编译语句就不再需要编译了，只要将参数直接传入编译过的语句执行代码中就会得到执行，而 PreparedStatement 接口就可以将其中的 SQL 语句进行预编译，从而能够提高代码的执行效率。

（3）使用 PreparedStatement 接口能够提高程序的安全性。使用预编译语句时，对传入的任何内容都不会和原来的语句发生任何匹配的关系，因此可以防止 SQL 注入，从而提高程序的安全性。

包含于 PreparedStatement 接口中的 SQL 语句可具有一个或多个 IN 参数。IN 参数的值在 SQL 语句创建时并未被指定。相反，该语句为每个 IN 参数保留一个问号（"?"）作为占位符。每个问号的值必须在该语句执行之前，通过适当的 setXXX() 方法来提供。其中 XXX 是与该参数相对应的类型。例如，如果参数为 int 类型，则使用的方法就是 setInt()。

一旦设置了 PreparedStatement 接口中的 SQL 语句的参数值，就可以多次使用这些参数值执行 SQL 语句，直到调用 clearParameters() 方法清除参数为止。在默认的连接模式下，当语句完成时将自动提交该语句。在语句提交之后仍保持这些语句的打开状态，因此，同一个 PreparedStatement 接口可执行多次，直到显式调用 close() 方法为止。

因为 PreparedStatement 接口继承自 Statement 接口，因此，PreparedStatement 接口中的方法与 Statement 接口基本类似，只是多了设置和清除参数的方法，PreparedStatement 接口中与参数相关的方法如表 8.6 所示。

表 8.6　PreparedStatement 接口中与参数相关的方法

方法	说明
void setXXX(int paramIndex xxx value)	设置 SQL 语句中参数的值，其中 xxx 是参数的类型
void clearParameters()	清除当前所有参数值

下面我们将例 8.1 改为使用 PreparedStatement 接口来实现。

【例 8.2】使用 PreparedStatement 接口实现数据的插入操作。

在名称为 DataBaseDemo 的 Java Project 项目中，创建一个名称为 PreparedStatementDemo 的 Java 类，并在打开的 Java 代码编辑器中编写该类的具体定义代码：

```java
import java.awt.event.ActionEvent;
import java.awt.event.ActionListener;
import java.sql.Connection;
import java.sql.DriverManager;
import java.sql.PreparedStatement;

import javax.swing.JButton;
import javax.swing.JFrame;
import javax.swing.JLabel;
import javax.swing.JOptionPane;
import javax.swing.JPanel;
import javax.swing.JPasswordField;
import javax.swing.JTextField;

public class PreparedStatementDemo extends JFrame implements ActionListener{
    JTextField tname;
    JPasswordField tpass;
    public PreparedStatementDemo(String title)
    {
        super(title);
        JButton button1=new JButton("确定");
        JLabel lname=new JLabel("Name:");
        JLabel lpass=new JLabel("Pass:");
        tname=new JTextField(20);
        tpass=new JPasswordField(20);
        JPanel panel=new JPanel();
        button1.addActionListener(this);
        panel.add(lname);
        panel.add(tname);
        panel.add(lpass);
        panel.add(tpass);
        panel.add(button1);
        this.getContentPane().add(panel);
        this.setSize(300, 200);
        this.setVisible(true);
    }

    //实现 ActionListener 接口所定义的方法 actionPerformed
    public void actionPerformed(ActionEvent e){
        try {
        //载入 SQL Server 2005 驱动程序
            Class.forName("com.microsoft.sqlserver.jdbc.SQLServerDriver");
        //建立数据连接
            Connection conn = DriverManager
                .getConnection(
                    "jdbc:sqlserver://127.0.0.1:1433;DatabaseName=TestDemo",
                    "sa", "2001sun");
        //创建 PreparedStatement 对象
            PreparedStatement  pstate  =  conn.prepareStatement("insert  into
[User](UName,UPass) values(?,?)");
        //设置 PreparedStatement 对象中的参数
            pstate.setString(1,tname.getText());
            pstate.setString(2,tpass.getText());
```

```
                //执行插入操作
                int result = pstate.executeUpdate();
                //判断插入是否成功
                if (result == 1)
                    JOptionPane.showMessageDialog(null,"用户注册成功");

            } catch (Exception ex) {
                System.out.println(ex);
            }


        }
    public static void main(String[] args)
    {
            new PreparedStatementDemo("插入数据");
    }
}
```

在该类中使用 PreparedStatement 接口替换 Statement 接口后，读者可以看出在代码中的 SQL 语句的可读性比例 8.1 中的代码高很多。在 PreparedStatement 接口中使用 "?" 代表参数，因为 2 个参数都为 String 类型的，调用获取两个组件输入内容的 getText()方法为参数传值后，调用对应的执行方法执行 SQL 语句，将会得到与例 8.1 相同的结果。

8.3.3　存储过程执行接口 CallableStatement

CallableStatement 接口继承自 PreparedStatement 接口，用于执行对数据库的存储过程的调用。其对存储在数据库中的存储过程的调用有两种形式：一种形式带参数，另一种形式不带参数。参数包括输入(IN 参数)、输出(OUT 参数)以及输入和输出(INOUT 参数)的参数。"?"同样用作参数的占位符。

调用存储过程的具体语法格式如下：

不带参数的存储过程调用

`{call 存储过程名}`

带参数的存储过程调用

`{call 存储过程名(?, ?, ...)}`

因为 CallableStatement 接口继承自 PreparedStatement 接口，因此，CallableStatement 接口中的方法与 PreparedStatement 接口中的基本类似，只是由于存储过程中的参数除了包括输入参数之外，还包括输出以及输入和输出参数，因此，CallableStatement 接口中多定义了注册输出参数的 registerOutParameter()方法。

【例 8.3】使用 CallableStatement 接口实现存储过程的调用。

（1）创建存储过程

进行开发之前，首先在 SQL Server 2005 数据库服务器的 "TestDemo" 数据库中创建名称为 "test" 的存储过程，具体步骤如下。

Step 01 在 SQL Server Management Studio 中右键单击 TestDemo 数据库中的 Stored Procedures，在弹出的如图 8.11 所示的右键菜单中单击 "New Stored Procedures" 选项，用来创建存储过程。

Step 02 在打开的存储过程编辑器中输入如下存储过程代码：

```
create procedure User_UpdatePassWord
 @userName varchar(50), @oldPwd varchar(50), @newPwd varchar(50), @isUpdated int=0
output
```

```
as
select @oldPwd=UPass from [User] where UName=@userName
if(@oldPwd is not null)
  begin
    update [User] set UPass=@newPwd where UName=@userName
    select @isUpdated = 1
  end
else
  begin
    select @isUpdated = 0
  end
```

Step 03 单击存储过程编辑器工具栏中的"执行"按钮,将把该存储过程保存在数据库中,保存后的存储过程如图 8.12 所示。

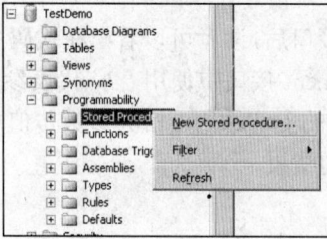

图 8.11 选择新建存储过程选项 　　　　图 8.12 保存在数据库中的存储过程

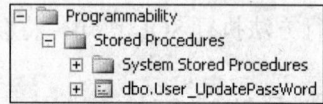

（2）开发 Java 应用

存储过程创建完成之后,使用 Eclipse 开发一个 Java 应用,用来修改保存在 User 数据表中的用户的登录密码,具体步骤如下。

Step 01 在名称为 DataBaseDemo 的 Java Project 项目中,创建一个名称为 CallableStatementDemo 的 Java 类,并在打开的 Java 代码编辑器中编写该类的具体定义代码:

```java
import java.awt.event.ActionEvent;
import java.awt.event.ActionListener;
import java.sql.CallableStatement;
import java.sql.Connection;
import java.sql.DriverManager;
import java.sql.PreparedStatement;

import javax.swing.JButton;
import javax.swing.JFrame;
import javax.swing.JLabel;
import javax.swing.JOptionPane;
import javax.swing.JPanel;
import javax.swing.JPasswordField;
import javax.swing.JTextField;
public class CallableStatementDemo extends JFrame implements ActionListener{
    JTextField tname;
    JPasswordField toldpass;
    JPasswordField tnewpass;
    public CallableStatementDemo(String title)
    {
    //设计界面
        super(title);
        JButton button1=new JButton("确定");
        JLabel lname=new JLabel("Name:");
        JLabel loldpass=new JLabel("Old Pass:");
        JLabel lnewpass=new JLabel("New Pass:");
        tname=new JTextField(20);
        toldpass=new JPasswordField(20);
        tnewpass=new JPasswordField(20);
        JPanel panel=new JPanel();
```

```
        button1.addActionListener(this);
        panel.add(lname);
        panel.add(tname);
        panel.add(loldpass);
        panel.add(toldpass);
        panel.add(lnewpass);
        panel.add(tnewpass);
        panel.add(button1);
        this.getContentPane().add(panel);
        this.setSize(320, 200);
        this.setVisible(true);
    }
    //实现 ActionListener 接口所定义的方法 actionPerformed
    public void actionPerformed(ActionEvent e){
      try {
        //载入 SQL Server 2005 驱动程序
          Class.forName("com.microsoft.sqlserver.jdbc.SQLServerDriver");
        //建立数据连接
          Connection conn = DriverManager
              .getConnection(
                  "jdbc:sqlserver://127.0.0.1:1433;DatabaseName= TestDemo",
                  "sa", "2001sun");
        //创建 CallableStatement 对象
        CallableStatement cstate=conn.prepareCall("{call User_UpdatePassWord(?,?,?,?)}");
            //设置 CallableStatement 对象中的输入参数
            cstate.setString(1,tname.getText());
            cstate.setString(2,toldpass.getText());
            cstate.setString(3,tnewpass.getText());
            //注册输出参数
            cstate.registerOutParameter(4,java.sql.Types.INTEGER);
            //执行存储过程
            cstate.execute();
            int result = cstate.getInt(4);
            //判断插入是否成功
            if (result == 1)
                JOptionPane.showMessageDialog(null,"密码修改成功");
      } catch (Exception ex) {
            System.out.println(ex);
      }
    }
    public static void main(String[] args)
    {
        new CallableStatementDemo("插入数据");
    }
}
```

Step 02 该实例运行后，在文本框和密码框中分别输入用户名、旧密码以及新密码，如图 8.13 所示。

Step 03 单击"确定"按钮，将调用数据库中的存储过程，修改密码，并显示如图 8.14 所示的密码修改成功的消息提示框。

Step 04 在 SQL Server 2005 中打开对应的 User 数据表，将看到修改后的数据表中的用户的密码，如图 8.15 所示。

图 8.13　输入要修改的密码

图 8.14　密码修改成功的消息提示框

图 8.15　数据表中修改后的用户注册信息

8.3.4 任务：办公固定资产管理系统的数据库操作类添加增、删、改的方法

在 8.2.4 小节的任务中，我们创建了办公固定资产管理系统的数据库操作类，并在其中实现了数据库连接和关闭的方法，本小节在此基础上，添加执行数据库增、删、改的方法，操作步骤如下：

Step 01 在 DBManager 类添加 Statement 类实例的声明：

```
Statement stmt;
```

Step 02 在该类的构造函数中，使用建立的数据库连接对象 Connection 创建 Statement 实例：

```
stmt=conn.createStatement(ResultSet.TYPE_SCROLL_SENSITIVE,
    ResultSet.CONCUR_UPDATABLE);
```

Step 03 在 DBManager 类中添加的数据库增、删、改方法 executeSql() 的定义如下：

```
//增、删、改操作
public boolean executeSql(String sql){
    try
    {
    //执行数据库的增、删、改的方法
        stmt.executeUpdate(sql);
    //进行事务提交
        conn.commit();
        return true;
    }
    catch(Exception e4){
        System.out.println("executeSql----"+e4.toString());
        return false;
    }
}
```

Step 04 添加完增、删、改方法后的完整的 DBManager 类代码定义如下：

```
import java.sql.*;
public class DBManager{
    public DBManager()
    {
        try{
            //注册 SQL 2005 数据库的纯 Java JDBC 连接
                Class.forName("com.microsoft.sqlserver.jdbc.SQLServerDriver");
        }
        catch(ClassNotFoundException e1)
        {
            System.out.println(e1);
        }
        try
        {
            rul="jdbc:sqlserver://127.0.0.1:1433;DatabaseName=EquipManager;";
            conn=DriverManager.getConnection(rul,"sa","2001sun");
            stmt=conn.createStatement(ResultSet.TYPE_SCROLL_SENSITIVE,
ResultSet.CONCUR_UPDATABLE);
        }
        catch(SQLException e2)
        {
            System.out.println(e2);
        }
    }
    //增、删、改操作
    public boolean executeSql(String sql){
        try
```

```
{
    stmt.executeUpdate(sql);
    conn.commit();
    return true;
}
catch(Exception e4){
    System.out.println("executeSql----"+e4.toString());
    return false;
}
}
//关闭所有连接
public boolean closeResultSet()
{
    try
    {
        re.close();
        stmt.close();
        conn.close();

        return true;
    }catch(SQLException e5)
    {
        System.out.println(e5);
        return false;
    }
}
    String rul;
Connection conn;
Statement stmt;

}
```

8.4 查询数据库结果集

使用 JDBC 执行完对数据库的查询操作后，将得到查询数据库的结果集。开发者可以通过对结果集的操作获取查询的结果信息。在 JDBC 中是通过 ResultSet 接口来操作数据库结果集的。

8.4.1 结果集接口 ResultSet

ResultSet 接口用来暂时存放数据库查询操作所获得的结果。它提供了对数据结果集的访问机制。结果集是一个二维表结构，其中包含查询所返回的列标题及相应的数据。ResultSet 接口中包含了一系列 getXxx()方法，用来对结果集中的这些数据进行访问。

ResultSet 接口中定义的常用方法如表 8.7 所示。

表 8.7　ResultSet 接口中的常用方法

方法	说明
boolean absolute(int row)	将游标移动到结果集的某一行
Boolean relative(int row)	将游标向前或向后移动到当前位置的第几行
void afterLast()	将游标移动到结果集的末尾
void beforeFirst()	将游标移动到结果集的头部
boolean first()	将游标移动到结果集的第一行
boolean last()	将游标移动到结果集的最后一行

（续表）

方法	说明
boolean next()	将游标移动到结果集的后面一行
boolean previous()	将游标移动到结果集的前面一行
boolean isAfterLast()	判断游标是否指向结果集的末尾
boolean isBeforeFirst()	判断游标是否指向结果集的头部
boolean isFirst()	判断游标是否指向结果集的第一行
boolean isLast()	判断游标是否指向结果集的最后一行
xxx getXxx(int conlumnIndex)	获取当前行某一列的值，返回值的类型为 Xxx
Statement getStatement()	获取产生该结果集的 Statement 对象
int getType()	获取结果集的类型
int getRow(int row)	获取指定行的行号

下面我们创建一个实例，用来将保存在 User 数据表中的用户注册名称全部显示在一个 JList 组件中。

【例 8.4】使用 ResultSet 接口获取查询结果。

在名称为 DataBaseDemo 的 Java Project 项目中，创建一个名称为 ResultSetDemo 的 Java 类，并在打开的 Java 代码编辑器中编写该类的具体定义代码：

```java
import java.awt.FlowLayout;
import java.sql.Connection;
import java.sql.DriverManager;
import java.sql.ResultSet;
import java.sql.Statement;
import java.util.Vector;

import javax.swing.JFrame;
import javax.swing.JLabel;
import javax.swing.JList;
import javax.swing.JOptionPane;
import javax.swing.ListSelectionModel;


public class ResultSetDemo {
    public static void main(String[] args)
    {
     //设计界面
        JFrame f=new JFrame("用户名列表");
        FlowLayout layout=new FlowLayout();
        f.setLayout(layout);
        JLabel lname=new JLabel("状态:");
        f.getContentPane().add(lname);
        Vector v=new Vector();
        try {
        //载入 SQL Server 2005 驱动程序
            Class.forName("com.microsoft.sqlserver.jdbc.SQLServerDriver");
        //建立数据连接
            Connection conn = DriverManager
                .getConnection(
                    "jdbc:sqlserver://127.0.0.1:1433;DatabaseName= TestDemo",
                    "sa", "2001sun");
            Statement state = conn.createStatement();
            //执行数据库查询操作
            ResultSet rs = state.executeQuery("select UName from [User]");
            //遍历结果集
            while(rs.next())
```

```
                {
                //将结果集中的每条记录的 UName 字段添加到 Vector 向量中
                   v.addElement(rs.getString("UName"));
                }

           } catch (Exception ex) {
                System.out.println(ex);
           }
      //使用包含结果集中数据的向量对象来构造 JList 实例
         JList l=new JList(v);
         //设置 JList 允许同时选中多个选项
```

```
l.setSelectionMode(ListSelectionModel.MULTIPLE_INTER
VAL_SELECTION);
         f.getContentPane().add(l);
         f.setSize(400, 200);
         f.setVisible(true);

      }
   }
```

该实例的运行结果如图 8.16 所示。

图 8.16 显示结果集中的数据

8.4.2 任务：办公固定资产管理系统的数据库操作类添加查询方法

Step 01 在 DBManager 类中添加 ResultSet 类实例的声明：

```
ResultSet re;
```

Step 02 在 DBManager 类中添加的数据库查询方法 getResult()的定义：

```
public ResultSet getResult(String sql){

      try{
          //执行查询操作
          re=stmt.executeQuery(sql);
          //返回结果集
          return re;
      }
      catch(Exception e3){
          System.out.println("getResult------"+e3.toString());
          return null;
      }
   }
```

Step 03 我们就完成了办公固定资产管理系统中数据库操作类 DBManager 的完整定义。该类将作为系统中所有关于数据库操作代码的基础类被广泛调用，在此，我们给出其完整代码：

```
package model;
import java.sql.*;
public class DBManager{
   public DBManager()
   {
      try{
         //注册 SQL 2005 数据库的纯 Java JDBC 连接
         Class.forName("com.microsoft.sqlserver.jdbc.SQLServerDriver");
      }
      catch(ClassNotFoundException e1)
      {
         System.out.println(e1);
      }
      try
      {

         rul="jdbc:sqlserver://127.0.0.1:1433;DatabaseName=EquipManager;";
         conn=DriverManager.getConnection(rul,"sa","2001sun");
         stmt=conn.createStatement(ResultSet.TYPE_SCROLL_SENSITIVE,
```

```
ResultSet.CONCUR_UPDATABLE);
        }
        catch(SQLException e2)
        {
            System.out.println(e2);
        }
    }
    //数据库查询操作
    public ResultSet getResult(String sql){

        try{

            re=stmt.executeQuery(sql);

            return re;
        }
        catch(Exception e3){
            System.out.println("getResult------"+e3.toString());
            return null;
        }
    }
    //数据库增、删、改操作
    public boolean executeSql(String sql){
        try
        {
            stmt.executeUpdate(sql);
            conn.commit();
            return true;
        }
        catch(Exception e4){
            System.out.println("executeSql----"+e4.toString());
            return false;
        }
    }
    //关闭所有连接
    public boolean closeResultSet()
    {
        try
        {
            re.close();
            stmt.close();
            conn.close();

            return true;
        }catch(SQLException e5)
        {
            System.out.println(e5);
            return false;
        }
    }
    ResultSet re;
    String rul;
    Connection conn;
    Statement stmt;

}
```

8.4.3　任务：添加办公固定资产管理系统管理员登录的数据库代码

在 5.2.8 小节的任务中，我们已经实现了办公固定资产管理系统中管理员登录界面的设计工作，但是当时并没有真正添加数据库逻辑代码，本小节我们将完整地实现这部分功能。

Step 01　管理员登录界面类 ManagerLoginPane 的完整代码如下：

```
import javax.swing.JButton;
import javax.swing.JLabel;
```

```java
import javax.swing.JPanel;
import javax.swing.JPasswordField;
import javax.swing.JTextField;
//引入处理界面中事件的事件处理器类
import contorl.LoginControl;

public class ManagerLoginPane extends JPanel {
    public ManagerLoginPane(MainFrame bar){
    frame=bar;
    initialize();
    }
    //声明事件处理器类的实例
    private LoginControl logincontrol;
    private MainFrame frame;
    private JLabel numberlbl = null;
    private JLabel passlbl=null;
    public JTextField numbertex=null;
    public JPasswordField passtex=null;
    public JButton surebtn=null;
    public JButton cancelbtn=null;
    //构造界面
    private void initialize() {
        numberlbl = new JLabel();
        setLayout(null);
        numberlbl.setText("账号:");
        numbertex=new JTextField("");
        passlbl=new JLabel("密码");
        passtex=new JPasswordField("");
        surebtn=new JButton("确定");
        cancelbtn=new JButton("取消");
        this.setSize(600, 400);
        numberlbl.setBounds(130, 92, 100, 40);
        numbertex.setBounds(300, 90, 200, 40);
        passlbl.setBounds(130, 200, 100, 40);
        passtex.setBounds(300, 200, 200, 40);
        surebtn.setBounds(150, 300, 80, 40);
        cancelbtn.setBounds(353, 300, 80, 40);
        this.add(numberlbl, null);
        this.add(numbertex, null);
        this.add(passlbl, null);
        this.add(passtex, null);
        this.add(surebtn, null);
        this.add(cancelbtn, null);
    //实例化事件处理器类
        logincontrol=new LoginControl(frame,this);
    //向按钮中添加事件监听
        surebtn.addActionListener(logincontrol);
        cancelbtn.addActionListener(logincontrol);

    }
}
```

Step 02 登录界面的时间处理器类 LoginControl 的代码定义如下:

```java
package contorl;

import java.awt.event.ActionEvent;
import java.awt.event.ActionListener;
import java.sql.ResultSet;
import java.sql.SQLException;

import javax.swing.JOptionPane;
//引入办公固定资产管理系统的数据库操作类
import model.DBManager;
//引入系统主界面类
import view.MainFrame;
//引入管理员登录界面类
import view.ManagerLoginPane;

public class LoginControl implements ActionListener {
```

215

```java
    public LoginControl(MainFrame f,ManagerLoginPane p)
    {
        frame=f;
        pane=p;
    }
    //定义响应按钮的事件处理方法
    public void actionPerformed(ActionEvent e)
    {
        Object button=e.getSource();
        if(button==pane.surebtn)
        {
        //获取用户提交的登录信息
            String sid=pane.numbertex.getText().trim();
            String sps=new String(pane.passtex.getPassword()).trim();
        //创建数据库查询的 sql 语句
            String sql="select * from manager where mname='"+sid+"' and mpassword= '"
+sps+"'and mdel=0";
        //声明结果集对象
            ResultSet rs;
        //设置判断用户是否存在的标志位
            boolean isexist=false;
            try
            {
            //执行数据库查询
                rs=db.getResult(sql);
                isexist=rs.first();
            }
            catch(SQLException w)
            {
                System.out.println(w);
            }
                //判断密码是否正确
            if(!isexist)
            {
            //如果管理员账号不存在，则显示提示对话框，并将密码框清空
                JOptionPane.showMessageDialog(null,"用户名不存在,或密码不正确");
                pane.passtex.setText("");
                return;
            }
            else
            {
            //如果管理员账号存在，则进入系统，并使系统中的菜单可用
                frame.miLedit.setEnabled(true);
                frame.muScand.setEnabled(true);
                frame.muEquipment.setEnabled(true);
                frame.muUser.setEnabled(true);
                frame.jTree.setEnabled(true);
                pane.numbertex.setText("");
                pane.passtex.setText("");
            }
        }
        if(button==pane.cancelbtn)
        {
            pane.numbertex.setText("");
            pane.passtex.setText("");
            return;

        }

    }
    private MainFrame frame;
    private DBManager db=new DBManager();
    private ManagerLoginPane pane;

}
```

因此，管理员未登录之前的系统主界面如图 8.17 所示。

当管理员输入正确的账号和密码登录后，系统主界面如图 8.18 所示。

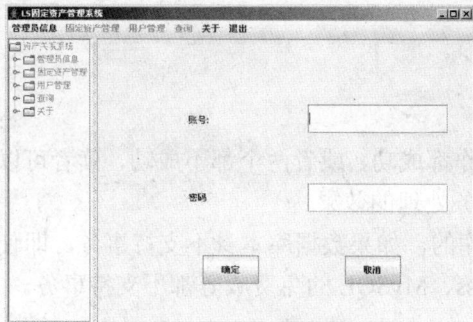

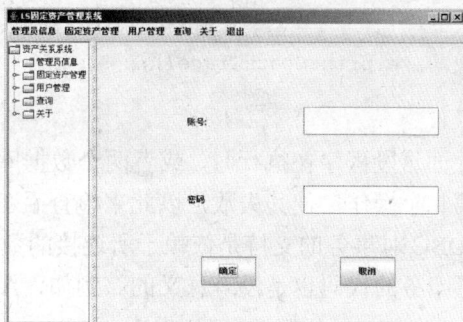

图 8.17 管理员未登录之前的系统主界面   图 8.18 管理员登录后的系统主界面

从中我们可以看出，系统主界面中的菜单项以及左边的树形结构都变为可用的了。

8.5 数据库事务处理

在 JDBC 的数据库操作中，一项事务是由一条或是多条 SQL 语句所组成的一个不可分割的工作单元。通过提交方法 commit()或者回滚方法 rollback()来结束事务的操作。关于事务操作的方法都位于 java.sql.Connection 接口中。

在 JDBC 中，事务操作默认是自动提交。也就是说，一条对数据库的 SQL 语句就代表一项事务操作。操作成功后，系统将自动调用 commit()方法来提交，否则将调用 rollback()方法来回滚。

在 JDBC 中，可以通过调用 setAutoCommit(false)方法来禁止自动提交。之后就可以把多个数据库操作的 SQL 语句作为一个事务，在全部操作完成后，调用 commit()来进行整体提交。倘若其中一个 SQL 操作失败，将不会执行到 commit()，并且将产生响应的异常。此时就可以在异常捕获中调用 rollback()进行回滚。这样做可以保持多次数据库操作后相关数据的一致性。

JDBC 的手工事务处理的示例代码如下：

```
try{
Class.forName("com.microsoft.sqlserver.jdbc.SQLServerDriver");
Connection conn = DriverManager.getConnection(
        "jdbc:sqlserver://127.0.0.1:1433;DatabaseName=TestDemo","sa",
"2001sun");
//禁止自动事务提交
 conn.setAutoCommit(false);
PreparedStatement pstate = conn.prepareStatement("insert into [User](UName,UPass)
values(?,?)");
pstate.setString(1,request.getParameter("name"));
pstate.setString(2,request.getParameter("pass"));
//第一个数据库操作
pstate.executeUpdate();
pstate = conn.prepareStatement("update [User] set UPass ='456' where UName='sun'");
//第二个数据库操作
pstate.executeUpdate();
//事务提交
conn.commit();
}
catch(Exception ex) {
    ex.printStackTrace();
    try {
        //操作不成功则回滚
        conn.rollback();
```

```
        }
    catch(Exception e){
        e.printStackTrace();
        }
}
```

上面这段程序在执行时，或者两个数据库操作都成功，或者两个都不成功，读者可以自己修改第二个操作，使其失败，以此来检查手工事务处理的效果。

JDBC 对事务的支持是依赖于所连接的数据库的，如果数据库本身不支持事务，即使正常编写了事务的代码也是没有意义的。例如，Access、MySQL 的免费版等都不支持事务。

8.6 上机实训——使用表格显示数据表

本节介绍的上机实训例子是使用 Swing 组件包中的 JTable 组件使用 JDBC 技术将数据库中数据表的数据显示出来，要求读者熟练掌握 JTable 组件的使用和 JDBC 技术。

8.6.1 项目要求

本项目使用 JDBC 对数据表进行查询，并将查询结果通过 JTable 组件以表格的形式显示出来。

8.6.2 项目分析

首先使用 JDBC 与数据库进行连接，然后对数据表进行查询，最后将查询所得到的结果集使用 JTable 组件显示。

8.6.3 项目实现

Step 01 在 Eclipse 中创建一个名称为 SQLDemo 的 Java Project 项目。

Step 02 将从微软官方网站下载的 SQL Server 2005 数据库的 JDBC 驱动程序 sqljdbc.jar 复制到项目中，然后根据本章前面介绍的步骤，将其添加到项目的编译路径中。

Step 03 在该项目中，创建一个名称为 SelectTable 的 Java 类，并在打开的 Java 代码编辑器中编写该类的具体定义代码：

```
import javax.swing.*;
import javax.swing.JTable.*;
import java.sql.*;
public class SelectTable extends JFrame {
    public SelectTable(String title)
    {
        super(title);
        ResultSet result;

        try
        {
        //载入数据库驱动程序
            Class.forName("com.microsoft.sqlserver.jdbc.SQLServerDriver");
        //建立数据库连接
```

```
Connection con=DriverManager.getConnection("jdbc:sqlserver:
    //127.0.0.1:1433;DatabaseName=TestDemo",
     "sa", "2001sun");
Statement stat=con.createStatement(ResultSet.TYPE_SCROLL_ INSENSITIVE,
ResultSet.CONCUR_READ_ONLY);
//执行数据库查询
result=stat.executeQuery("select * from [User]");
//获取结果集中的属性信息
ResultSetMetaData rsmd=result.getMetaData();
int colCount=rsmd.getColumnCount();
int dataCount=0;
while(result.next())
{
    dataCount++;
}
result.first();
//将结果集中的数据和属性添加到 JTable 组件中
String[] header=new String[colCount];
for(int i=0;i<colCount;i++)
header[i]=rsmd.getColumnName(i+1);
String [] [] data=new String[dataCount][colCount];
    for(int j=0;j<dataCount-1;j++)
{
    result.next();
    for(int s=0;s<colCount;s++)
        data[j][s]=result.getString(s+1);
    }
JTable t=new JTable(data,header);
JScrollPane jscrp1=new JScrollPane();
jscrp1.getViewport().add(t);
this.getContentPane().add(jscrp1);
    this.setSize(800,400);
    this.setVisible(true);
}
catch(Exception e)
{
    System.out.println("Could not
execute the query"+e);
}
}
public static void main(String args[])
{
    new SelectTable("User");
}
}
```

该项目运行后的结果如图 8.19 所示。

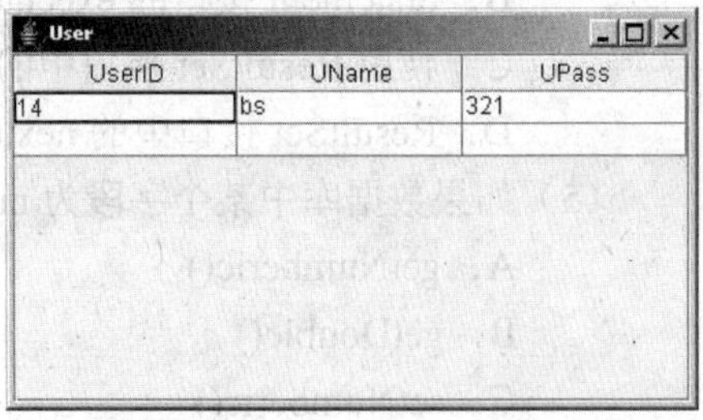

图 8.19　在 JTable 中显示查询结果

8.7　小结

　　本章主要讲解了 Java 中 JDBC 技术的应用,通过实例详细介绍了 JDBC 中的常用类和接口,随着数据库开发的不断深入,掌握 JDBC 技术已经成为 Java 开发中的必然要求。本章的内容也是作为本书最后一章综合案例开发的必要知识准备,因此读者必须做到熟练掌握和运用。

8.8 习题

8.8.1 思考题

（1）使用下面的 Connection 的_____方法可以建立一个 PreparedStatement 接口。

A．createPrepareStatement()

B．prepareStatement()

C．createPreparedStatement()

D．preparedStatement()

（2）在 JDBC 中可以调用数据库的存储过程的接口是_____。

A．Statement

B．PreparedStatement

C．CallableStatement

D．PrepareStatement

（3）下面的描述正确的是_____。

A．PreparedStatement 接口继承自 Statement 接口

B．Statement 接口继承自 PreparedStatement 接口

C．ResultSet 接口继承自 Statement 接口

D．CallableStatement 接口继承自 PreparedStatement 接口

（4）下面的描述错误的是_____。

A．Statement 接口的 executeQuery()方法会返回一个结果集

B．Statement 接口的 executeUpdate()方法会返回是否更新成功的 boolean 值

C．使用 ResultSet 接口中的 getString()可以获得一个对应于数据库中 char 类型的值

D．ResultSet 接口中的 next()方法会使结果集中的下一行成为当前行

（5）如果数据库中某个字段为 numberic 型，可以通过结果集中的哪个方法获取？_____。

A．getNumberic()

B．getDouble()

C．setNumberic()

D．setDouble()

（6）在 JDBC 中使用事务时，用于回滚事务的方法是_____。

A．Connection 的 commit()

B．Connection 的 setAutoCommit()

C．Connection 的 rollback()

D．Connection 的 close()

8.8.2 操作题

（1）添加办公固定资产管理系统管理员信息修改的数据库代码。

（2）添加办公固定资产管理系统资产信息修改的数据库代码。

（3）添加办公固定资产管理系统用户查询的数据库代码。

第 9 章

项目实训——
办公固定资产管理系统

随着计算机的广泛运用和网络技术的飞速发展，利用计算机来管理信息成为社会发展的趋势。办公固定资产管理系统的开发就是为了企业、机关、学校、事业单位等任何需要管理固定资产及设备的单位能够摆脱以往人工操作的诸多不便，实现办公固定资产信息的微机化、网络化管理。本系统能够实现对固定资产的全面管理，将减轻管理人员的工作强度，提高工作效率。

本系统贯穿于全书的所有章节，而本章正是对本书前面章节的总结和实现，我们将以前面章节中所介绍和实现的任务为基础，对全书的知识点进行总结和应用，并在此基础上对系统功能进行详细的分析和设计，系统讲解使用 Java 语言开发商业化应用程序的步骤和技巧，使读者能够对前面章节中的内容融会贯通，熟练运用。

本章重点讲解系统流程、模块功能、数据库设计以及系统各个模块的具体实现，通过对本系统的模块功能分析、系统流程设计、数据库设计和功能模块实现的学习，使读者深入掌握 Java 面向对象的编程的精髓，能够独立开发简单的 Java 程序应用系统。

知 识 点

- ◎ 系统功能分析
- ◎ 系统流程分析
- ◎ 数据库设计
- ◎ 各模块实现

9.1 系统分析

一个软件项目进行开发的一步就是进行系统分析，这是一个项目能够顺利开发和实现的基础和关键。系统分析主要包括需求分析、可行性分析以及开发及运行环境分析。

9.1.1 需求分析

因为固定资产是每个企业不可缺少的重要组成部分，因此加强固定资产管理，可以优化企业资源配置。固定资产经常需要进行登记、借出还入、维修、折旧等操作，从而实现固定资产设备的日常管理功能。通过对这些操作信息的查看，可方便地获知每一件固定资产的状态及当前所处位置，保证了企业中的每一件物品发挥其最大的效用。但一直以来人们都是使用传统人工的方式管理固定资产的信息，这种管理方式存在着许多缺点，例如效率低、保密性差等，另外，时间一长，将产生大量的文件和数据，这对于查找、更新和维护都带来了不小的困难。

随着计算机技术的不断发展，计算机应用于各大领域，并给人们的生活带来了极大的便利，在固定资产管理中亦是如此。以往固定资产管理人员由于缺乏适当的管理工具而给其工作带来了很多不便。因此使用计算机管理固定资产，开发一个固定资产管理系统就成为了必然。固定资产管理系统是一个企事业单位不可缺少的部分，它的应用对于企事业单位的决策者和管理者来说都至关重要，能够为用户提供充足的信息和快捷的查询手段。

固定资产管理系统需要具备以下主要功能。

- 用户管理：将用户信息存储于系统中，管理员可以管理用户，例如查询用户、添加新用户、修改和删除用户等。
- 固定资产管理：将固定资产信息存储于系统中，管理员可以添加新设备、修改设备信息，并可以查阅设备借出和归还情况。
- 管理员管理：将管理员的信息存储于系统中，提供对管理员的添加、修改等操作。
- 办公文件管理：将系统中的信息存储成办公文件，提供打开和保存办公文件的功能，并实现网络协同办公功能，能够使办公文件在局域网内部进行发送和接收。

9.1.2 可行性分析

固定资产管理系统是一个典型的管理信息系统，所谓管理信息系统是一个以人为主导、利用计算机硬件、软件、网络通信设备以及其他办公设备，进行信息的收集传输、加工、储存、更新和维护，以企业战略竞优、提高效益和效率为目的，支持企业高层决策、中层控制、基层运作的集成化的人机系统。管理信息系统采用数据库作为后台，利用某种程序开发语言结合数据库访问技术进行前端数据操作。

目前开发系统常用的技术架构主要有两类：C/S（Client/Server）模式和B/S（Browser/Server）模式。C/S模式就是客户机/服务器模式。在这种模式下，可以充分利用客户机和服务器的硬件环境优势，将任务合理分配到客户机端和服务器端来实现，降低了系统的通信开销。在C/S模式下，应用服务器运行数据负荷较轻，但是C/S模式的劣势是高昂的维护成本，且投资大。

固定资产管理系统属于企业内部的一种管理系统，通过内部网络处理和交换信息，因此采用 C/S 模式进行设计，客户端运行 Java 客户端程序，服务器端运行 Java 服务器端程序。

固定资产管理系统主要涉及前台程序与后台数据库之间数据操作以及局域网内部数据的传递，利用 Eclipse 开发环境，采用 Java 语言结合 SQL Server 数据库进行开发不存在技术方面的问题。

9.1.3 开发及运行环境分析

硬件平台：

- CPU：P3.60GHz；
- 内存：512MB 以上。

软件平台：

- 操作系统：Windows 2000/Windows XP/Windows 2003；
- 数据库：SQL Server 2005；
- 开发工具：JDK 5.0、Eclipse 3.3。

9.2 系统功能模块分析

根据系统分析的要求，固定资产管理系统实现了 4 个完整的功能。根据这些功能要求，设计的系统功能模块如图 9.1 所示。

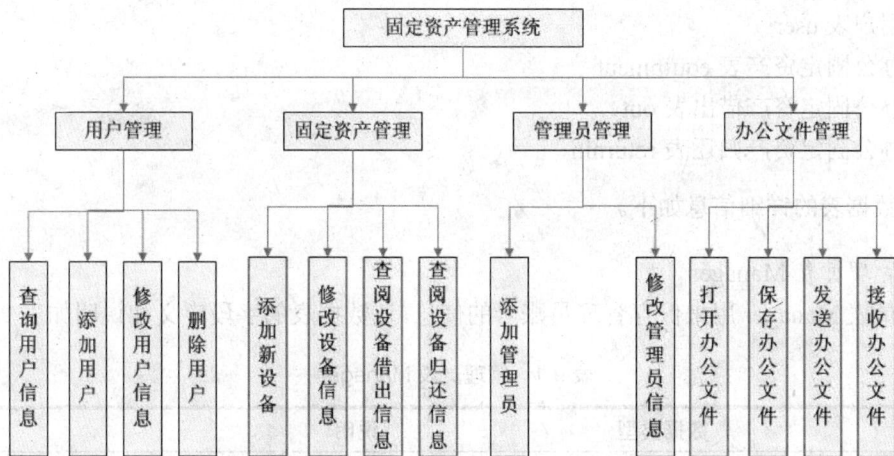

图 9.1　系统功能模块

固定资产管理系统各模块功能要求分析如下。

- 用户管理模块
  由于系统用户众多，为了方便每个用户对设备进行借出和归还操作，该系统需要存储每个用户的基本信息，以便用户对设备进行借出和归还操作时通过用户名从数据库中快速调出用户信息，用户基本信息包括用户名、职务、用户说明等，管理员可以添加新用户、查询用户信息、修改用户信息和删除用户。

- 固定资产管理模块

  为了方便对固定资产的管理，需要把每件固定资产的相关信息添加到数据库，以便通过编号从数据库中快速调出固定资产的信息。固定资产基本信息包括编号、名称、类型、购买日期、所属类别、是否被借出等，管理员可以添加固定资产、查询固定资产信息、修改固定资产信息和删除固定资产。

- 管理员管理模块

  该模块实现对管理员账号登录的验证、标识，为管理员对系统的操作提供授权依据，在这一模块中，首先要求管理员输入自己的登录账号和登录密码，然后系统对账号和密码进行验证，判断管理员的身份。当管理员登录成功后，还可以添加新的管理员账号以及修改已经存在的管理员的信息。

- 办公文件管理模块

  该模块中可以对系统中的办公文件进行打开和保存操作，并且在局域网中对办公文件进行发送和接收操作。

9.3 数据库设计

根据系统的设计要求和模块功能分析，本节将进行系统数据库的分析和设计。根据系统中所要存储的信息，我们在数据库中创建以下数据表。

- 管理员表 Manager
- 用户表 users
- 办公固定资产表 equipment
- 办公固定资产借出表 out
- 办公固定资产归还表 returnin

这些数据表的详细信息如下。

（1）管理员表 Manager

管理员表 Manager 用来保存管理员账号的信息，该数据表的字段定义和说明如表 9.1 所示。

表 9.1　管理员表 Manager

字段名称	数据类型	说明
Mid	int(自动编号)	管理员序号
Mname	varchar(20)	管理员账户名称
Mpassword	varchar(20)	管理员账户密码
Mdel	bit	账户是否被删除

（2）用户表 users

用户表 users 用来保存用户的信息，该数据表的字段定义和说明如表 9.2 所示。

表 9.2 用户表 users

字段名称	数据类型	说明
uid	int(自动编号)	用户序号
uname	varchar(20)	用户名称
uduty	varchar(20)	用户职务
uremark	ntext	用户说明
udel	bit	用户是否被删除

（3）办公固定资产表 equipment

办公固定资产表 equipment 用来保存系统中办公固定资产的信息，该数据表的字段定义和说明如表 9.3 所示。

表 9.3 办公固定资产表 equipment

字段名称	数据类型	说明
Eid	int(自动编号)	办公固定资产序号
Eclass	int	办公固定资产所属大类别
Ekind	int	办公固定资产所属小类别
Evalue	float	办公固定资产价格
Ebuyday	datetime	办公固定资产购买日期
Estute	int	办公固定资产状态
Eremark	ntext	办公固定资产备注说明
EDel	bit	办公固定资产是否被删除
euid	int	办公固定资产的占用者的序号
emodel	varchar(20)	办公固定资产的生产厂商
ename	varchar(20)	办公固定资产的型号

（4）办公固定资产借出表 out

办公固定资产借出表 out 用来保存办公固定资产借出的信息，该数据表的字段定义和说明如表 9.4 所示。

表 9.4 办公固定资产借出表 out

字段名称	数据类型	说明
oid	int(自动编号)	办公固定资产的借出序号
Oeid	int	被领用的办公固定资产序号
omid	int	发放设备的管理员序号
ouidk	int	办公固定资产领用人的序号
odate	datetime	领用日期
ousefor	ntext	用途

（5）办公固定资产归还表 returnin

办公固定资产归还表 returnin 用来保存办公固定资产归还的信息，该数据表的字段定义和说明如表 9.5 所示。

表 9.5　办公固定资产归还表 returnin

字段名称	数据类型	说明
iid	int(自动编号)	办公固定资产的归还序号
ieid	int	被归还的办公固定资产序号
iuid	int	办公固定资产归还人的序号
imid	int	接收设备的管理员序号
idate	datetime	归还日期
iiremark	ntext	备注

9.4　数据库连接模块

　　系统所需要的信息都存储在数据库中，例如用户信息、管理员信息、固定资产信息等，要对这些信息进行操作，就必须连接数据库，为了省去每次操作都要编写连接数据库程序，我们把连接数据库操作封装到一个类 DBManager 中，在不同的模块中调用这个类就可以对数据库进行连接，执行相应的数据库操作，从而使得连接数据库安全、高效，程序代码简洁、清晰，也提高了软件复用程度。

　　数据库连接类 DBManager 的代码定义如下：

```
package model;
import java.sql.*;
public class DBManager{
  public DBManager()
  {
    try{
    //注册 SQL 2005 数据库的纯 Java JDBC 连接
      Class.forName("com.microsoft.sqlserver.jdbc.SQLServerDriver");
      }
      catch(ClassNotFoundException e1)
      {
        System.out.println(e1);
      }
      try
      {
      rul="jdbc:sqlserver://127.0.0.1:1433;DatabaseName= EquipManager;";
      conn=DriverManager.getConnection(rul,"sa","2001sun");
      stmt=conn.createStatement(ResultSet.TYPE_SCROLL_SENSITIVE,
        ResultSet.CONCUR_UPDATABLE);
        }
        catch(SQLException e2)
        {
          System.out.println(e2);
        }
    }
    //数据库查询操作
    public ResultSet getResult(String sql){

      try{

        re=stmt.executeQuery(sql);

        return re;
      }
```

```
            catch(Exception e3){
                System.out.println("getResult------"+e3.toString());
                return null;
            }
        }
        //数据库增、删、改操作
        public boolean executeSql(String sql){
            try
            {
                stmt.executeUpdate(sql);
                conn.commit();
                return true;
            }
            catch(Exception e4){
                System.out.println("executeSql----"+e4.toString());
                return false;
            }
        }
        //关闭所有连接
        public boolean closeResultSet()
        {
            try
            {
                re.close();
                stmt.close();
                conn.close();

                return true;
            }catch(SQLException e5)
            {
                System.out.println(e5);
                return false;
            }
        }
        ResultSet re;
        String rul;
        Connection conn;
        Statement stmt;

    }
```

　　该类中的代码用于定义数据库连接、查询数据、插入数据、修改数据、删除数据和关闭数据库连接的操作，由于数据库的删除、插入和修改数据的操作都是调用 Statement 对象的 executeQuery()方法执行的，所以我们将这 3 个操作定义在同一个方法 executeSql(String sql)中。

9.5 管理员管理模块

　　为保证系统的安全性，只有管理员才可以对系统进行操作，因此，需要对管理员登录信息进行验证，管理员的账号和密码存放在数据库中，通过文本框获得管理员输入的账号和密码，然后与数据库中存储的账号和密码进行比较，如果匹配，则进入系统，否则提示账号和密码不正确。管理员登录后，还可以修改管理员账号和密码信息，并创建新的管理员账号。

9.5.1　管理员登录

　　管理员登录界面主要用于接收管理员输入的账号和密码，以便与数据库中的账号和密码进行比较，界面主要包括两个标签、一个文本框、一个密码框和两个按钮，如图 9.2 所示。

管理员登录界面类 ManagerLoginPane 的具体代码如下：

```
package view;

import javax.swing.JButton;
import javax.swing.JLabel;
import javax.swing.JPanel;
import javax.swing.JPasswordField;
import javax.swing.JTextField;
//引入事件处理器类
import contorl.LoginControl;

public class ManagerLoginPane extends JPanel
    {
    public ManagerLoginPane(MainFrame bar){
    frame=bar;
    initialize();
    }
    //声明事件处理器对象
    private LoginControl logincontrol;
    private MainFrame frame;
    private JLabel numberlbl = null;
    private JLabel passlbl=null;
    public JTextField numbertex=null;
    public JPasswordField passtex=null;
    public JButton surebtn=null;
    public JButton cancelbtn=null;

    private void initialize() {
        numberlbl = new JLabel();
        setLayout(null);
        numberlbl.setText("账号:");
        numbertex=new JTextField("");
        passlbl=new JLabel("密码");
        passtex=new JPasswordField("");
        surebtn=new JButton("确定");
        cancelbtn=new JButton("取消");
        this.setSize(600, 400);
        numberlbl.setBounds(130, 92, 100, 40);
        numbertex.setBounds(300, 90, 200, 40);
        passlbl.setBounds(130, 200, 100, 40);
        passtex.setBounds(300, 200, 200, 40);
        surebtn.setBounds(150, 300, 80, 40);
        cancelbtn.setBounds(353, 300, 80, 40);
        this.add(numberlbl, null);
        this.add(numbertex, null);
        this.add(passlbl, null);
        this.add(passtex, null);
        this.add(surebtn, null);
        this.add(cancelbtn, null);
        logincontrol=new LoginControl(frame,this);
        surebtn.addActionListener(logincontrol);
        cancelbtn.addActionListener(logincontrol);

    }
}
```

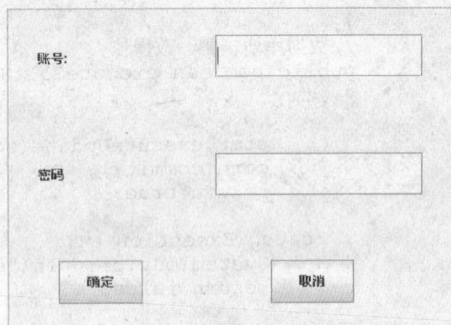

图 9.2　管理员登录界面

　　在该类中引入了响应单击按钮的事件处理器类 LoginControl，当管理员输入登录账号和密码后，单击按钮，就将调用该事件处理器类中定义的事件处理方法来验证登录信息的合法性。
事件处理器类 LoginControl 的具体代码如下：

```
package contorl;

import java.awt.event.ActionEvent;
import java.awt.event.ActionListener;
import java.sql.ResultSet;
import java.sql.SQLException;
```

```java
import javax.swing.JOptionPane;
//引入数据库连接类
import model.DBManager;
import view.MainFrame;
import view.ManagerLoginPane;

public class LoginControl implements ActionListener {
    public LoginControl(MainFrame f,ManagerLoginPane p)
    {
        frame=f;
        pane=p;
    }
    //在事件处理方法中获取输入的登录信息，执行数据库查询操作
    public void actionPerformed(ActionEvent e)
    {
        Object button=e.getSource();
        if(button==pane.surebtn)
        {
         //获取管理员输入的账号和密码
            String sid=pane.numbertex.getText().trim();
            String sps=new String(pane.passtex.getPassword()).trim();
        //构造查询账号和密码是否存在的 SQL 语句
            String sql="select * from manager where mname='"+sid+"' and mpassword= '"
+sps+"'and mdel=0";
            ResultSet rs;
            boolean isexist=false;
            try
            {
              //调用数据库连接类中的 getResult()方法执行查询，并返回结果集
                rs=db.getResult(sql);
                isexist=rs.first();
        }
            catch(SQLException w)
            {
                System.out.println(w);
            }
                //判断密码是否正确
            if(!isexist)
            {
                JOptionPane.showMessageDialog(null,"用户名不存在,或密码不正确");
                pane.passtex.setText("");
                return;
            }
            else
            {
                //登录成功后，设置主界面中的不可用项为可用
                frame.miLedit.setEnabled(true);
                frame.muScand.setEnabled(true);
                frame.muEquipment.setEnabled(true);
                frame.muUser.setEnabled(true);
                frame.muFile.setEnabled(true);
                frame.jTree.setEnabled(true);
                pane.numbertex.setText("");
                pane.passtex.setText("");
            }
        }
        if(button==pane.cancelbtn)
        {
            pane.numbertex.setText("");
            pane.passtex.setText("");
            return;

        }
    }
    private MainFrame frame;
    private DBManager db=new DBManager();
    private ManagerLoginPane pane;

}
```

9.5.2 删除和修改管理员

当管理员成功登录系统后，就可以进行删除和修改管理员操作。修改和删除管理员的界面如图 9.3 所示。

修改和删除管理员界面类 ManagerLoginPane 的具体代码如下：

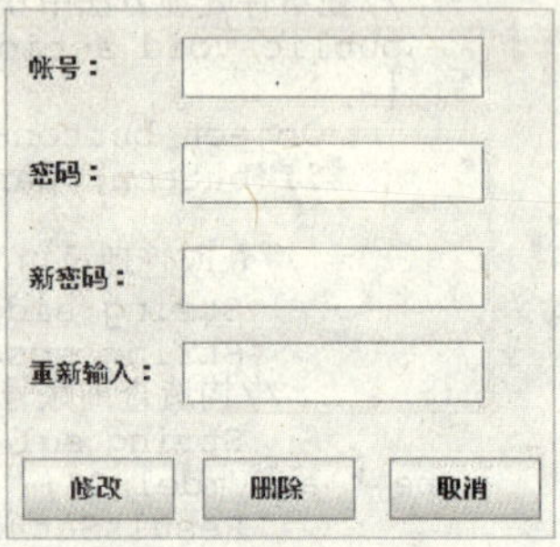

```java
package view;

import java.awt.event.ActionEvent;
import java.awt.event.ActionListener;
import javax.swing.JPanel;

import javax.swing.JLabel;
import javax.swing.JPasswordField;
import javax.swing.JTextField;
import javax.swing.JButton;
//引入事件处理器类
import contorl.MEControl;
public class ManagerEditPane extends JPanel implements
ActionListener {

    private JLabel numberlbl = null;
    private JLabel passlbl = null;
    private JLabel newpasslbl = null;
    private JLabel confirmlbl = null;
    public JTextField numbertex = null;
    public JPasswordField passtex = null;
    public JPasswordField newpasstex = null;
    public JPasswordField comfirmtex = null;
    public JButton surebtn = null;
    public JButton cancelbtn = null;
    public JButton delbtn = null;
    //声明事件处理器类的对象
    private MEControl mec;

    public ManagerEditPane() {
        super();
        initialize();
    }
    //设计界面
    private void initialize() {
        confirmlbl = new JLabel();
        newpasslbl = new JLabel();
        passlbl = new JLabel();
        numberlbl = new JLabel();
        this.setLayout(null);
        numberlbl.setText("账号：");
        numberlbl.setBounds(30, 40, 75, 30);
        passlbl.setBounds(30, 90, 75, 30);
        passlbl.setText("密码：");
        newpasslbl.setBounds(30, 140, 75, 30);
        newpasslbl.setText("新密码：");
        confirmlbl.setBounds(30, 185, 75, 30);
        confirmlbl.setText("重新输入：");
        this.setBounds(0, 0, 400, 300);
        this.add(numberlbl, null);
        this.add(passlbl, null);
        this.add(newpasslbl, null);
        this.add(confirmlbl, null);
        this.add(getNumbertex(), null);
        this.add(getPasstex(), null);
        this.add(getNewpasstex(), null);
        this.add(getComfirmtex(), null);
        this.add(getSurebtn(), null);
        this.add(getCancelbtn(), null);
```

图 9.3 修改和删除管理员界面

```
        this.add(getDelbtn(), null);
        mec=new MEControl(this);
        surebtn.addActionListener(mec);
        cancelbtn.addActionListener(mec);
        delbtn.addActionListener(mec);

    }

    public void actionPerformed(ActionEvent e) {
    private JTextField getNumbertex() {
        if (numbertex == null) {
            numbertex = new JTextField();
            numbertex.setBounds(105, 40, 150, 30);
        }
        return numbertex;
    }

    private JPasswordField getPasstex() {
        if (passtex == null) {
            passtex = new JPasswordField();
            passtex.setBounds(105, 90, 150, 30);
        }
        return passtex;
    }

    private JPasswordField getNewpasstex() {
        if (newpasstex == null) {
            newpasstex = new JPasswordField();
            newpasstex.setBounds(105, 140, 150, 30);
        }
        return newpasstex;
    }

    private JPasswordField getComfirmtex() {
        if (comfirmtex == null) {
            comfirmtex = new JPasswordField();
            comfirmtex.setBounds(105, 185, 150, 30);
        }
        return comfirmtex;
    }

    private JButton getSurebtn() {
        if (surebtn == null) {
            surebtn = new JButton();
            surebtn.setBounds(26, 240, 75, 30);
            surebtn.setText("修改");
        }
        return surebtn;
    }

    private JButton getCancelbtn() {
        if (cancelbtn == null) {
            cancelbtn = new JButton();
            cancelbtn.setBounds(207, 240, 75, 30);
            cancelbtn.setText("取消");
        }
        return cancelbtn;
    }

    private JButton getDelbtn() {
        if (delbtn == null) {
            delbtn = new JButton();
            delbtn.setBounds(115, 240, 75, 30);
            delbtn.setText("删除");
        }
        return delbtn;
    }
}
```

在该类中引入了响应单击按钮的事件处理器类 MEControl，当管理员输入要修改或删除的登录账号和密码后，单击按钮，就将调用该事件处理器类中定义的事件处理方法来修改或删除登录信息。

事件处理器类 MEControl 的具体代码如下：

```java
package contorl;

import java.awt.event.ActionEvent;
import java.awt.event.ActionListener;
import java.sql.ResultSet;
import java.sql.SQLException;
import javax.swing.JOptionPane;
//引入数据库连接类
import model.DBManager;
import view.ManagerEditPane;

public class MEControl implements ActionListener {

    private ManagerEditPane pane;
    private DBManager db=new DBManager();
    public MEControl(ManagerEditPane pane) {
        this.pane=pane;
    }
    //定义事件处理方法
    public void actionPerformed(ActionEvent e) {
        String id=pane.numbertex.getText().trim();
        String oldpas=new String(pane.passtex.getPassword()).trim();
        String newpas=new String(pane.newpasstex.getPassword()).trim();
        String confrimpas=new String(pane.comfirmtex.getPassword()).trim();
        String sql="";
        Object button=e.getSource();
    //判断是否单击了修改或删除管理员的按钮
        if(button==pane.surebtn||button==pane.delbtn)
        {
            if(id.equals("")||!(newpas.equals(confrimpas)))
            {
                JOptionPane.showMessageDialog(null,"资料不全或不正确，请重新输入");
                pane.passtex.setText("");
                pane.newpasstex.setText("");
                pane.comfirmtex.setText("");
                return;
            }
            sql="select * from manager where mid="+id+"and mpassword='" +oldpas+
"'and mdel=0";
            ResultSet rs;
            boolean isexist=false;
            try
            {
                rs=db.getResult(sql);
                isexist=rs.first();
            }
            catch(SQLException w)
            {
                System.out.println(w);
            }
            //判断密码是否正确
            if(!isexist)
            {
                JOptionPane.showMessageDialog(null,"用户名不存在,或密码不正确");
                pane.passtex.setText("");
                pane.newpasstex.setText("");
                pane.comfirmtex.setText("");
                return;
            }
            else
            {
                sql="update manager set";
```

```
//如果单击"修改"按钮，则构建修改信息的 SQL 语句
if(button==pane.surebtn)
{
  sql=sql+" mpassword='"+newpas+"'";
}
//如果单击"删除"按钮，则构建删除信息的 SQL 语句
if(button==pane.delbtn)
{
    sql=sql+" mdel=1";
}
sql=sql+" where mid="+id;
isexist=db.executeSql(sql);
if(isexist)
{
    JOptionPane.showMessageDialog(null,"修改成功");
    pane.numbertex.setText("");
    pane.passtex.setText("");
    pane.newpasstex.setText("");
    pane.comfirmtex.setText("");
    return;
}
else
{
    JOptionPane.showMessageDialog(null,"修改不成功,请重新修改");
    pane.numbertex.setText("");
    pane.passtex.setText("");
    pane.newpasstex.setText("");
    pane.comfirmtex.setText("");
    return;
}
}
}
if(button==pane.cancelbtn)
{
    pane.numbertex.setText("");
    pane.passtex.setText("");
    pane.newpasstex.setText("");
    pane.comfirmtex.setText("");
    return;

}
}

}
```

9.6 系统主界面模块

系统主界面也就是登录系统后进入的第一个界面，在主界面中包括操作系统各模块的组件，通过主界面可以执行任何一个功能模块，实现各种不同的功能。系统主界面如图9.4所示。

系统主界面类 MainFrame 的具体代码如下：

```
package view;

import java.awt.CardLayout;
import java.awt.Dimension;
import java.awt.Toolkit;
import java.awt.event.ActionEvent;
import java.awt.event.ActionListener;
import contorl.MainControl;
import contorl.TreeControl;
```

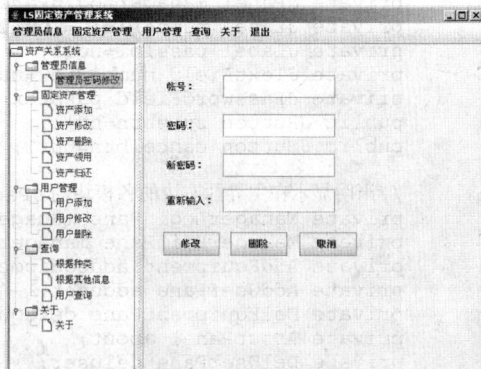

图 9.4　系统主界面

```
import javax.swing.JButton;
import javax.swing.JFrame;
import javax.swing.JLabel;
import javax.swing.JMenu;
import javax.swing.JMenuBar;
import javax.swing.JMenuItem;
import javax.swing.JPanel;
import javax.swing.JPasswordField;
import javax.swing.JScrollPane;
import javax.swing.JSplitPane;
import javax.swing.JTextField;
import javax.swing.JTree;
import javax.swing.ProgressMonitor;
import javax.swing.tree.DefaultMutableTreeNode;
//引入数据库连接类
import model.DBManager;
public class MainFrame extends JFrame// implements ActionListener
{
    //声明主界面中所使用的组件和容器的对象
    private javax.swing.JPanel jContentPane = null;
    private JSplitPane jSplitPane = null;
    private JScrollPane jScrollPane = null;
    public JTree jTree = null;
    private JMenuBar bar=null;
    private JMenu muExit=null;
    private JMenu muLogin=null;
    public JMenu muEquipment=null;
    public JMenu muUser=null;
    private JMenu muAbout=null;
    public JMenu muFile=null;
    private JMenuItem miExit=null;
    public JMenuItem miLogin=null;
    public JMenuItem miLedit=null;
    public JMenuItem miAbout=null;
    public JMenuItem miEadd=null;
    public JMenuItem miEedit=null;
    public JMenuItem miEdel=null;
    public JMenuItem miEuse=null;
    public JMenuItem miEreturn=null;
    public JMenuItem miUadd=null;
    public JMenuItem miUedit=null;
    public JMenuItem miUdel=null;
    public JMenu muScand=null;
    public JMenuItem miSkind=null;
    public JMenuItem miSinformation=null;
    public JMenuItem miSuserinformation=null;
    public JMenuItem miFileopen=null;
    public JMenuItem miFilesend=null;
    public JMenuItem miFilereceive=null;
    private CardLayout card;
    private JPanel cards = null;
    private JPanel ManagerLoginPane = null;
    private JLabel numberlbl = null;
    private JLabel passlbl=null;
    private JTextField numbertex=null;
    private JPasswordField passtex=null;
    public JButton surebtn=null;
    public JButton cancelbtn=null;

    //声明显示在主界面右边的各模块的JPanel容器
    private ManagerLoginPane managerlogin;
    private ManagerEditPane managereditpane;
    private AddEquipment addequipment;
    private AddUserPane adduser;
    private DelEquipmentPane delequipment;
    private AboutPanel about;
    private DelUserPane deluser;
    private EditEquipmentPane editequipment;
    private EditUserPane edituser;
```

```
private EquipmentInformationPane equipmentinformation;
private KindInformationPane kindinformation;
private ManagerEditPane manageredit;
private ReturnEquipmentPane returnequipment;
private UseEquipmentPane useequipment;
ProgressMonitor pm;
private UserInfromationPane userinfromationpane;

//声明主界面左边的树形结构中的叶子节点
private  DefaultMutableTreeNode root;
private DefaultMutableTreeNode tmanager;
private DefaultMutableTreeNode tequipment;
private DefaultMutableTreeNode tuser;
private DefaultMutableTreeNode tfind;
public DefaultMutableTreeNode ttabout;
private DefaultMutableTreeNode tabout;
public DefaultMutableTreeNode tmanagerlogin;
public DefaultMutableTreeNode tmanageredit;
public DefaultMutableTreeNode teadd;
public DefaultMutableTreeNode teedit;
public DefaultMutableTreeNode tedel;
public DefaultMutableTreeNode teuse;
public DefaultMutableTreeNode tereturn;
public DefaultMutableTreeNode tuadd;
public DefaultMutableTreeNode tuedit;
public DefaultMutableTreeNode tudel;
public DefaultMutableTreeNode tikind;
public DefaultMutableTreeNode tie;
public DefaultMutableTreeNode tiu;

//声明主界面中各组件的事件监听器类
private MainControl maincontrol=new MainControl(this);
private TreeControl treecontrol=new TreeControl(this);
//创建数据库连接类的实例
private DBManager db=new DBManager();

//获取主界面中分隔框容器的对象
private JSplitPane getJSplitPane() {
    if (jSplitPane == null) {
        jSplitPane = new JSplitPane();
        jSplitPane.setLeftComponent(getJScrollPane());
        pm.setProgress(50);
        jSplitPane.setRightComponent(getJPanel());
        pm.setProgress(80);
    }
    return jSplitPane;
}
//获取主界面左边滚动框容器的对象
private JScrollPane getJScrollPane() {
    if (jScrollPane == null) {
        jScrollPane = new JScrollPane();
        jScrollPane.setViewportView(getJTree());
    }
    return jScrollPane;
}
//初始化左边的树形结构
private JTree getJTree() {
    if (jTree == null) {
        root=new DefaultMutableTreeNode("资产关系系统");
        tmanager=new DefaultMutableTreeNode("管理员信息");
        tequipment=new DefaultMutableTreeNode("固定资产管理");
        tuser=new DefaultMutableTreeNode("用户管理");
        tfind=new DefaultMutableTreeNode("查询");
        ttabout=new DefaultMutableTreeNode("关于");
        tabout=new DefaultMutableTreeNode("关于");
        // tmanagerlogin=new DefaultMutableTreeNode("管理员登陆");
        tmanageredit=new DefaultMutableTreeNode("管理员密码修改");
        teadd=new DefaultMutableTreeNode("资产添加");
        teedit=new DefaultMutableTreeNode("资产修改");
        tedel=new DefaultMutableTreeNode("资产删除");
```

```
        teuse=new DefaultMutableTreeNode("资产领用");
        tereturn=new DefaultMutableTreeNode("资产归还");
        tuadd=new DefaultMutableTreeNode("用户添加");
        tuedit=new DefaultMutableTreeNode("用户修改");
        tudel=new DefaultMutableTreeNode("用户删除");
        tikind=new DefaultMutableTreeNode("根据种类");
        tie=new DefaultMutableTreeNode("根据其他信息");
        tiu=new DefaultMutableTreeNode("用户查询");
        root.add(tmanager);
        root.add(tequipment);
        root.add(tuser);
        root.add(tfind);
        root.add(ttabout);
        ttabout.add(tabout);
        tmanager.add(tmanageredit);
        tequipment.add(teadd);
        tequipment.add(teedit);
        tequipment.add(tedel);
        tequipment.add(teuse);
        tequipment.add(tereturn);
        tuser.add(tuadd);
        tuser.add(tuedit);
        tuser.add(tudel);
        tfind.add(tikind);
        tfind.add(tie);
        tfind.add(tiu);
        jTree = new JTree(root);
        jTree.setEditable(false);
        jTree.setEnabled(false);
        jTree.addTreeSelectionListener(treecontrol);
        }
        return jTree;
    }
    //获取主界面中的 JPanel 容器对象
    private JPanel getJPanel() {
        if (cards == null) {
            cards = new JPanel();
            card=new CardLayout();
            cards.setLayout(card);
            cards.setSize(800,600);
            managerlogin=new ManagerLoginPane(this);
            cards.add(managerlogin, "managerlogin");
            managereditpane=new ManagerEditPane();
            cards.add(managereditpane, "manageredit");
            addequipment=new AddEquipment();
            cards.add(addequipment, "addequipment");
            about=new AboutPanel();
            cards.add(about, "about");
            adduser=new AddUserPane();
            cards.add(adduser, "adduser");
            delequipment=new DelEquipmentPane();
            cards.add(delequipment, "delequipment");
            deluser=new DelUserPane();
            cards.add(deluser, "deluser");
            editequipment=new EditEquipmentPane();
            cards.add(editequipment, "editequipment");
            edituser=new EditUserPane();
            cards.add(edituser, "edituser");
            equipmentinformation=new EquipmentInformationPane();
            cards.add(equipmentinformation, "equipmentinformation");
            kindinformation=new KindInformationPane();
            cards.add(kindinformation, "kindinformation");
            manageredit=new ManagerEditPane();
            cards.add(manageredit, "manageredit");
            returnequipment=new ReturnEquipmentPane();
            cards.add(returnequipment, "returnequipment");
            useequipment=new UseEquipmentPane();
            cards.add(useequipment, "useequipment");
            userinfromationpane=new UserInfromationPane();
            cards.add(userinfromationpane, "userinfromation");
```

```
    }
    return cards;
}

//主函数
    public static void main(String[] args)
{
 //创建并显示主界面
    MainFrame m=new MainFrame();
    m.setDefaultCloseOperation(JFrame.EXIT_ON_CLOSE);
    m.setVisible(true);
}
//构造函数
public MainFrame() {
    super();
 //创建并显示进度条
    pm=new ProgressMonitor(this, "loading...", "longing...", 0, 100) ;
    pm.setProgress(10);
    initialize();
}
//对界面中的组件和容器进行初始化操作
private void initialize() {
    this.setSize(800,600);
    this.setContentPane(getJContentPane());
    this.setTitle("LS 固定资产管理系统");
    Dimension screenSize = Toolkit.getDefaultToolkit().getScreenSize();
    Dimension frameSize = getSize();
    if (frameSize.height > screenSize.height) {
        frameSize.height = screenSize.height;
    }
        if (frameSize.width > screenSize.width) {
            frameSize.width = screenSize.width;
        }
    setLocation((screenSize.width - frameSize.width) / 2,(screenSize.height -
frameSize.height) / 2);
    }

    private javax.swing.JPanel getJContentPane() {
        if(jContentPane == null) {
            jContentPane = new javax.swing.JPanel();
            jContentPane.setLayout(new java.awt.BorderLayout());
            jContentPane.add(getJSplitPane(), java.awt.BorderLayout.CENTER);
            pm.setProgress(50);
            muScand=new JMenu("查询");
            muScand.setEnabled(false);
            muExit=new JMenu("退出");
            muLogin=new JMenu("管理员信息");
            muEquipment=new JMenu("固定资产管理");
            muEquipment.setEnabled(false);
            muUser=new JMenu("用户管理");
            muUser.setEnabled(false);
            muFile=new JMenu("办公文件");
            muFile.setEnabled(false);
            muAbout=new JMenu("关于");
            miExit=new JMenuItem("退出系统");
            miExit.addActionListener(new ActionListener(){
                public void actionPerformed(ActionEvent e)
                {
                    System.exit(0);
                    db.closeResultSet();
                }
            });
            miLogin=new JMenuItem("登陆");
            miLogin.addActionListener(maincontrol);
            miLedit=new JMenuItem("管理员密码修改");
            miLedit.setEnabled(false);
            miLedit.addActionListener(maincontrol);
            miAbout=new JMenuItem("关于");
            miAbout.addActionListener(maincontrol);
            miEadd=new JMenuItem("资产增加");
```

```
        miEadd.addActionListener(maincontrol);
        miEedit=new JMenuItem("资产信息修改");
        miEedit.addActionListener(maincontrol);
        miEdel=new JMenuItem("资产删除");
        miEdel.addActionListener(maincontrol);
        miEuse=new JMenuItem("资产领用");
        miEuse.addActionListener(maincontrol);
        miEreturn=new JMenuItem("资产归还");
        miEreturn.addActionListener(maincontrol);
        miUadd=new JMenuItem("用户添加");
        miUadd.addActionListener(maincontrol);
        miUedit=new JMenuItem("用户修改");
        miUedit.addActionListener(maincontrol);
        miUdel=new JMenuItem("用户删除");
        miUdel.addActionListener(maincontrol);
        miSkind=new JMenuItem("根据种类");
        miSkind.addActionListener(maincontrol);
        miSinformation=new JMenuItem("根据其他信息");
        miSuserinformation=new JMenuItem("用户查询");
        miSuserinformation.addActionListener(maincontrol);
        miSinformation.addActionListener(maincontrol);
        miFileopen=new JMenuItem("操作办公文件");
        miFileopen.addActionListener(maincontrol);
        miFilesend=new JMenuItem("发送办公文件");
        miFilesend.addActionListener(maincontrol);
        miFilereceive=new JMenuItem("接收办公文件");
        miFilereceive.addActionListener(maincontrol);
        bar=new JMenuBar();
        pm.setProgress(90);
        setJMenuBar(bar);
        bar.add(muLogin);
        bar.add(muEquipment);
        bar.add(muUser);
        bar.add(muScand);
        bar.add(muFile);
        bar.add(muAbout);
        bar.add(muExit);
        muLogin.add(miLogin);
        muLogin.add(miLedit);
        muExit.add(miExit);
        muAbout.add(miAbout);
        muEquipment.add(miEadd);
        muEquipment.add(miEedit);
        muEquipment.add(miEdel);
        muEquipment.add(miEuse);
        muEquipment.add(miEreturn);
        muUser.add(miUadd);
        muUser.add(miUedit);
        muUser.add(miUdel);
        muScand.add(miSkind);
        muScand.add(miSinformation);
        muScand.add(miSuserinformation);
        muFile.add(miFileopen);
        muFile.add(miFilesend);
        muFile.add(miFilereceive);
        pm.setProgress(100);
        pm.close();

    }
    return jContentPane;
}
//声明根据用户操作，显示不同模块容器的方法
public void framedo()
{
    String Result=maincontrol.getResult();
    if(Result!=null)
    {
        card.show(cards,Result);
        maincontrol.setResult(null);
        Result=null;
```

```
        }
        else
        {
            Result=treecontrol.getResult();
            card.show(cards,Result);
            Result=null;

        }

    }
}
```

在该类中引入了响应用户各种操作的事件处理器类 MainControl，当管理员在主界面中进行各种操作时，就将调用该事件处理器类中定义的处理方法来调用并显示不同的模块的操作界面。

事件处理器类 MainControl 的具体代码如下：

```
import java.awt.event.ActionEvent;
import java.awt.event.ActionListener;
import view.MainFrame;
import socket.RTFReceiveFrame;
import socket.RTFSendFrame;
import view.FileManagerFrame;

public class MainControl implements ActionListener
{
    //构造函数
    public MainControl(MainFrame bar)
    {
        this.frame=bar;
    }
    //响应主界面中的各组件的事件
    public void actionPerformed(ActionEvent e) {
        Object source=e.getSource();
    //根据不同事件源的判断，执行不同的操作
        if(source==frame.miSkind)
        {
            Result="kindinformation";
            frame.framedo();
        }
        if(source==frame.miSinformation)
        {
            Result="equipmentinformation";
            frame.framedo();
        }
        if(source==frame.miEreturn)
        {
            Result="returnequipment";
            frame.framedo();
        }
        if(source==frame.miUadd)
        {
            Result="adduser";
            frame.framedo();
        }
        if(source==frame.miUedit)
        {
            Result="edituser";
            frame.framedo();
        }
        if(source==frame.miUdel)
        {
            Result="deluser";
            frame.framedo();
        }
        if(source==frame.miEedit)
        {
            Result="editequipment";
            frame.framedo();
```

```
          }
          if(source==frame.miEdel)
          {
              Result="delequipment";
              frame.framedo();
          }
          if(source==frame.miEuse)
          {
              Result="userequipment";
              frame.framedo();
          }
          if(source==frame.miAbout)
          {
              Result="about";
              frame.framedo();
          }
          if(source==frame.miLedit)
          {
              Result="manageredit";
              frame.framedo();
          }
          if(source==frame.miLogin)
          {
              Result="managerlogin";
              frame.framedo();
          }
          if(source==frame.miEadd)
          {
              Result="addequipment";
              frame.framedo();
          }
          if(source==frame.miSuserinformation)
          {
              Result="userinfromation";
              frame.framedo();
          }
          if(source==frame.miFilesend)
          {
              new RTFSendFrame();
          }
          if(source==frame.miFilereceive)
          {
              new RTFReceiveFrame();
          }
          if(source==frame.miFileopen)
          {
              new FileManagerFrame();
          }
      }
      public String getResult()
      {
          return Result;
      }
      private String Result;
      private MainFrame frame;
//设置结果集
      public void setResult(Object object) {
          this.Result=(String)object;
      }
}
```

9.7 固定资产管理模块

管理员可以对办公固定资产进行管理，包括查询固定资产信息、添加新固定资产信息、修改固定资产信息和删除固定资产信息。

9.7.1 添加固定资产信息

当单击主界面菜单栏中"固定资产管理"菜单中的"资产增加"菜单项，或者选择主界面中树形结构中的"资产添加"节点，都将显示如图9.5所示的添加固定资产界面。

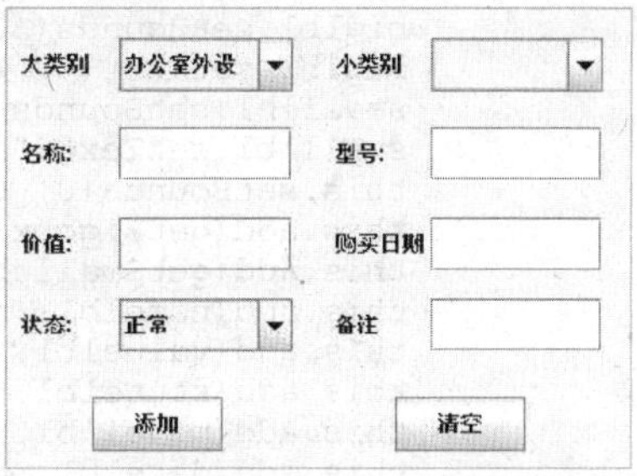

添加固定资产界面类 AddEquipment 的具体代码如下：

```java
package view;

import java.sql.Timestamp;
import java.util.Date;
import java.util.Vector;

import javax.swing.DefaultComboBoxModel;
import javax.swing.JButton;
import javax.swing.JComboBox;
import javax.swing.JLabel;
import javax.swing.JPanel;
import javax.swing.JTextField;
//引入事件处理器类
import contorl.EAControl;

public class AddEquipment extends JPanel {
    //声明界面中的各个组件
    public JComboBox bigcbx = null;
    public JComboBox smallcbx = null;
    private JLabel namelbl = null;
    private JLabel valuelbl = null;
    private JLabel stutelbl = null;
    private JLabel modellbl = null;
    private JLabel datelbl = null;
    private JLabel notelbl = null;
    public JTextField nametex = null;
    public JTextField valuetex = null;
    public JComboBox stutecbx = null;
    public JTextField modeltex = null;
    public JTextField datetex = null;
    public JTextField notetex = null;
    public JButton addbtn = null;
    public JButton cancelbtn = null;
    private JLabel biglbl = null;
    private JLabel smalllbl = null;
    private EAControl eac;
    //构造函数
    public AddEquipment() {
        super();
        initialize();
    }
    //初始化各个组件
    private void initialize() {
        notelbl = new JLabel();
        datelbl = new JLabel();
        modellbl = new JLabel();
        stutelbl = new JLabel();
        valuelbl = new JLabel();
        namelbl = new JLabel();
        biglbl = new JLabel();
        smalllbl = new JLabel();
        this.setLayout(null);
        namelbl.setBounds(30, 90, 55, 30);
        namelbl.setText("名称:");
        valuelbl.setBounds(30, 140, 55, 30);
        valuelbl.setText("价值:");
```

图9.5　添加固定资产界面

```java
        stutelbl.setBounds(30, 185, 55, 30);
        stutelbl.setText("状态:");
        modellbl.setBounds(210, 90, 55, 30);
        modellbl.setText("型号:");
        datelbl.setBounds(210, 140, 55, 30);
        datelbl.setText("购买日期");
        notelbl.setBounds(210, 185, 55, 30);
        notelbl.setText("备注");
        biglbl.setBounds(30, 40, 55, 30);
        biglbl.setText("大类别");
        smalllbl.setBounds(210, 40, 55, 30);
        smalllbl.setText("小类别");
        this.setBounds(0, 0, 400, 300);
        this.add(getBigcbx(), null);
        this.add(getSmallcbx(), null);
        this.add(namelbl, null);
        this.add(valuelbl, null);
        this.add(stutelbl, null);
        this.add(modellbl, null);
        this.add(datelbl, null);
        this.add(notelbl, null);
        this.add(getNametex(), null);
        this.add(getValuetex(), null);
        this.add(getStutecbx(), null);
        this.add(getModeltex(), null);
        this.add(getDatetex(), null);
        this.add(getNotetex(), null);
        this.add(getAddbtn(), null);
        this.add(biglbl, null);
        this.add(smalllbl, null);
        this.add(getCancelbtn(), null);
        datetex.setToolTipText((new Timestamp((new Date()).getTime())).toString());
        eac=new EAControl(this);
        bigcbx.addItemListener(eac);
        addbtn.addActionListener(eac);
        cancelbtn.addActionListener(eac);

    }
    //获取各个组件的对象
    private JComboBox getBigcbx() {
        if (bigcbx == null) {
            Vector items=new Vector();
            items.add("办公室外设");
            items.add("数码产品");
            items.add("计算机");
            bigcbx = new JComboBox(items);
            bigcbx.setBounds(85, 40, 100, 30);

        }
        return bigcbx;
    }

    private JComboBox getSmallcbx() {
        if (smallcbx == null) {
            smallcbx = new JComboBox();
            smallcbx.setBounds(265, 40, 100, 30);
        }
        return smallcbx;
    }

    private JTextField getNametex() {
        if (nametex == null) {
            nametex = new JTextField();
            nametex.setBounds(85, 90, 100, 30);
        }
        return nametex;
    }

    private JTextField getValuetex() {
        if (valuetex == null) {
```

```
        valuetex = new JTextField();
        valuetex.setBounds(85, 140, 100, 30);
    }
    return valuetex;
}

private JComboBox getStutecbx() {
    if (stutecbx == null) {
        Vector v=new Vector();
        v.add("正常");
        v.add("待维修");
        v.add("报废");
        stutecbx = new JComboBox(v);
        stutecbx.setBounds(85, 185, 100, 30);
    }
    return stutecbx;
}

private JTextField getModeltex() {
    if (modeltex == null) {
        modeltex = new JTextField();
        modeltex.setBounds(265, 90, 100, 30);
    }
    return modeltex;
}

private JTextField getDatetex() {
    if (datetex == null) {
        datetex = new JTextField();
        datetex.setBounds(265, 140, 100, 30);
    }
    return datetex;
}

private JTextField getNotetex() {
    if (notetex == null) {
        notetex = new JTextField();
        notetex.setBounds(265, 185, 100, 30);
    }
    return notetex;
}

private JButton getAddbtn() {
    if (addbtn == null) {
        addbtn = new JButton();
        addbtn.setBounds(70, 240, 75, 30);
        addbtn.setText("添加");
    }
    return addbtn;
}

private JButton getCancelbtn() {
    if (cancelbtn == null) {
        cancelbtn = new JButton();
        cancelbtn.setBounds(245, 240, 75, 30);
        cancelbtn.setText("清空");
    }
    return cancelbtn;
}
//根据大类别获取小类别的方法
public void smallchange(int i) {
    DefaultComboBoxModel model=new DefaultComboBoxModel();
    switch(i)
    {
        case 1:
            smallcbx.removeAllItems();
            model.addElement("传真机");
            model.addElement("复印机");
            model.addElement("打印机");
            model.addElement("其他");
```

```
            smallcbx.setModel(model);
            break;
        case 2:
            smallcbx.removeAllItems();
            model.addElement("数码相机");
            model.addElement("投影仪");
            model.addElement("其他");
            smallcbx.setModel(model);
            break;
        case 3:
            smallcbx.removeAllItems();
            model.addElement("笔记本电脑");
            model.addElement("台式机");
            model.addElement("服务器");
            model.addElement("其他");
            smallcbx.setModel(model);
            break;
        }
    }
}
```

在该类中引入了响应单击按钮的事件以及响应选中选择框中某个选项事件的处理器类 EAControl，当管理员填写完新的固定资产的信息并单击按钮后，就将调用该事件处理器类中定义的事件处理方法来向数据库中添加新的固定资产的信息。当为固定资产选中归属于大类别中某个选项时，对应的小类别的选择框将自动填充内容。

事件处理器类 EAControl 的具体代码如下：

```
package contorl;

import java.awt.event.ActionEvent;
import java.awt.event.ActionListener;
import java.awt.event.ItemEvent;
import java.awt.event.ItemListener;
import java.sql.Timestamp;
import javax.swing.JOptionPane;
//引入数据库连接类
import model.DBManager;
import view.AddEquipment;

public class EAControl implements ActionListener, ItemListener {
    private AddEquipment eq;
    private DBManager db=new DBManager();
    //构造函数
    public EAControl(AddEquipment equipment) {
        eq=equipment;
    }

    //事件处理方法
    public void actionPerformed(ActionEvent e) {
    //获取录入的固定资产设备的信息
        int big=eq.bigcbx.getSelectedIndex();
        int small=eq.smallcbx.getSelectedIndex();
        int stute=eq.stutecbx.getSelectedIndex();
        String name=eq.nametex.getText().trim();
        String model=eq.modeltex.getText().trim();

        float value=Float.valueOf(eq.valuetex.getText().trim()).floatValue() ;
        String remark=eq.notetex.getText().trim();
        Object button=e.getSource();
    //如果单击了"添加"按钮
        if(button==eq.addbtn)
        {
            Timestamp timestamp;
            try{
                timestamp=Timestamp.valueOf(eq.datetex.getText().trim()+" 00:00:00.000");
            }
            catch(IllegalArgumentException ie)
```

```
                    {
                        JOptionPane.showMessageDialog(null,"输入的时间格式有误,请参考: yyyy-mm-dd");
                        eq.datetex.setText("");
                        return;
                    }
                    if(small==-1|value<2000)
                    {
                        JOptionPane.showMessageDialog(null,"请选择小类或者价格必须大于2000");
                        return;
                    }
        //构造将固定资产信息插入数据表的 SQL 语句
                    String sql="insert into equipment(eclass,ekind,evalue, ebuyday, estute,
                        eremark,edel,euid,emodel,ename)values("+big+","+small+", "+value+",
                        '"+timestamp+"','"+stute+"','"+remark+"',0,0,'"+model+"','"+name+"')";
                    boolean isexist=false;
        //执行插入操作
                    isexist=db.executeSql(sql);
                        if(!isexist)
                        {
                            JOptionPane.showMessageDialog(null,"添加不成功,请重新添加");
                            return;
                        }
                        else
                        {
                            JOptionPane.showMessageDialog(null,"添加成功");
                            eq.nametex.setText("");
                            eq.modeltex.setText("");
                            eq.notetex.setText("");
                            eq.valuetex.setText("");
                            eq.datetex.setText("");
                        }
                }
                if(button==eq.cancelbtn)
                {
                    eq.nametex.setText("");
                    eq.modeltex.setText("");
                    eq.notetex.setText("");
                    eq.valuetex.setText("");
                    eq.datetex.setText("");
                    return;

                }
            }
        //定义选择框中选中值发生改变时的事件处理方法
        public void itemStateChanged(ItemEvent e) {
        //根据大类别的值的变化,填充小类别选择框的内容
            Object big=e.getItem();
            if(big.equals("办公室外设"))
            {
                eq.smallchange(1);
            }
            if(big.equals("数码产品"))
            {
                eq.smallchange(2);
            }
            if(big.equals("计算机"))
            {
                eq.smallchange(3);
            }
        }
    }
```

9.7.2 修改固定资产信息

当单击主界面菜单栏中"固定资产管理"菜单中的"资产信息修改"菜单项,或者选择主界面中树形结构中的"资产修改"节点,都将显示如图 9.6 所示的修改固定资产信息界面。

修改固定资产信息界面类 EditEquipmentPane 的具体代码如下：

```java
package view;

import java.util.Vector;
import javax.swing.JPanel;
import javax.swing.DefaultComboBoxModel;
import javax.swing.JLabel;
import javax.swing.JTextField;
import javax.swing.JComboBox;
import javax.swing.JButton;
//引入事件处理器类
import contorl.EEControl;
public class EditEquipmentPane extends JPanel
{
    //声明界面中的各个组件
    private JLabel idlbl = null;
    private JLabel biglbl = null;
    private JLabel modellbl = null;
    private JLabel datelbl = null;
    public JTextField idtex = null;
    public JTextField nametex = null;
    public JTextField modeltex = null;
    public JTextField datetex = null;
    private JLabel namelbl = null;
    private JLabel smalllbl = null;
    private JLabel valuelbl = null;
    private JLabel stutelbl = null;
    public JTextField valuetex = null;
    public JComboBox stutecbx = null;
    public JComboBox bigcbx = null;
    public JComboBox smallcbx = null;
    public JButton finebtn = null;
    public JButton editbtn = null;
    public JButton cancelbtn = null;
    private EEControl eec;
    //构造函数
    public EditEquipmentPane() {
        initialize();
    }
    //初始化各个组件
    private void initialize() {
        stutelbl = new JLabel();
        valuelbl = new JLabel();
        smalllbl = new JLabel();
        namelbl = new JLabel();
        datelbl = new JLabel();
        modellbl = new JLabel();
        biglbl = new JLabel();
        idlbl = new JLabel();
        this.setLayout(null);
        //this.setSize(300,400);
        this.add(getDatetex(), null);
        idlbl.setText("编号:");
        idlbl.setBounds(30, 40, 55, 30);
        biglbl.setBounds(30, 90, 55, 30);
        biglbl.setText("大类别:");
        modellbl.setBounds(30, 140, 55, 30);
        modellbl.setText("型号:");
        datelbl.setBounds(30, 185, 55, 30);
        datelbl.setText("购买日期:");
        namelbl.setBounds(210, 40, 55, 30);
        namelbl.setText("名称:");
        smalllbl.setBounds(210, 90, 55, 30);
        smalllbl.setText("小类别:");
        valuelbl.setBounds(210, 140, 55, 30);
        valuelbl.setText("价值:");
        stutelbl.setBounds(210, 185, 55, 30);
        stutelbl.setText("状态:");
```

图 9.6   修改固定资产信息界面

```
        this.add(idlbl, null);
        this.add(biglbl, null);
        this.add(modellbl, null);
        this.add(datelbl, null);
        this.add(getIdtex(), null);
        this.add(getNametex(), null);
        this.add(getModeltex(), null);
        this.add(namelbl, null);
        this.add(smalllbl, null);
        this.add(valuelbl, null);
        this.add(stutelbl, null);
        this.add(getValuetex(), null);
        this.add(getStutecbx(), null);
        this.add(getBigcbx(), null);
        this.add(getSmallcbx(), null);
        this.add(getFinebtn(), null);
        this.add(getEditbtn(), null);
        this.add(getCancelbtn(), null);
        eec=new EEControl(this);
        bigcbx.addItemListener(eec);
        finebtn.addActionListener(eec);
        editbtn.addActionListener(eec);
        cancelbtn.addActionListener(eec);

    }
//获取各组件的实例的方法
private JTextField getIdtex() {
    if (idtex == null) {
        idtex = new JTextField();
        idtex.setBounds(85, 40, 100, 30);
    }
    return idtex;
}

private JTextField getNametex() {
    if (nametex == null) {
        nametex = new JTextField();
        nametex.setBounds(265, 40, 100, 30);
        nametex.setEnabled(true);
        nametex.setEditable(false);
    }
    return nametex;
}

private JTextField getModeltex() {
    if (modeltex == null) {
        modeltex = new JTextField();
        modeltex.setBounds(85, 140, 100, 30);
        modeltex.setEnabled(true);
        modeltex.setEditable(false);
    }
    return modeltex;
}

private JTextField getDatetex() {
    if (datetex == null) {
        datetex = new JTextField();
        datetex.setBounds(85, 185, 100, 30);
        datetex.setEditable(false);
    }
    return datetex;
}

private JTextField getValuetex() {
    if (valuetex == null) {
        valuetex = new JTextField();
        valuetex.setBounds(265, 140, 100, 30);
        valuetex.setEditable(false);
    }
    return valuetex;
```

```
    }

    private JComboBox getStutecbx() {
        if (stutecbx == null) {
            Vector v=new Vector();
            v.add("正常");
            v.add("待维修");
            v.add("报废");
            v.add("被占用");
            stutecbx = new JComboBox(v);
            stutecbx.setBounds(265, 185, 100, 30);
            stutecbx.setEditable(false);
            stutecbx.setEnabled(false);
        }
        return stutecbx;
    }

    private JComboBox getBigcbx() {
        if (bigcbx == null) {
            Vector items=new Vector();
            items.add("办公室外设");
            items.add("数码产品");
            items.add("计算机");
            bigcbx = new JComboBox(items);
            bigcbx.setBounds(85, 90, 100, 30);
            bigcbx.setEditable(false);
            bigcbx.setEnabled(false);
        }
        return bigcbx;
    }

    private JComboBox getSmallcbx() {
        if (smallcbx == null) {
            smallcbx = new JComboBox();
            smallcbx.setBounds(265, 90, 100, 30);
            smallcbx.setEnabled(false);
        }
        return smallcbx;
    }

    private JButton getFinebtn() {
        if (finebtn == null) {
            finebtn = new JButton();
            finebtn.setBounds(40, 240, 75, 30);
            finebtn.setText("查找");
        }
        return finebtn;
    }

    private JButton getEditbtn() {
        if (editbtn == null) {
            editbtn = new JButton();
            editbtn.setBounds(161, 240, 75, 30);
            editbtn.setText("修改");
            editbtn.setEnabled(false);
        }
        return editbtn;
    }

    private JButton getCancelbtn() {
        if (cancelbtn == null) {
            cancelbtn = new JButton();
            cancelbtn.setBounds(300, 240, 75, 30);
            cancelbtn.setText("清空");
            cancelbtn.setEnabled(false);
        }
        return cancelbtn;
    }
    public void smallchange(int i) {
        DefaultComboBoxModel model=new DefaultComboBoxModel();
```

```
        switch(i)
        {
            case 0:
                smallcbx.removeAllItems();
                model.addElement("传真机");
                model.addElement("复印机");
                model.addElement("打印机");
                model.addElement("其他");
                smallcbx.setModel(model);
                break;
            case 1:
                smallcbx.removeAllItems();
                model.addElement("数码相机");
                model.addElement("投影仪");
                model.addElement("其他");
                smallcbx.setModel(model);
                break;
            case 2:
                smallcbx.removeAllItems();
                model.addElement("笔记本电脑");
                model.addElement("台式机");
                model.addElement("服务器");
                model.addElement("其他");
                smallcbx.setModel(model);
                break;
        }
    }
}
```

在该类中引入了响应单击按钮的事件以及响应选中选择框中某个选项事件的处理器类 EEControl，当管理员填写完固定资产编号后单击"查询"按钮，就将显示出固定资产的信息，管理员修改固定资产的信息后再单击"修改"按钮，就将调用该事件处理器类中定义的事件处理方法来向数据库中修改固定资产的信息。当为固定资产选中归属于大类别中的某个选项时，对应的小类别的选择框将自动填充内容。

事件处理器类 EEControl 的具体代码如下：

```java
package contorl;

import java.awt.event.ActionEvent;
import java.awt.event.ActionListener;
import java.awt.event.ItemEvent;
import java.awt.event.ItemListener;
import java.sql.ResultSet;
import java.sql.SQLException;
import java.sql.Timestamp;

import javax.swing.JOptionPane;
//引入数据库连接类
import model.DBManager;
import view.EditEquipmentPane;

public class EEControl implements ActionListener, ItemListener {

    private EditEquipmentPane ee;
    private DBManager db=new DBManager();
    private ResultSet rs;
    String seid="";
    private int eid;
    //构造函数
    public EEControl(EditEquipmentPane pane) {
        ee=pane;
    }
    //事件处理方法
    public void actionPerformed(ActionEvent e) {
        Object button=e.getSource();
        String sql="select * from equipment where eid=";
```

```
boolean success=false;
String seid=ee.idtex.getText().trim();
if(seid.equals(""))
{
    JOptionPane.showMessageDialog(null,"请输入资产编号");
    return;
}
eid=Integer.parseInt(seid);
if(button==ee.finebtn)
{
    dofine(sql);
}
    if(button==ee.editbtn)
    {
        Timestamp timestamp;
        try{
            timestamp  =  Timestamp.valueOf(ee.datetex.getText().trim()+"
00:00:00.000");
        }
        catch(IllegalArgumentException ie)
        {
         JOptionPane.showMessageDialog(null,"输入的时间格式有误,请参考:yyyy-mm-dd");
            ee.datetex.setText("");
            return;
        }
        //获取录入的修改后的固定资产信息
        int big=ee.bigcbx.getSelectedIndex();
        int small=ee.smallcbx.getSelectedIndex();
        int stute=ee.stutecbx.getSelectedIndex();
        String name=ee.nametex.getText().trim();
        String model=ee.modeltex.getText().trim();
        float value=Float.valueOf(ee.valuetex.getText().trim()).floatValue() ;
        int confirm=JOptionPane.showConfirmDialog(null,"是否修改?","修改确认",
JOptionPane.YES_NO_OPTION);
        if(confirm==JOptionPane.YES_OPTION)
        {
        //构造修改固定资产信息的 SQL 语句
            sql="update equipment set
ename='"+name+"',eclass="+big+",ekind="+small+",evalue="+value+"  ,ebuyday='"+ti
mestamp+"',estute="+stute+",emodel='"+model+"'  where eid="+seid;
            System.out.println(sql);
            //执行修改语句
            success=db.executeSql(sql);
            if(!success)
            {
                JOptionPane.showMessageDialog(null,"修改不成功,请重试");
            }
            else
            {
                JOptionPane.showMessageDialog(null,"修改成功");
                ee.idtex.setText("");
                ee.nametex.setText("");
                ee.valuetex.setText("");
                ee.datetex.setText("");
                ee.modeltex.setText("");
                ee.bigcbx.setEnabled(false);
                ee.cancelbtn.setEnabled(false);
                ee.datetex.setEditable(false);
                ee.editbtn.setEnabled(false);
                ee.modeltex.setEditable(false);
                ee.nametex.setEditable(false);
                ee.smallcbx.setEnabled(false);
                ee.stutecbx.setEnabled(false);
                ee.valuetex.setEditable(false);
                return;
            }
        }
    }
    if(button==ee.cancelbtn)
    {
```

```
                    ee.idtex.setText("");
                    ee.nametex.setText("");
                    ee.valuetex.setText("");
                    ee.datetex.setText("");
                    ee.modeltex.setText("");
                    return;

            }
        }
    //定义选择框中选中值发生改变时的事件处理方法
    public void itemStateChanged(ItemEvent e) {
        Object big=e.getItem();
        if(big.equals("办公室外设"))
        {
            ee.smallchange(0);
        }
        if(big.equals("数码产品"))
        {
            ee.smallchange(1);
        }
        if(big.equals("计算机"))
        {
            ee.smallchange(2);
        }
    }

    private void dofine(String sql)
    {
        sql=sql+eid;
        rs=db.getResult(sql);
        int big=0;
        int small=0;
        int stute=-1;
        try
        {
            if(!rs.first()|(rs.getInt(8)==1))
            {
                JOptionPane.showMessageDialog(null,"没有该资产或者已经被删除");
                ee.idtex.setText("");
                ee.nametex.setText("");
                ee.valuetex.setText("");
                ee.datetex.setText("");
                ee.modeltex.setText("");
                ee.bigcbx.setEnabled(false);
                ee.cancelbtn.setEnabled(false);
                ee.datetex.setEditable(false);
                ee.editbtn.setEnabled(false);
                ee.modeltex.setEditable(false);
                ee.nametex.setEditable(false);
                ee.smallcbx.setEnabled(false);
                ee.stutecbx.setEnabled(false);
                ee.valuetex.setEditable(false);
                return;
            }
            else
            {
                rs.beforeFirst();
                while(rs.next())
                {
                    big=rs.getInt(2);
                    small=rs.getInt(3);
                    ee.valuetex.setText(rs.getString(4));
                    ee.datetex.setText((rs.getString(5)).substring(0,11));
                    stute=rs.getInt(6);
                    ee.modeltex.setText(rs.getString(10));
                    ee.nametex.setText(rs.getString(11));
                    ee.bigcbx.setEnabled(true);
                    ee.cancelbtn.setEnabled(true);
                    ee.datetex.setEditable(true);
                    ee.editbtn.setEnabled(true);
```

251

```java
                    ee.modeltex.setEditable(true);
                    ee.nametex.setEditable(true);
                    ee.smallcbx.setEnabled(true);
                    ee.stutecbx.setEnabled(true);
                    ee.valuetex.setEditable(true);
            }
        }
}catch(SQLException sqle)
{
    JOptionPane.showMessageDialog(null,"没有该资产或者已经被删除");
            System.out.println(sqle);
            ee.idtex.setText("");
            ee.nametex.setText("");
            ee.valuetex.setText("");
            ee.datetex.setText("");
            ee.modeltex.setText("");
            ee.bigcbx.setEnabled(false);
            ee.cancelbtn.setEnabled(false);
            ee.datetex.setEditable(false);
            ee.editbtn.setEnabled(false);
            ee.modeltex.setEditable(false);
            ee.nametex.setEditable(false);
            ee.smallcbx.setEnabled(false);
            ee.stutecbx.setEnabled(false);
            ee.valuetex.setEditable(false);
            return;
}
if(big==0)
    {
        ee.bigcbx.setSelectedIndex(big);
        switch(small)
            {
                case 1:
                    ee.smallcbx.setSelectedIndex(small);
                    break;
                case 2:
                    ee.smallcbx.setSelectedIndex(small);
                    break;
                case 3:
                    ee.smallcbx.setSelectedIndex(small);
                    break;
                case 4:
                    ee.smallcbx.setSelectedIndex(small);
                    break;
            }
        }
    if(big==1)
        {
            ee.bigcbx.setSelectedIndex(1);
            switch(small)
            {
            case 1:
            ee.smallcbx.setSelectedIndex(small);
            break;
            case 2:
            ee.smallcbx.setSelectedIndex(small);
            break;
            case 3:
            ee.smallcbx.setSelectedIndex(small);
            break;
            }
        }
    if(big==2)
        {
            ee.bigcbx.setSelectedIndex(2);
            switch(small)
            {
                case 1:
                ee.smallcbx.setSelectedIndex(small);
```

```
                    break;
                    case 2:
                    ee.smallcbx.setSelectedIndex(small);
                    break;
                    case 3:
                    ee.smallcbx.setSelectedIndex(small);
                    break;
                    case 4:
                    ee.smallcbx.setSelectedIndex(small);
                    break;
                }
            }
        switch(stute)
        {
        case 0:
            ee.stutecbx.setSelectedIndex(stute);
            break;
        case 1:
            ee.stutecbx.setSelectedIndex(stute);
            break;
        case 2:
            ee.stutecbx.setSelectedIndex(stute);
            break;
        default:
            ee.stutecbx.setSelectedIndex(stute);

        }
    }
}
```

9.7.3 删除固定资产信息

当单击主界面菜单栏中"固定资产管理"菜单中的"资产删除"菜单项，或者选择主界面中树形结构中的"资产删除"节点，都将显示如图 9.7 所示的删除固定资产界面。

删除固定资产界面类 DelEquipmentPane 的具体代码如下：

```java
package view;

import javax.swing.JPanel;
import javax.swing.JLabel;
import javax.swing.JTextField;
import javax.swing.JButton;
//引入事件处理器类
import contorl.EDControl;

public class DelEquipmentPane extends JPanel {
    //声明界面中的各个组件
    private JLabel idlbl = null;
    private JLabel biglbl = null;
    private JLabel modellbl = null;
    private JLabel datelbl = null;
    public JTextField idtex = null;
    public JTextField nametex = null;
    public JTextField modeltex = null;
    public JTextField datetex = null;
    private JLabel namelbl = null;
    private JLabel smalllbl = null;
    private JLabel valuelbl = null;
    private JLabel stutelbl = null;
    public JTextField valuetex = null;
    public JTextField stutetex = null;
```

图 9.7 删除固定资产界面

253

```java
    public JTextField bigtex = null;
    public JTextField smalltex = null;
    public JButton finebtn = null;
    public JButton editbtn = null;
    public JButton cancelbtn = null;
    private EDControl edc;
    //构造函数
    public DelEquipmentPane() {
        super();
        initialize();
    }
    //初始化各个组件
    private void initialize() {
        stutelbl = new JLabel();
        valuelbl = new JLabel();
        smalllbl = new JLabel();
        namelbl = new JLabel();
        datelbl = new JLabel();
        modellbl = new JLabel();
        biglbl = new JLabel();
        idlbl = new JLabel();
        this.setLayout(null);
        this.add(getDatetex(), null);
        this.setBounds(0, 0, 400, 300);
        idlbl.setText("编号:");
        idlbl.setBounds(30, 40, 55, 30);
        biglbl.setBounds(30, 90, 55, 30);
        biglbl.setText("大类别:");
        modellbl.setBounds(30, 140, 55, 30);
        modellbl.setText("型号:");
        datelbl.setBounds(30, 185, 55, 30);
        datelbl.setText("购买日期:");
        namelbl.setBounds(210, 40, 55, 30);
        namelbl.setText("名称:");
        smalllbl.setBounds(210, 90, 55, 30);
        smalllbl.setText("小类别:");
        valuelbl.setBounds(210, 140, 55, 30);
        valuelbl.setText("价值:");
        stutelbl.setBounds(210, 185, 55, 30);
        stutelbl.setText("状态:");
        this.add(idlbl, null);
        this.add(biglbl, null);
        this.add(modellbl, null);
        this.add(datelbl, null);
        this.add(getIdtex(), null);
        this.add(getNametex(), null);
        this.add(getModeltex(), null);
        this.add(namelbl, null);
        this.add(smalllbl, null);
        this.add(valuelbl, null);
        this.add(stutelbl, null);
        this.add(getValuetex(), null);
        this.add(getStutecbx(), null);
        this.add(getBigcbx(), null);
        this.add(getSmallcbx(), null);
        this.add(getFinebtn(), null);
        this.add(getEditbtn(), null);
        this.add(getCancelbtn(), null);
        edc=new EDControl(this);
        editbtn.addActionListener(edc);
        cancelbtn.addActionListener(edc);
        finebtn.addActionListener(edc);
    }
    //获取各组件实例
    private JTextField getIdtex() {
        if (idtex == null) {
            idtex = new JTextField();
            idtex.setBounds(85, 40, 100, 30);
        }
        return idtex;
```

```
    }
    private JTextField getNametex() {
        if (nametex == null) {
            nametex = new JTextField();
            nametex.setBounds(265, 40, 100, 30);
            nametex.setEditable(false);
        }
        return nametex;
    }

    private JTextField getModeltex() {
        if (modeltex == null) {
            modeltex = new JTextField();
            modeltex.setBounds(85, 140, 100, 30);
            modeltex.setEditable(false);
        }
        return modeltex;
    }

    private JTextField getDatetex() {
        if (datetex == null) {
            datetex = new JTextField();
            datetex.setBounds(85, 185, 100, 30);
            datetex.setEditable(false);
        }
        return datetex;
    }

    private JTextField getValuetex() {
        if (valuetex == null) {
            valuetex = new JTextField();
            valuetex.setBounds(265, 140, 100, 30);
            valuetex.setEditable(false);
        }
        return valuetex;
    }

    private JTextField getStutecbx() {
        if (stutetex == null) {
            stutetex = new JTextField();
            stutetex.setBounds(265, 185, 100, 30);
            stutetex.setEditable(false);
        }
        return stutetex;
    }

    private JTextField getBigcbx() {
        if (bigtex == null) {
            bigtex = new JTextField();
            bigtex.setBounds(85, 90, 100, 30);
            bigtex.setEditable(false);
        }
        return bigtex;
    }

    private JTextField getSmallcbx() {
        if (smalltex == null) {
            smalltex = new JTextField();
            smalltex.setBounds(265, 90, 100, 30);
            smalltex.setEditable(false);
        }
        return smalltex;
    }

    private JButton getFinebtn() {
        if (finebtn == null) {
            finebtn = new JButton();
            finebtn.setBounds(40, 240, 75, 30);
            finebtn.setText("查找");
        }
```

```
            return finebtn;
        }

        private JButton getEditbtn() {
            if (editbtn == null) {
                editbtn = new JButton();
                editbtn.setBounds(165, 239, 75, 30);
                editbtn.setText("删除");
            }
            return editbtn;
        }

        private JButton getCancelbtn() {
            if (cancelbtn == null) {
                cancelbtn = new JButton();
                cancelbtn.setBounds(300, 240, 75, 30);
                cancelbtn.setText("清空");
            }
            return cancelbtn;
        }
    }
```

在该类中引入了响应单击按钮的事件处理器类 EDControl，当管理员填写完固定资产编号后单击"查询"按钮，就将显示出固定资产的信息，再单击"删除"按钮，就将调用该事件处理器类中定义的事件处理方法来向数据库中删除固定资产的信息。

事件处理器类 EDControl 的具体代码如下：

```java
package contorl;

import java.awt.event.ActionEvent;
import java.awt.event.ActionListener;
import java.sql.ResultSet;
import java.sql.SQLException;
import javax.swing.JOptionPane;
//引入数据库连接类
import model.DBManager;
import view.DelEquipmentPane;

public class EDControl implements ActionListener {
    private DelEquipmentPane ed;
    private DBManager db=new DBManager();
    private ResultSet rs;
    int eid=0;
    //构造函数
    public EDControl(DelEquipmentPane pane) {
        ed=pane;
    }
    //事件处理方法
    public void actionPerformed(ActionEvent e) {
        Object button=e.getSource();
        String seid=ed.idtex.getText().trim();
        String sql="select * from equipment where eid=";
        boolean success=false;
        if(seid.equals(""))
        {
            JOptionPane.showMessageDialog(null,"请输入资产编号");
            return;
        }
        else
        {
            eid=Integer.parseInt(seid);
            //如果单击"查询"按钮
            if(button==ed.finebtn)
            {
                dofine(sql);
            }
            //如果单击"删除"按钮
```

```
            if(button==ed.editbtn)
            {
                dofine(sql);
                int confirm=JOptionPane.showConfirmDialog(null,"是否删除?","删除确认",
JOptionPane.YES_NO_OPTION);
                if(confirm==JOptionPane.YES_OPTION)
                {
                    sql="update equipment set edel=1 where eid="+eid;
                    System.out.println(sql);
                    //执行删除操作
                    success=db.executeSql(sql);
                    if(!success)
                    {
                        JOptionPane.showMessageDialog(null,"修改不成功，请重试");
                    }
                    else
                    {
                        JOptionPane.showMessageDialog(null,"修改成功");
                        ed.idtex.setText("");
                        ed.bigtex.setText("");
                        ed.smalltex.setText("");
                        ed.nametex.setText("");
                        ed.stutetex.setText("");
                        ed.valuetex.setText("");
                        ed.datetex.setText("");
                        ed.modeltex.setText("");
                        ed.nametex.setText("");
                        return;
                    }
                }
            }
            if(button==ed.cancelbtn)
            {
                ed.idtex.setText("");
                ed.bigtex.setText("");
                ed.smalltex.setText("");
                ed.nametex.setText("");
                ed.stutetex.setText("");
                ed.valuetex.setText("");
                ed.datetex.setText("");
                ed.modeltex.setText("");
                ed.nametex.setText("");
                return;

            }
        }
    }

    private void dofine(String sql)
    {
        sql=sql+eid;
        rs=db.getResult(sql);
        int big=0;
        int small=0;
        int stute=-1;
        try
        {
            if(!rs.first()|(rs.getInt(8)==1))
            {
                JOptionPane.showMessageDialog(null,"没有该资产或者已经被删除");
                ed.idtex.setText("");
                ed.bigtex.setText("");
                ed.smalltex.setText("");
                ed.nametex.setText("");
                ed.stutetex.setText("");
                ed.valuetex.setText("");
                ed.datetex.setText("");
                ed.modeltex.setText("");
                ed.nametex.setText("");
```

```
                return;
            }
        else
            {
                rs.beforeFirst();
                while(rs.next())
                {
                    big=rs.getInt(2);
                    small=rs.getInt(3);
                    ed.valuetex.setText(rs.getString(4));
                    ed.datetex.setText((rs.getString(5)).substring(0,11));
                    stute=rs.getInt(6);
                    ed.modeltex.setText(rs.getString(10));
                    ed.nametex.setText(rs.getString(11));
                }
            }
        }catch(SQLException sqle)
        {
            JOptionPane.showMessageDialog(null,"没有该资产或者已经被删除");
            ed.idtex.setText("");
            ed.bigtex.setText("");
            ed.smalltex.setText("");
            ed.nametex.setText("");
            ed.stutetex.setText("");
            ed.valuetex.setText("");
            ed.datetex.setText("");
            ed.modeltex.setText("");
            ed.nametex.setText("");
                System.out.println(sqle);
                return;
        }
        if(big==0)
            {
                ed.bigtex.setText("办公室外设");
                switch(small)
                    {
                        case 0:
                            ed.smalltex.setText("传真机");
                            break;
                        case 1:
                            ed.smalltex.setText("复印机");
                            break;
                        case 2:
                            ed.smalltex.setText("打印机");
                            break;
                        case 3:
                            ed.smalltex.setText("其他");
                            break;
                    }
            }
        if(big==1)
            {
                ed.bigtex.setText("数码产品");
                switch(small)
                {
                case 0:
                ed.smalltex.setText("数码相机");
                break;
                case 1:
                ed.smalltex.setText("投影仪");
                break;
                case 2:
                ed.smalltex.setText("其他");
                break;
                }

            }
        if(big==2)
            {
                ed.bigtex.setText("计算机");
```

```
            switch(small)
            {
                case 0:
                ed.smalltex.setText("笔记本电脑");
                break;
                case 1:
                ed.smalltex.setText("台式机");
                break;
                case 2:
                ed.smalltex.setText("服务器");
                break;
                case 3:
                ed.smalltex.setText("其他");
                break;
            }
        }
    switch(stute)
    {
    case 0:
        ed.stutetex.setText("正常");
        break;
    case 1:
        ed.stutetex.setText("维修");
        break;
    case 2:
        ed.stutetex.setText("报废");
        break;
    default:
        ed.stutetex.setText("被占用");

    }
  }
}
```

9.7.4 固定资产领用

当单击主界面菜单栏中"固定资产管理"菜单中的"资产领用"菜单项，或者选择主界面中树形结构中的"资产领用"节点，都将显示如图 9.8 所示的领用固定资产界面。

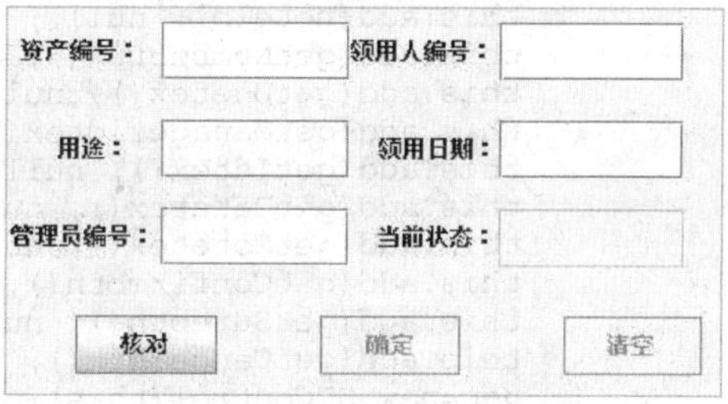

领用固定资产界面类 UseEquipmentPane 的具体代码如下：

```
package view;

import javax.swing.JPanel;

import javax.swing.JLabel;
import javax.swing.JTextField;
import javax.swing.JButton;
//引入事件监听器类
import contorl.UEControl;
public class UseEquipmentPane extends JPanel {
    //声明界面中的各个组件
    public JLabel numberlbl = null;
    private JLabel uselbl = null;
    public JLabel mangeridlbl = null;
    public JLabel idlbl = null;
    private JLabel datelbl = null;
    private JLabel notelbl = null;
    public JTextField numbertex = null;
    public JTextField usetex = null;
    public JTextField manageridtex = null;
    public JTextField idtex = null;
```

图 9.8　领用固定资产界面

```java
public JTextField datetex = null;
public JTextField notetex = null;
public JButton confirmbtn = null;
public JButton surebtn = null;
public JButton cancelbtn = null;
private UEControl uec;
//构造函数
public UseEquipmentPane() {
    super();
    initialize();
}
//初始化各个组件
private void initialize() {
    notelbl = new JLabel();
    datelbl = new JLabel();
    idlbl = new JLabel();
    mangeridlbl = new JLabel();
    uselbl = new JLabel();
    numberlbl = new JLabel();
    this.setLayout(null);

    numberlbl.setText("资产编号: ");
    numberlbl.setBounds(10, 90, 75, 30);
    uselbl.setBounds(30, 140, 55, 30);
    uselbl.setText("用途: ");
    mangeridlbl.setBounds(5, 185, 80, 30);
    mangeridlbl.setText("管理员编号: ");
    idlbl.setBounds(185, 90, 80, 30);
    idlbl.setText("领用人编号: ");
    datelbl.setBounds(200, 140, 65, 30);
    datelbl.setText("领用日期: ");
    notelbl.setBounds(200, 185, 65, 30);
    notelbl.setText("当前状态: ");
    this.setBounds(0, 0, 400, 300);
    this.add(numberlbl, null);
    this.add(uselbl, null);
    this.add(mangeridlbl, null);
    this.add(idlbl, null);
    this.add(datelbl, null);
    this.add(notelbl, null);
    this.add(getNumbertex(), null);
    this.add(getUsetex(), null);
    this.add(getManageridtex(), null);
    this.add(getIdtex(), null);
    this.add(getDatetex(), null);
    this.add(getNotetex(), null);
    this.add(getConfirmbtn(), null);
    this.add(getSurebtn(), null);
    this.add(getCancelbtn(), null);
    uec=new UEControl(this);
    confirmbtn.addActionListener(uec);
    surebtn.addActionListener(uec);
    cancelbtn.addActionListener(uec);

}
//获取各组件的实例
private JTextField getNumbertex() {
    if (numbertex == null) {
        numbertex = new JTextField();
        numbertex.setBounds(85, 90, 100, 30);
    }
    return numbertex;
}

private JTextField getUsetex() {
    if (usetex == null) {
        usetex = new JTextField();
        usetex.setBounds(85, 140, 100, 30);
    }
    return usetex;
```

```java
    }

    private JTextField getManageridtex() {
        if (manageridtex == null) {
            manageridtex = new JTextField();
            manageridtex.setBounds(85, 185, 100, 30);
        }
        return manageridtex;
    }

    private JTextField getIdtex() {
        if (idtex == null) {
            idtex = new JTextField();
            idtex.setBounds(265, 90, 100, 30);
        }
        return idtex;
    }

    private JTextField getDatetex() {
        if (datetex == null) {
            datetex = new JTextField();
            datetex.setBounds(265, 140, 100, 30);
        }
        return datetex;
    }

    private JTextField getNotetex() {
        if (notetex == null) {
            notetex = new JTextField();
            notetex.setBounds(265, 185, 100, 30);
            notetex.setEnabled(false);
            notetex.setEditable(false);
        }
        return notetex;
    }

    private JButton getConfirmbtn() {
        if (confirmbtn == null) {
            confirmbtn = new JButton();
            confirmbtn.setBounds(40, 240, 75, 30);
            confirmbtn.setText("核对");
        }
        return confirmbtn;
    }

    private JButton getSurebtn() {
        if (surebtn == null) {
            surebtn = new JButton();
            surebtn.setBounds(170, 240, 75, 30);
            surebtn.setText("确定");
            surebtn.setEnabled(false);
        }
        return surebtn;
    }

    private JButton getCancelbtn() {
        if (cancelbtn == null) {
            cancelbtn = new JButton();
            cancelbtn.setBounds(300, 240, 75, 30);
            cancelbtn.setText("清空");
            cancelbtn.setEnabled(false);
        }
        return cancelbtn;
    }
}
```

在该类中引入了响应单击按钮的事件的处理器类 EUControl，当管理员填写完要领用的固定资产的信息后单击按钮，就将调用该事件处理器类中定义的事件处理方法来向数据库中添加领用的固定资产的信息。

事件处理器类 EUControl 的具体代码如下：

```java
package contorl;

import java.awt.event.ActionEvent;
import java.awt.event.ActionListener;
import java.sql.ResultSet;
import java.sql.SQLException;
import java.sql.Timestamp;

import javax.swing.JOptionPane;
//引入数据库连接类
import model.DBManager;

import view.UseEquipmentPane;

public class UEControl implements ActionListener {

    private UseEquipmentPane pane;
    private DBManager db=new DBManager();
    private ResultSet rs;
    private int eid=-1;
    private String mid;
    private String uid;
    private String note;
    private Timestamp timestamp;
    private String sql;
    private int stute;
    private String seid;
    private String usefor;
    private int iuid;
    //构造函数
    public UEControl(UseEquipmentPane pane) {
        this.pane=pane;

    }

    //定义的事件处理方法
    public void actionPerformed(ActionEvent e)
    {

        Object button=e.getSource();
        boolean success=false;
        //如果单击的是核对按钮
        if(button==pane.confirmbtn)
        {
            pane.surebtn.setEnabled(true);
            pane.cancelbtn.setEnabled(true);
            seid=pane.numbertex.getText().trim();
            mid=pane.manageridtex.getText().trim();
            uid=pane.idtex.getText().trim();
            note=pane.notetex.getText().trim();
            usefor=pane.usetex.getText().trim();
            try{
                timestamp=Timestamp.valueOf(pane.datetex.getText().trim()+"
00:00:00.000");
            }
            catch(IllegalArgumentException ie)
            {
                JOptionPane.showMessageDialog(null,"输入的时间格式有误,请参考:
yyyy-mm-dd");
                pane.datetex.setText("");
                pane.surebtn.setEnabled(false);
                pane.cancelbtn.setEnabled(false);
                return;
            }
            eid=Integer.parseInt(seid);
            if(eid==-1||mid.equals("")||uid.equals(""))
```

```
                {
                    JOptionPane.showMessageDialog(null,"请输入完整");
                    pane.surebtn.setEnabled(false);
                    pane.cancelbtn.setEnabled(false);
                    return;
                }
                dofine();


        }
    //如果单击的是确定按钮
        if(button==pane.surebtn)
        {
            dofine();
            int confirm=JOptionPane.showConfirmDialog(null,"以上信息是否正确?",
"确认",JOptionPane.YES_NO_OPTION);
            if(confirm==JOptionPane.YES_OPTION)
            {
                if(stute!=0)
                {
                    JOptionPane.showMessageDialog(null,"资产状态不正常。不能领用");
                    pane.numberlbl.setText("资产编号");
                    pane.idlbl.setText("用户编号");
                    pane.mangeridlbl.setText("管理员编号");
                    pane.idtex.setText("");
                    pane.numbertex.setText("");
                    pane.usetex.setText("");
                    pane.notetex.setText("");
                    pane.datetex.setText("");
                    pane.manageridtex.setText("");
                    pane.surebtn.setEnabled(false);
                    pane.cancelbtn.setEnabled(false);
                    return;
                }

                sql="insert into out(oeid,omid,ouid,odate,ousefor) values( "+
eid+","+mid+","+uid+",'"+timestamp+"','"+usefor+"')";
                System.out.println(sql);
                success=db.executeSql(sql);
                if(!success)
                {
                    JOptionPane.showMessageDialog(null,"不成功，请重试");
                    pane.numberlbl.setText("资产编号");
                    pane.idlbl.setText("用户编号");
                    pane.mangeridlbl.setText("管理员编号");
                    pane.idtex.setText("");
                    pane.numbertex.setText("");
                    pane.notetex.setText("");
                    pane.usetex.setText("");
                    pane.datetex.setText("");
                    pane.manageridtex.setText("");
                    pane.surebtn.setEnabled(false);
                    pane.cancelbtn.setEnabled(false);

                }
                iuid=Integer.parseInt(uid);
                sql="update equipment set estute=4,eUID="+iuid+" where eid="+
eid;
                System.out.println(sql);
                success=db.executeSql(sql);
                if(!success)
                {
                    JOptionPane.showMessageDialog(null,"不成功，请重试");
                    pane.numberlbl.setText("资产编号");
                    pane.idlbl.setText("用户编号");
                    pane.mangeridlbl.setText("管理员编号");
                    pane.idtex.setText("");
                    pane.numbertex.setText("");
                    pane.notetex.setText("");
                    pane.usetex.setText("");
```

```
                        pane.datetex.setText("");
                        pane.manageridtex.setText("");
                        pane.surebtn.setEnabled(false);
                        pane.cancelbtn.setEnabled(false);
                        return;
                    }
                    else
                    {
                        JOptionPane.showMessageDialog(null,"成功");
                        pane.numberlbl.setText("资产编号");
                        pane.idlbl.setText("用户编号");
                        pane.mangeridlbl.setText("管理员编号");
                        pane.idtex.setText("");
                        pane.numbertex.setText("");
                        pane.usetex.setText("");
                        pane.notetex.setText("");
                        pane.datetex.setText("");
                        pane.manageridtex.setText("");
                        pane.surebtn.setEnabled(false);
                        pane.cancelbtn.setEnabled(false);
                        return;
                    }
                }
            }
        //如果单击的是取消按钮
        if(button==pane.cancelbtn)
        {
            pane.numberlbl.setText("资产编号");
            pane.idlbl.setText("用户编号");
            pane.mangeridlbl.setText("管理员编号");
            pane.idtex.setText("");
            pane.numbertex.setText("");
            pane.usetex.setText("");
            pane.notetex.setText("");
            pane.datetex.setText("");
            pane.manageridtex.setText("");
            pane.surebtn.setEnabled(false);
            pane.cancelbtn.setEnabled(false);
            return;

        }
    }

    private void dofine()
    {
        sql="select * from equipment where eid="+eid;
        rs=db.getResult(sql);
        try
        {
            if(!rs.first()||rs.getInt(8)==1)
            {
                JOptionPane.showMessageDialog(null,"找不到资产的相关信息");
                pane.numberlbl.setText("资产编号");
                pane.idlbl.setText("用户编号");
                pane.mangeridlbl.setText("管理员编号");
                pane.idtex.setText("");
                pane.numbertex.setText("");
                pane.notetex.setText("");
                pane.usetex.setText("");
                pane.datetex.setText("");
                pane.manageridtex.setText("");
                pane.surebtn.setEnabled(false);
                pane.cancelbtn.setEnabled(false);
                return;
            }
            else{
                pane.numberlbl.setText("资产名称");
                pane.numbertex.setText(rs.getString(11));
                stute=rs.getInt(6);
```

```
        }
        sql="select uname,udel from users where uid="+uid;
        rs=db.getResult(sql);
        if(!rs.first()||rs.getInt(2)==1)
        {
            JOptionPane.showMessageDialog(null,"找不到用户的相关信息");
            pane.numberlbl.setText("资产编号");
            pane.idlbl.setText("用户编号");
            pane.mangeridlbl.setText("管理员编号");
            pane.idtex.setText("");
            pane.numbertex.setText("");
            pane.notetex.setText("");
            pane.usetex.setText("");
            pane.datetex.setText("");
            pane.manageridtex.setText("");
            pane.surebtn.setEnabled(false);
            pane.cancelbtn.setEnabled(false);
            return;
        }
        else{
            pane.idlbl.setText("用户名");
            pane.idtex.setText(rs.getString(1));

        }

        sql="select mname,mdel from manager where mid="+mid;
        rs=db.getResult(sql);
        if(!rs.first()||rs.getInt(2)==1)
        {
            JOptionPane.showMessageDialog(null,"找不到管理员的相关信息");
            pane.numberlbl.setText("资产编号");
            pane.idlbl.setText("用户编号");
            pane.mangeridlbl.setText("管理员编号");
            pane.idtex.setText("");
            pane.numbertex.setText("");
            pane.notetex.setText("");
            pane.usetex.setText("");
            pane.datetex.setText("");
            pane.manageridtex.setText("");
            pane.surebtn.setEnabled(false);
            pane.cancelbtn.setEnabled(false);
            return;
        }
        else{
            pane.mangeridlbl.setText("管理员");
            pane.manageridtex.setText(rs.getString(1));

        }
    }catch(SQLException sqle)
    {
        System.out.println(sqle);
    }
    switch(stute)
    {
    case 0:
        pane.notetex.setText("正常");
        break;
    case 1:
        pane.notetex.setText("维修");
        break;
    case 2:
        pane.notetex.setText("报废");
        break;
    default:
        pane.notetex.setText("被占用");

    }

    }
}
```

9.7.5 固定资产归还

当单击主界面菜单栏中的"固定资产管理"菜单中的"资产归还"菜单项，或者选择主界面中树形结构中的"资产归还"节点，都将显示如图 9.9 所示的归还固定资产界面。

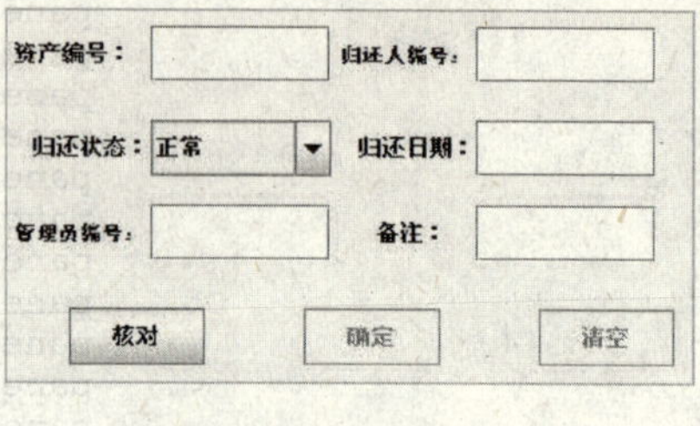

归还固定资产界面类 ReturnEquipmentPane 的具体代码如下：

图 9.9 归还固定资产界面

```java
package view;

import java.util.Vector;
import javax.swing.JPanel;
import javax.swing.JComboBox;
import javax.swing.JLabel;
import javax.swing.JTextField;
import javax.swing.JButton;
//引入事件监听器类
import contorl.REControl;
public class ReturnEquipmentPane extends JPanel {
    //声明界面中的各组件
    public JLabel numberlbl = null;
    private JLabel stutelbl = null;
    public JLabel mangeridlbl = null;
    public JLabel idlbl = null;
    private JLabel datelbl = null;
    private JLabel notelbl = null;
    public JTextField numbertex = null;
    public JComboBox stutecbx = null;
    public JTextField manageridtex = null;
    public JTextField idtex = null;
    public JTextField datetex = null;
    public JTextField notetex = null;
    public JButton confirmbtn = null;
    public JButton surebtn = null;
    public JButton cancelbtn = null;
    private REControl rec;
    //构造函数
    public ReturnEquipmentPane() {
        super();
        initialize();
    }
    //初始化各组件
    private void initialize() {
        notelbl = new JLabel();
        datelbl = new JLabel();
        idlbl = new JLabel();
        mangeridlbl = new JLabel();
        stutelbl = new JLabel();
        numberlbl = new JLabel();
        this.setLayout(null);
        numberlbl.setText("资产编号：");
        numberlbl.setBounds(10, 90, 75, 30);
        stutelbl.setBounds(20, 140, 65, 30);
        stutelbl.setText("归还状态：");
        mangeridlbl.setBounds(10, 185, 75, 30);
        mangeridlbl.setText("管理员编号：");
        mangeridlbl.setFont(new java.awt.Font("Dialog", java.awt.Font.BOLD, 11));
        idlbl.setBounds(190, 90, 75, 30);
        idlbl.setText("归还人编号：");
        idlbl.setFont(new java.awt.Font("Dialog", java.awt.Font.BOLD, 11));
        datelbl.setBounds(200, 140, 65, 30);
        datelbl.setText("归还日期：");
```

```
            notelbl.setBounds(210, 185, 55, 30);
            notelbl.setText("备注: ");
            this.setBounds(0, 0, 400, 300);
            this.add(numberlbl, null);
            this.add(stutelbl, null);
            this.add(mangeridlbl, null);
            this.add(idlbl, null);
            this.add(datelbl, null);
            this.add(notelbl, null);
            this.add(getNumbertex(), null);
            this.add(getStutecbx(), null);
            this.add(getManageridtex(), null);
            this.add(getIdtex(), null);
            this.add(getDatetex(), null);
            this.add(getNotetex(), null);
            this.add(getConfirmbtn(), null);
            this.add(getSurebtn(), null);
            this.add(getCancelbtn(), null);
            rec=new REControl(this);
            surebtn.addActionListener(rec);
            confirmbtn.addActionListener(rec);
            cancelbtn.addActionListener(rec);
    }
//获取各组件的实例
    private JTextField getNumbertex() {
        if (numbertex == null) {
            numbertex = new JTextField();
            numbertex.setBounds(85, 90, 100, 30);
        }
        return numbertex;
    }
    private JComboBox getStutecbx() {
        if (stutecbx == null) {
            Vector v=new Vector();
            v.add("正常");
            v.add("待维修");
            v.add("报废");
            stutecbx = new JComboBox(v);
            stutecbx.setBounds(85, 140, 100, 30);
        }
        return stutecbx;
    }

    private JTextField getManageridtex() {
        if (manageridtex == null) {
            manageridtex = new JTextField();
            manageridtex.setBounds(85, 185, 100, 30);
        }
        return manageridtex;
    }

    private JTextField getIdtex() {
        if (idtex == null) {
            idtex = new JTextField();
            idtex.setBounds(265, 90, 100, 30);
        }
        return idtex;
    }

    private JTextField getDatetex() {
        if (datetex == null) {
            datetex = new JTextField();
            datetex.setBounds(265, 140, 100, 30);
        }
        return datetex;
    }

    private JTextField getNotetex() {
        if (notetex == null) {
            notetex = new JTextField();
```

```
            notetex.setBounds(265, 185, 100, 30);
        }
        return notetex;
    }

    private JButton getConfirmbtn() {
        if (confirmbtn == null) {
            confirmbtn = new JButton();
            confirmbtn.setBounds(40, 240, 75, 30);
            confirmbtn.setText("核对");
        }
        return confirmbtn;
    }

    private JButton getSurebtn() {
        if (surebtn == null) {
            surebtn = new JButton();
            surebtn.setBounds(170, 240, 75, 30);
            surebtn.setText("确定");
            surebtn.setEnabled(false);
        }
        return surebtn;
    }

    private JButton getCancelbtn() {
        if (cancelbtn == null) {
            cancelbtn = new JButton();
            cancelbtn.setBounds(300, 240, 75, 30);
            cancelbtn.setText("清空");
            cancelbtn.setEnabled(false);
        }
        return cancelbtn;
    }
}
```

在该类中引入了响应单击按钮的事件的处理器类 REControl，当管理员填写完要归还的固定资产的信息后单击按钮，就将调用该事件处理器类中定义的事件处理方法来向数据库中添加归还的固定资产的信息。

事件处理器类 REControl 的具体代码如下：

```
package contorl;

import java.awt.event.ActionEvent;
import java.awt.event.ActionListener;
import java.sql.ResultSet;
import java.sql.SQLException;
import java.sql.Timestamp;
import javax.swing.JOptionPane;
//引入数据库连接类
import model.DBManager;
import view.ReturnEquipmentPane;

public class REControl implements ActionListener
{
    private ReturnEquipmentPane pane;
    private DBManager db=new DBManager();
    private ResultSet rs;
    private int eid;
    private String mid;
    private String uid;
    private String note;
    private Timestamp timestamp;
    private String sql;
    private int stute;
    private String seid;

    //构造函数
```

```
public REControl(ReturnEquipmentPane pane) {
    this.pane=pane;
}
//定义事件处理方法
public void actionPerformed(ActionEvent e)
{
    Object button=e.getSource();
    boolean success=false;
        //如果单击"核对"按钮
        if(button==pane.confirmbtn)
        {
            pane.surebtn.setEnabled(true);
            pane.cancelbtn.setEnabled(true);
            seid=pane.numbertex.getText().trim();
            mid=pane.manageridtex.getText().trim();
            uid=pane.idtex.getText().trim();
            note=pane.notetex.getText().trim();
            stute=pane.stutecbx.getSelectedIndex();
            try{
                timestamp=Timestamp.valueOf(pane.datetex.getText().trim()+   "
00:00:00.000");
            }
            catch(IllegalArgumentException ie)
            {
                JOptionPane.showMessageDialog(null,"输入的时间格式有误,请参考:yyyy-mm-dd");
                pane.datetex.setText("");
                pane.surebtn.setEnabled(false);
                pane.cancelbtn.setEnabled(false);
                return;
            }
            eid=Integer.parseInt(seid);
            if(eid==-1||mid.equals("")||uid.equals(""))
            {
                JOptionPane.showMessageDialog(null,"请输入完整");
                pane.surebtn.setEnabled(false);
                pane.cancelbtn.setEnabled(false);
                return;
            }

            dofine();

        }
        //如果单击"确定"按钮
        if(button==pane.surebtn)
        {
            dofine();
            int confirm=JOptionPane.showConfirmDialog(null,"以上信息是否正确?","
确认",JOptionPane.YES_NO_OPTION);
            if(confirm==JOptionPane.YES_OPTION)
            {
                sql="insert into returnin(ieid,iuid,idate,iiremark,imid)
                  values("+eid+","+uid+",'"+timestamp+"','"+note+"',"+mid+")";
                System.out.println(sql);
                success=db.executeSql(sql);
                if(!success)
                {
                    JOptionPane.showMessageDialog(null,"不成功，请重试");
                    pane.numberlbl.setText("资产编号");
                    pane.idlbl.setText("用户编号");
                    pane.mangeridlbl.setText("管理员编号");
                    pane.idtex.setText("");
                    pane.numbertex.setText("");
                    pane.notetex.setText("");
                    pane.datetex.setText("");
                    pane.manageridtex.setText("");
                    pane.surebtn.setEnabled(false);
                    pane.cancelbtn.setEnabled(false);
                    return;
                }
                sql="update equipment set estute="+stute+" ,euid=0 where eid="+eid;
```

```
System.out.println(sql);
success=db.executeSql(sql);
if(!success)
{
    JOptionPane.showMessageDialog(null,"不成功，请重试");
    pane.numberlbl.setText("资产编号");
    pane.idlbl.setText("用户编号");
    pane.mangeridlbl.setText("管理员编号");
    pane.idtex.setText("");
    pane.numbertex.setText("");
    pane.notetex.setText("");
    pane.datetex.setText("");
    pane.manageridtex.setText("");
    pane.surebtn.setEnabled(false);
    pane.cancelbtn.setEnabled(false);
    return;

}
else
{
    JOptionPane.showMessageDialog(null,"成功");
    pane.numberlbl.setText("资产编号");
    pane.idlbl.setText("用户编号");
    pane.mangeridlbl.setText("管理员编号");
    pane.idtex.setText("");
    pane.numbertex.setText("");
    pane.notetex.setText("");
    pane.datetex.setText("");
    pane.manageridtex.setText("");
    pane.surebtn.setEnabled(false);
    pane.cancelbtn.setEnabled(false);
    return;
}
}
}
//如果单击"取消"按钮
if(button==pane.cancelbtn)
{

    pane.numberlbl.setText("资产编号");
    pane.idlbl.setText("用户编号");
    pane.mangeridlbl.setText("管理员编号");
    pane.idtex.setText("");
    pane.numbertex.setText("");
    pane.notetex.setText("");
    pane.datetex.setText("");
    pane.manageridtex.setText("");
    pane.surebtn.setEnabled(false);
    pane.cancelbtn.setEnabled(false);
    return;

}
}
private void dofine()
{
    sql="select ename,estute from equipment where eid="+eid;
    rs=db.getResult(sql);
    try
    {
    if(!rs.first()|rs.getInt(2)!=4)
    {
        JOptionPane.showMessageDialog(null,"找不到资产的相关信息");
        pane.numberlbl.setText("资产编号");
        pane.idlbl.setText("用户编号");
        pane.mangeridlbl.setText("管理员编号");
        pane.idtex.setText("");
        pane.numbertex.setText("");
        pane.notetex.setText("");
        pane.datetex.setText("");
        pane.manageridtex.setText("");
```

```
            pane.surebtn.setEnabled(false);
            pane.cancelbtn.setEnabled(false);
            return;
    }
    else{
            pane.numberlbl.setText("资产名称");
            pane.numbertex.setText(rs.getString(1));

    }
}
catch(SQLException e)
{
    JOptionPane.showMessageDialog(null,"找不到资产的相关信息");
    pane.numberlbl.setText("资产编号");
    pane.idlbl.setText("用户编号");
    pane.mangeridlbl.setText("管理员编号");
    pane.idtex.setText("");
    pane.numbertex.setText("");
    pane.notetex.setText("");
    pane.datetex.setText("");
    pane.manageridtex.setText("");
    pane.surebtn.setEnabled(false);
    pane.cancelbtn.setEnabled(false);
            return;
}
sql="select uname,udel from users where uid="+uid;
rs=db.getResult(sql);
try
{
if(!rs.first()|rs.getInt(2)==1)
{
    JOptionPane.showMessageDialog(null,"找不到用户的相关信息");
    pane.numberlbl.setText("资产编号");
    pane.idlbl.setText("用户编号");
    pane.mangeridlbl.setText("管理员编号");
    pane.idtex.setText("");
    pane.numbertex.setText("");
    pane.notetex.setText("");
    pane.datetex.setText("");
    pane.manageridtex.setText("");
    pane.surebtn.setEnabled(false);
    pane.cancelbtn.setEnabled(false);
    return;
}
else{
    pane.idlbl.setText("用户名");
    pane.idtex.setText(rs.getString(1));

}
}
catch(SQLException e)
{
    JOptionPane.showMessageDialog(null,"找不到用户的相关信息");
    pane.numberlbl.setText("资产编号");
    pane.idlbl.setText("用户编号");
    pane.mangeridlbl.setText("管理员编号");
    pane.idtex.setText("");
    pane.numbertex.setText("");
    pane.notetex.setText("");
    pane.datetex.setText("");
    pane.manageridtex.setText("");
    pane.surebtn.setEnabled(false);
    pane.cancelbtn.setEnabled(false);
            return;
}
sql="select mname,mdel from manager where mid="+mid;
rs=db.getResult(sql);
try
{
    if(!rs.first()|rs.getInt(2)==1)
```

```
                            {
                                JOptionPane.showMessageDialog(null,"找不到管理员的相关信息");
                                pane.numberlbl.setText("资产编号");
                                pane.idlbl.setText("用户编号");
                                pane.mangeridlbl.setText("管理员编号");
                                pane.idtex.setText("");
                                pane.numbertex.setText("");
                                pane.notetex.setText("");
                                pane.datetex.setText("");
                                pane.manageridtex.setText("");
                                pane.surebtn.setEnabled(false);
                                pane.cancelbtn.setEnabled(false);
                                return;
                            }
                            else{
                                pane.mangeridlbl.setText("管理员");
                                pane.manageridtex.setText(rs.getString(1));
                            }
                        }catch(SQLException e)
                        {
                            JOptionPane.showMessageDialog(null,"找不到管理员的相关信息");
                            pane.numberlbl.setText("资产编号");
                            pane.idlbl.setText("用户编号");
                            pane.mangeridlbl.setText("管理员编号");
                            pane.idtex.setText("");
                            pane.numbertex.setText("");
                            pane.notetex.setText("");
                            pane.datetex.setText("");
                            pane.manageridtex.setText("");
                            pane.surebtn.setEnabled(false);
                            pane.cancelbtn.setEnabled(false);
                                return;
                        }

                    }
                }
```

9.7.6 固定资产查找

当单击主界面菜单栏中"查询"菜单中的"根据种类"菜单项，或者选择主界面中树形结构中的"根据种类"节点，都将显示如图 9.10 所示的查找固定资产界面。

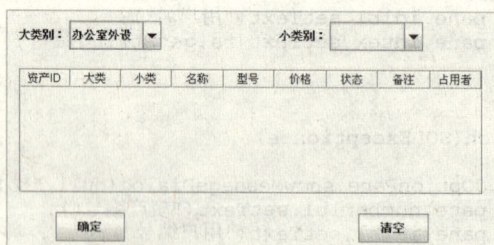

图 9.10 查找固定资产界面

查找固定资产界面类 KindInformationPane 的具体代码如下：

```
package view;

import java.util.Vector;

import javax.swing.JPanel;

import javax.swing.DefaultComboBoxModel;
import javax.swing.JLabel;
import javax.swing.JTable;
```

```
import javax.swing.JScrollPane;
import javax.swing.JComboBox;
import javax.swing.JButton;
import javax.swing.table.DefaultTableModel;
//引入事件监听器类
import contorl.KIControl;
public class KindInformationPane extends JPanel {
    //声明界面中的各个组件
    private JLabel biglbl = null;
    private JLabel smalllbl = null;
    private JTable showtable = null;
    private JScrollPane jScrollPane = null;
    public JComboBox bigcbx = null;
    public JComboBox smallcbx = null;
    public JButton surebtn = null;
    public JButton cancelbtn = null;
    private KIControl kic;
    public DefaultTableModel model;
    //构造函数
    public KindInformationPane() {
        super();
        initialize();
    }
    //初始化组件
    private void initialize() {
        smalllbl = new JLabel();
        biglbl = new JLabel();
        model=new DefaultTableModel();
        this.setLayout(null);
        biglbl.setText("大类别: ");
        biglbl.setBounds(30, 40, 55, 30);
        smalllbl.setBounds(311, 40, 55, 30);
        smalllbl.setText("小类别: ");
        this.setBounds(0, 0, 600, 300);
        this.add(biglbl, null);
        this.add(smalllbl, null);
        this.add(getJScrollPane(), null);
        this.add(getBigcbx(), null);
        this.add(getSmallcbx(), null);
        this.add(getSurebtn(), null);
        this.add(getCancelbtn(), null);
        kic=new KIControl(this);
        model.addColumn("资产 ID");
        model.addColumn("大类");
        model.addColumn("小类");
        model.addColumn("名称");
        model.addColumn("型号");
        model.addColumn("价格");
        model.addColumn("状态");
        model.addColumn("备注");
        model.addColumn("占用者");
        bigcbx.addItemListener(kic);
        smallcbx.addItemListener(kic);
        surebtn.addActionListener(kic);
        cancelbtn.addActionListener(kic);
    }
    //获取各组件的实例
    private JTable getShowtable() {
        if (showtable == null) {
            showtable = new JTable(model);
        }
        return showtable;
    }

    private JScrollPane getJScrollPane() {
        if (jScrollPane == null) {
            jScrollPane = new JScrollPane();
            jScrollPane.setBounds(30, 90, 500, 130);
            jScrollPane.setViewportView(getShowtable());
        }
```

```
            return jScrollPane;
    }

    private JComboBox getBigcbx() {
        if (bigcbx == null) {
            Vector items=new Vector();
            items.add("办公室外设");
            items.add("数码产品");
            items.add("计算机");
            bigcbx = new JComboBox(items);
            bigcbx.setBounds(85, 40, 100, 30);
        }
        return bigcbx;
    }

    private JComboBox getSmallcbx() {
        if (smallcbx == null) {
            smallcbx = new JComboBox();
            smallcbx.setBounds(365, 40, 100, 30);
        }
        return smallcbx;
    }

    private JButton getSurebtn() {
        if (surebtn == null) {
            surebtn = new JButton();
            surebtn.setBounds(70, 240, 75, 30);
            surebtn.setText("确定");
        }
        return surebtn;
    }

    private JButton getCancelbtn() {
        if (cancelbtn == null) {
            cancelbtn = new JButton();
            cancelbtn.setBounds(396, 240, 75, 30);
            cancelbtn.setText("清空");
        }
        return cancelbtn;
    }
    public void smallchange(int i) {
        DefaultComboBoxModel model=new DefaultComboBoxModel();
        switch(i)
        {
            case 1:
                smallcbx.removeAllItems();
                model.addElement("传真机");
                model.addElement("复印机");
                model.addElement("打印机");
                model.addElement("其他");
                smallcbx.setModel(model);
                break;
            case 2:
                smallcbx.removeAllItems();
                model.addElement("数码相机");
                model.addElement("投影仪");
                model.addElement("其他");
                smallcbx.setModel(model);
                break;
            case 3:
                smallcbx.removeAllItems();
                model.addElement("笔记本电脑");
                model.addElement("台式机");
                model.addElement("服务器");
                model.addElement("其他");
                smallcbx.setModel(model);
                break;
        }
    }
}
```

在该类中引入了响应单击按钮的事件以及响应选中选择框中某个选项事件的处理器类 KIControl，当选中大类别中的选项时，小类别的选择框将自动填充上对应的内容，当单击"确定"按钮时，就将调用该事件处理器类中定义的事件处理方法根据设置的条件在数据库中进行查询操作。

事件处理器类 KIControl 的具体代码如下：

```
package contorl;

import java.awt.event.ActionEvent;
import java.awt.event.ActionListener;
import java.awt.event.ItemEvent;
import java.awt.event.ItemListener;
import java.sql.ResultSet;
import java.sql.SQLException;
import java.util.Vector;
import javax.swing.JOptionPane;
//引入数据库连接类
import model.DBManager;
import view.KindInformationPane;

public class KIControl implements ActionListener, ItemListener
{
    private KindInformationPane pane;
    private DBManager db=new DBManager();
    private ResultSet rs;
    private String username;

    //构造函数
    public KIControl(KindInformationPane pane)
    {
        this.pane=pane;
    }

    //定义事件处理方法
    public void actionPerformed(ActionEvent e)
    {
        for(int n=pane.model.getRowCount()-1;n>=0;n--)
        {
            pane.model.removeRow(n);
        }
        String sql = "select * from equipment where ";
        int big = pane.bigcbx.getSelectedIndex();
        int small = pane.smallcbx.getSelectedIndex();
        Object button = e.getSource();
        if (button == pane.surebtn)
        {
            //根据选择的固定资产类别构造查询的 SQL 语句
                sql = sql + " eclass=" + big;
            if (small!=-1)
            {
                sql = sql + " and ekind=" + small;
            }
            dofine(sql);
        }
    }
    private void dofine(String sql)
    {
        int big=-1;
        int small=0;
        int stute=-1;
        int use=-1;
        String sbig =
        null;
        String ssmall =
        null;
```

```
    String  sstute;
    String  suse;
//根据设置的查询条件获得结果集
    rs=db.getResult(sql);
    try
    {
        if(!rs.first()|(rs.getInt(8)==1))
        {
            JOptionPane.showMessageDialog(null,"没有该资产资料或者已经被删除");
            return;
        }
        else
        {

            rs.beforeFirst();
            while(rs.next())
            {
                big=rs.getInt(2);
                small=rs.getInt(3);
                stute=rs.getInt(6);
                use=rs.getInt(9);
                if(big==0)
                {
                    sbig="办公室外设";
                    switch(small)
                    {
                        case 0:
                            ssmall="传真机";
                            break;
                        case 1:
                            ssmall="复印机";
                            break;
                        case 2:
                            ssmall="打印机";
                            break;
                        case 3:
                            ssmall="其他";
                            break;
                    }
                }
                if(big==1)
                {
                    sbig="数码产品";
                    switch(small)
                    {
                        case 0:
                            ssmall="数码相机";
                        break;
                        case 1:
                            ssmall="投影仪";
                        break;
                        case 2:
                            ssmall="其他";
                        break;
                    }
                }
                if(big==2)
                {
                    sbig="计算机";
                    switch(small)
                    {
                        case 0:
                            ssmall="笔记本电脑";
                        break;
                        case 1:
                            ssmall="台式机";
                        break;
                        case 2:
                            ssmall="服务器";
```

```
                                    break;
                                case 3:
                                    ssmall="其他";
                                    break;
                            }
                        }
                    switch(stute)
                    {
                    case 0:
                        sstute="正常";
                        break;
                    case 1:
                        sstute="维修";
                        break;
                    case 2:
                        sstute="报废";
                        break;
                    default:
                        sstute="被占用";

                    }
                    if(use==0)
                    {
                        suse="";
                    }
                    else
                    {
                        suse=use+" ";
                    }
                    Vector tempvector=new Vector(1,1);
                    tempvector.add(rs.getString(1));
                    tempvector.add(sbig);
                    tempvector.add(ssmall);
                    tempvector.add(rs.getString(11));
                    tempvector.add(rs.getString(10));
                    tempvector.add(rs.getString(4));
                    tempvector.add(sstute);
                    tempvector.add(rs.getString(7));
                    tempvector.add(suse);
                    pane.model.addRow(tempvector);
                }
            }
    }
    catch(SQLException sqle)
    {

        JOptionPane.showMessageDialog(null,"没有该资产资料或者已经被删除");

            System.out.println(sqle);
            return;
    }
}
//选择框中选择项改变的事件处理方法
public void itemStateChanged(ItemEvent e)
{

    Object big=e.getItem();
    if(big.equals("办公室外设"))
    {
        pane.smallchange(1);
    }
    if(big.equals("数码产品"))
    {
        pane.smallchange(2);
    }
    if(big.equals("计算机"))
    {
        pane.smallchange(3);
    }
```

```
        }
    }
```

9.8 办公文件管理模块

管理员可以对办公固定资产系统中的办公文件进行管理，包括打开文件、保存文件、发送文件和接收文件。

9.8.1 打开和保存办公文件

当单击主界面菜单栏中"办公文件"菜单中的"操作办公"菜单项，将显示如图 9.11 所示的打开和保存办公文件界面。该界面包括一个标签、一个文本域、一个滚动框和两个按钮。

打开和保存办公文件界面类 FileManagementPane 的具体代码如下：

```java
package view;
import javax.swing.JFrame;
import javax.swing.JPanel;
import javax.swing.JLabel;
import javax.swing.JScrollPane;
import javax.swing.JTextArea;
import javax.swing.JButton;

//引入事件监听器类
import contorl.FMControl;

 public class FileManagementPane extends JPanel{
    private JLabel filelbl = null;
    public JTextArea filetex = null;
    public JButton openbtn = null;
    public JButton savebtn = null;
    public FileManagerFrame frame;
    private FMControl fmc;
    public FileManagementPane(FileManagerFrame frame) {
        super();
        initialize();
        this.frame=frame;
    }
    private void initialize() {

        filelbl = new JLabel();
        this.setLayout(null);
        filelbl.setText("文件内容:");
        filelbl.setBounds(20, 6, 55, 30);
        //创建文本域
        filetex=new JTextArea(30,20);
        //设置文本域自动换行
        filetex.setLineWrap(true);
        //为文本域添加滚动条
        JScrollPane jpane=new JScrollPane(filetex);
        jpane.setBounds(20, 30, 350, 200);
        openbtn=new JButton("打开");
        openbtn.setBounds(80, 235, 80, 30);
        savebtn=new JButton("保存");
        savebtn.setBounds(220, 235, 80, 30);
```

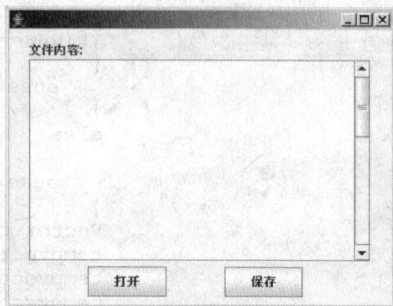

图 9.11 打开和保存办公文件界面

```
        this.setBounds(0, 0, 400, 300);
        this.add(filelbl, null);
        this.add(jpane, null);

        this.add(openbtn, null);
        this.add(savebtn, null);
        fmc=new FMControl(this);
        openbtn.addActionListener(fmc);
        savebtn.addActionListener(fmc);

    }

}
```

在该类中我们使用了一个新的组件 JTextArea，该组件也是用来接收用户输入的文本的，与之前介绍的 JTextField 组件的功能类似，但是 JTextField 组件只能接收单行文本，而 JTextArea 组件可以接收多行多列的文本，并且可以设置自动换行功能，而且结合 JScrollPane 滚动框可以在显示的文本超出范围时自动加载滚动条。

在该类中引入了响应单击按钮的事件的处理器类 FMControl，当管理员单击按钮时，就将调用该事件处理器类中定义的事件处理方法来执行文件的打开或保存操作。

事件处理器类 FMControl 的具体代码如下：

```
package contorl;

import java.awt.event.ActionEvent;
import java.awt.event.ActionListener;
import java.io.BufferedReader;
import java.io.BufferedWriter;
import java.io.FileReader;
import java.io.FileWriter;
import java.io.IOException;


import view.FileManagementPane;

public class FMControl implements ActionListener {
    private FileManagementPane pane;
    //构造函数
    public FMControl(FileManagementPane pane) {
        this.pane=pane;
    }
    //定义事件处理方法
    public void actionPerformed(ActionEvent e)
    {

    Object button=e.getSource();
    StringBuffer text=new StringBuffer();
    //如果单击了“打开”按钮
    if(button==pane.openbtn)
    {
        pane.frame.file.setVisible(true);
        try {
        //根据指定的文件路径读取文件
            FileReader  fr  =  new  FileReader(pane.frame.file.getDirectory()+
pane.frame.file.getFile());
            BufferedReader br = new BufferedReader(fr);
            String record = new String();
            while ((record = br.readLine()) != null) {
                text.append(record);

            }
            pane.filetex.setText(text.toString());
            br.close();
            fr.close();
        } catch (IOException ex) {
```

```
            ex.printStackTrace();
        }
    }
//如果单击了"保存"按钮
    else if(button==pane.savebtn)
    {
        try{
        pane.frame.savefile.setVisible(true);
        //根据指定的文件路径向文件中写入信息
        FileWriter fw = new FileWriter(pane.frame.savefile.getDirectory()+
pane.frame.savefile.getFile());
        BufferedWriter bw = new BufferedWriter(fw);
        bw.write(pane.filetex.getText());
        bw.close();
        fw.close();
    } catch (IOException ex) {
        ex.printStackTrace();
    }
  }
 }
}
```

9.8.2 接收办公文件

当单击主界面菜单栏中"办公文件"菜单中的"接收办公文件"菜单项，将显示如图 9.12 所示的接收办公文件界面。

实现接收办公文件功能的类 RTFReceiveFrame 的具体代码定义如下：

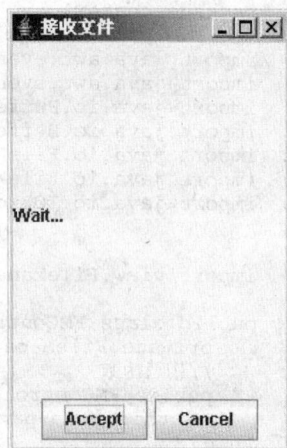

图 9.12 接收办公文件界面

```
package socket;
import javax.swing.*;
import java.awt.*;
import java.awt.event.ActionListener;
import java.awt.event.ActionEvent;
import java.awt.event.WindowAdapter;
import java.awt.event.WindowEvent;
import java.net.ServerSocket;
import java.net.Socket;
import java.io.IOException;
import java.io.DataInputStream;
import java.io.*;
import java.net.Socket;
import javax.swing.*;
import java.awt.*;
import java.awt.event.ActionListener;
import java.awt.event.ActionEvent;
import java.awt.event.WindowAdapter;
import java.awt.event.WindowEvent;
import java.net.ServerSocket;
import java.net.Socket;
import java.io.IOException;
import java.io.DataInputStream;
import java.io.*;
import java.net.Socket;
class RTFReceive extends Thread{
  //声明用来接收文件的 File 对象
  private File receiveFile;
  //声明 Socket 对象
  private Socket socket;

  public RTFReceive(File receiveFile, Socket socket) {
    this.receiveFile = receiveFile;
    this.socket = socket;
  }
  public void run() {
```

```java
       //判断用户是否保存文件
        if(receiveFile == null){
          System.out.println("you do not save file!");
          return;
        }else{
        //保存文件后，向发送方发送同意（true）
          try {
            DataOutputStream dout = new DataOutputStream(socket.getOutputStream());
             dout.writeBoolean(true);
          } catch (IOException e) {
            e.printStackTrace();
          }
        }
      //开始接收文件
        System.out.println("Begin receive...");
        try {
         FileOutputStream fout = new FileOutputStream(receiveFile);
         BufferedOutputStream bout = new BufferedOutputStream(fout);
         BufferedInputStream bin = new BufferedInputStream(socket.getInputStream());
          byte[] buf = new byte[2048];
          int num = bin.read(buf);
          while(num != -1){
            bout.write(buf,0,num);
            bout.flush();
            num = bin.read(buf);
          }
            bout.close();
            bin.close();
            System.out.println("Receive Finished!");
        } catch (Exception e) {
            e.printStackTrace();
        }finally{
          try {
             socket.close();
          } catch (IOException e) {
             e.printStackTrace();
          }
        }
      }
    }
}
public class RTFReceiveFrame {
    private JFileChooser jfc;
    private JFrame fr;
    private ServerSocket ss;
    private Socket socket;
    private JButton btnAccept;
    private JButton btnCancel;
  public RTFReceiveFrame() {
        //界面布局
        jfc = new JFileChooser();
        fr = new JFrame("接收文件");
        JLabel lblMsg = new JLabel("Wait...");
        btnAccept = new JButton("Accept");
        btnCancel = new JButton("Cancel");
        JPanel pnlBtn = new JPanel();
        pnlBtn.add(btnAccept);
        pnlBtn.add(btnCancel);
        Container c = fr.getContentPane();
        c.setLayout(new BorderLayout());
        c.add(BorderLayout.CENTER,lblMsg);
        c.add(BorderLayout.SOUTH,pnlBtn);
        fr.setSize(200,300);
        fr.setVisible(true);
        //注册事件
        AcceptHandler ah = new AcceptHandler();
        btnAccept.addActionListener(ah);
        btnCancel.addActionListener(ah);
        fr.addWindowListener(new WindowHandler());
        //不断监听，并接收发送的文件名
        try {
```

```
            ss = new ServerSocket(5800);
            while(!ss.isClosed()){
                socket = ss.accept();
                DataInputStream din = new DataInputStream(socket.getInputStream());
                String fileName = din.readUTF();
                lblMsg.setText(fileName);
            }
        } catch (IOException e) {
            if(ss.isClosed()){
                System.out.println("End");
            }else{
                e.printStackTrace();
            }
        }
    }
    public static void main(String[] args) {
        new RTFReceiveFrame();
    }
    class AcceptHandler implements ActionListener{
        public void actionPerformed(ActionEvent e){
            //如果同意接收，则启动线程接收文件
            if(btnAccept == e.getSource()){
                jfc.showSaveDialog(fr);
                RTFReceive receive = new RTFReceive(jfc.getSelectedFile(),socket);
                receive.start();
            }else if(btnCancel == e.getSource()){
                System.out.println("user do not accept!");
            }
        }
    }
    //关闭窗口的同时回收资源
    class WindowHandler extends WindowAdapter {
        public void windowClosing(WindowEvent e) {
            System.out.println("Transfer file end!");
            try {
                ss.close();
                System.exit(0);
            } catch (IOException e1) {
                e1.printStackTrace();
            }
        }
    }
}
```

在该类的构造函数中创建了服务器端的 Socket 对象，如果当客户端发出连接请求并正确连接后，将读取客户端发来的文件名，并将文件名显示在 JLabel 标签中。

9.8.3 发送办公文件

当单击主界面菜单栏中"办公文件"菜单中的"发送办公文件"菜单项，将显示如图 9.13 所示的发送办公文件界面。

实现发送办公文件功能的类 RTFSendFrame 的具体代码定义如下：

图 9.13 发送办公文件界面

```
package socket;

import javax.swing.*;
import java.awt.*;
import java.awt.event.ActionListener;
import java.awt.event.ActionEvent;
import java.io.*;
import java.net.Socket;

class RTFSend extends Thread{
```

```
        private File sendFile;//用户选择的文件
        private Socket socket;
        private DataInputStream bin;
        private DataOutputStream bout;

        RTFSend(File sendFile) {
            this.sendFile = sendFile;
            //初始化 Socket 及其相关的输入/输出流
            try {
                socket = new Socket("localhost",5800);
                bin = new DataInputStream(
                        new BufferedInputStream(
                            socket.getInputStream()));
                bout = new DataOutputStream(
                            socket.getOutputStream());
            } catch (IOException e) {
                e.printStackTrace();
            }
        }

        public void run() {
            //send fileName
            try {
                //把文件名发送到接收方
                bout.writeUTF(sendFile.getName());
                System.out.println("send name" + sendFile.getName());
                //判断接收方是否同意接收
                boolean isAccepted = bin.readBoolean();
                //如果同意接收,则开始发送文件
                if(isAccepted){
                    System.out.println("begin send file");
                    BufferedInputStream fileIn = new BufferedInputStream(new
                            FileInputStream(sendFile));
                    byte[] buf = new byte[2048];
                    int num = fileIn.read(buf);
                    while(num != -1){
                        bout.write(buf,0,num);
                        bout.flush();
                        num = fileIn.read(buf);
                    }
                    fileIn.close();
                    System.out.println("Send file finished:" + sendFile.toString());
                }
            } catch (IOException e) {
                e.printStackTrace();
            }finally{
                try {
                    bin.close();
                    bout.close();
                    socket.close();
                } catch (IOException e) {
                    e.printStackTrace();
                }
            }
        }
    }
public class RTFSendFrame {
    private JFileChooser jfc;
    private JFrame fr;
    public RTFSendFrame() {
        //界面布局
        fr = new JFrame("文件发送");
        Container c = fr.getContentPane();
        c.setLayout(new FlowLayout());
        JButton btnSend = new JButton("发送");
        jfc = new JFileChooser();
        c.add(btnSend);
        fr.setSize(200,200);
        fr.setVisible(true);
        //为"发送"按钮注册事件
```

```
        btnSend.addActionListener(new SendHandler());
    }

    public static void main(String[] args) {
        new RTFSendFrame();
    }

    class SendHandler implements ActionListener{
        public void actionPerformed(ActionEvent e) {
            //弹出文件选择对话框
            jfc.showOpenDialog(fr);
            //启动新的线程传递文件
            RTFSend send = new RTFSend(jfc.getSelectedFile());
            send.start();
        }
    }
}
```

在该类的构造函数中根据 IP 地址和端口号创建客户端的 Socket 对象，向服务器端发出连接请求，当连接成功后将向服务器端发送文件。

9.9 用户管理模块

管理员可以对系统中的用户进行管理，包括查询用户信息、添加新用户、修改用户信息和删除用户。这些操作与管理员对固定资产的操作非常类似，限于篇幅，在此不再赘述，请读者参看本书附赠光盘中的代码结合前面对该模块功能的分析自行进行设计和实现。

9.10 小结

本章通过对贯穿全书的办公固定资产管理系统的系统分析、系统流程设计、数据库设计和功能模块实现的讲解，使读者对本书中所介绍的全部内容有了一个更加全面和综合的掌握，为读者今后独立进行 Java 应用程序的开发打下了良好的基础。

9.11 习题

实现办公固定资产管理系统的用户管理模块。

第 **10** 章

课程设计

　　为了配合 Java 语言课程教学，提高学生的实际动手开发能力，加强编程技巧的训练，同时适应软件项目开发的流程，我们根据教学及项目开发经验，设计了 3 个 Java 案例，给出了系统需求、功能设计、主要界面情况。读者根据这些要求，独立完成案例的开发，这样可以对 Java 编程有更深层的认识，为今后的职业生涯做好准备。

知 识 点

◎ 记事本

◎ 计算器

◎ 扫雷游戏

10.1 记事本

记事本是广大用户经常使用的便利的工具软件，它可以为用户编写和保存一些简单的文字信息。本课程设计要求读者设计一个记事本工具，该工具的设计必须包括以下两个部分。

10.1.1 界面设计

使用 Swing 组件包中的组件和容器来设计记事本的界面，在该界面中需要包括菜单栏、工具栏、记事本编辑区。记事本的界面如图 10.1 所示。

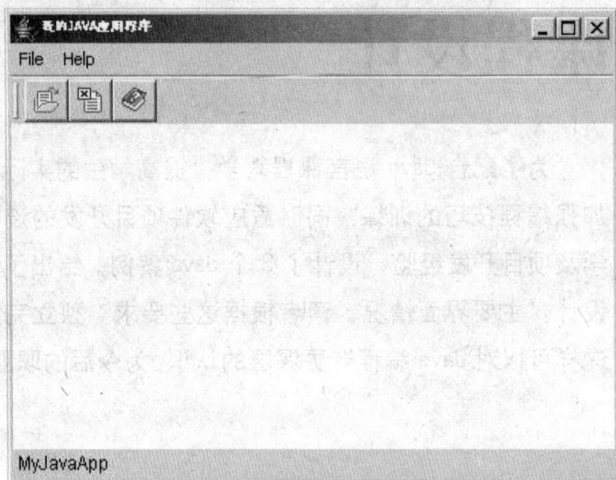

图 10.1 记事本界面

记事本界面中的组件的类型及名称如表 10.1 所示。

表 10.1 记事本界面中的组件说明

控件类型	控件名称	说明
JMenuBar	jMenuBar1	记事本中的菜单栏
JMenu	jMenuFile	菜单栏中的 File 菜单
JMenu	jMenuHelp	菜单栏中的 Help 菜单
JMenuItem	jMenuFileExit	File 菜单中的菜单项
JMenuItem	jMenuHelpAbout	Help 菜单中的菜单项
JToolBar	jToolBar	记事本中的工具栏
JButton	jButton1	工具栏中的按钮
JButton	jButton2	工具栏中的按钮
JButton	jButton3	工具栏中的按钮
JEditorPane	jEditorPane1	记事本中的可编辑容器
JPanel	contentPane	包含记事本中所有组件的容器

10.1.2　文件的打开和保存

记事本中一项重要的工作就是能够将用户在可编辑容器中输入的内容保存为文本文件，以及打开系统中已经存在的文本文件。这里需要使用 FileDialog 对话框来进行文件的选择，使用 Java I/O 流中的 FileReader 输入流和 FileWriter 输出流对文件进行打开和保存的操作。

10.2　计算器

计算器也是我们经常使用的工具软件。本课程设计要求创建一个具有简单运算功能的计算器，能够独立完成基本的数学计算。该工具的设计必须包括以下两个部分。

10.2.1　界面设计

使用 Swing 组件包中的组件和容器来设计记事本的界面，在该界面中需要包括代表各种按键的按钮以及显示计算结果的文本框，计算器的界面如图 10.2 所示。

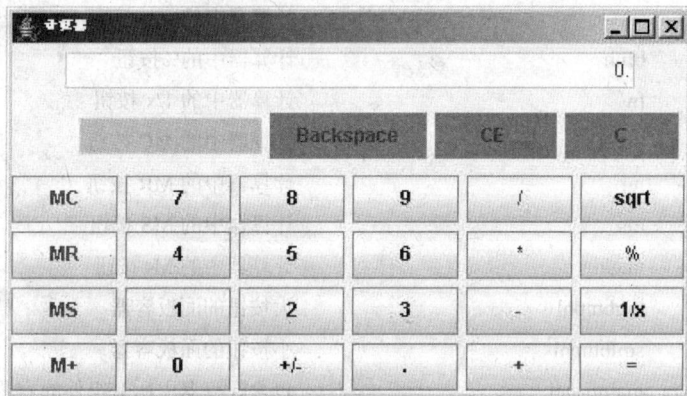

图 10.2　计算器界面

计算器界面中的组件的类型及名称如表 10.2 所示。

表 10.2　计算器界面中的组件说明

控件类型	控件名称	说明
JTextField	txt	显示计算结果的文本框，不可编辑
JButton	bcksp	计算器中的 Backspace 按钮
JButton	bce	计算器中的 CE 按钮
JButton	bc	计算器中的 C 按钮
JButton	b0	计算器中的 0 数字按钮
JButton	b1	计算器中的 1 数字按钮

（续表）

控件类型	控件名称	说明
Jbutton	b2	计算器中的 2 数字按钮
JButton	b3	计算器中的 3 数字按钮
JButton	b4	计算器中的 4 数字按钮
JButton	b5	计算器中的 5 数字按钮
JButton	b6	计算器中的 6 数字按钮
JButton	b7	计算器中的 7 数字按钮
JButton	b8	计算器中的 8 数字按钮
JButton	b9	计算器中的 9 数字按钮
JButton	bfh	计算器中的+/−按钮
JButton	jia	计算器中的+按钮
JButton	jian	计算器中的−按钮
JButton	cheng	计算器中的* 按钮
JButton	chu	计算器中的/ 按钮
JButton	dian	计算器中的.按钮
JButton	dnyu	计算器中的＝按钮
JButton	sqrt	计算器中的 sqrt 按钮
JButton	bfnh	计算器中的%按钮
JButton	fn	计算器中的 1/x 按钮
JButton	mc	计算器中的 MC 按钮
JButton	mr	计算器中的 MR 按钮
JButton	ms	计算器中的 MS 按钮
JButton	madd	计算器中的 M+按钮
JPanel	bigbtnpnl	大按钮的面板容器
JPanel	smlbtnpnl	小按钮的面板容器
JPanel	mainpanel	包含计算器中所有组件的容器

10.2.2 实现计算功能

实现基本的数据运算功能，包括加减乘除以及求倒数、百分号、求平方根等。因此在进行运算时需要一些变量进行数据保存或者判断，程序中用到的变量详细说明如下。

- num：double 类型，按下计算器中的运算符按钮后，该变量用来保存按下按钮之前的数据。
- dynum：double 类型，按"="时保存数据。
- sgn：char 类型，传递+、−、*、/符号。
- flg：boolean 类型，判断"."是否被按过。
- flag：boolean 类型，判断是否按下了"C"键。
- F：boolean 类型，用于判断运算符是否被按过。
- t：boolean 类型，判断"="是否被按过一次。

10.3 扫雷游戏

Windows 操作系统中自带的扫雷游戏，大家应该都曾经玩过，本课程设计就是使用 Java 语言类开发一个类似的游戏。该游戏的设计必须包括以下两个部分。

10.3.1 界面设计

使用 Swing 组件包中的组件和容器来设计扫雷游戏的界面，在该界面中需要包括游戏主界面、游戏控制按钮以及显示剩余雷数的计数器。扫雷游戏的界面如图 10.3 所示。

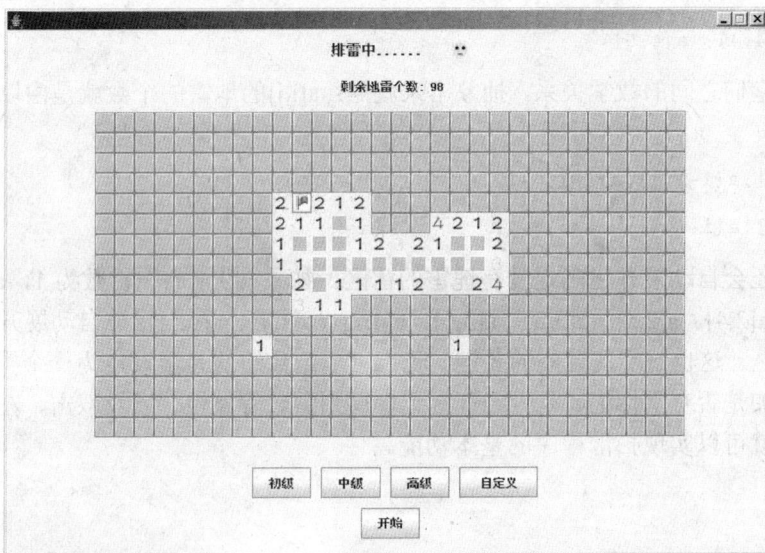

图 10.3 扫雷游戏界面

扫雷游戏界面中组件的类型及名称如表 10.3 所示。

表 10.3 扫雷游戏界面中的组件说明

控件类型	控件名称	说明
JButton	start	游戏开始按钮
JButton	lowLevel	设置游戏为初级的按钮
JButton	mediumLevel	设置游戏为中级的按钮
JButton	highLevel	设置游戏为高级的按钮
JButton	userDefine	设置游戏为自定义的按钮
JLabel	leftMine	显示剩余雷数的计数器标签
JButton[ ][ ]	button	游戏中表示地雷的小方格
JLabel[ ][ ]	label	游戏中显示当前小方格内容的标签

10.3.2 实现游戏功能

下面先简单阐述扫雷程序的基本思想。

首先在雷区上随机放上地雷，没有地雷的地方被点击后就会显示一个数字，表示它周围有几颗雷。为了实现该功能，我们可以把整个雷区看成一个二维数组 a[i,j]：

```
11 12 13 14 15 16 17 18
21 22 23 24 25 26 27 28
31 32 33 34 35 36 37 38
41 42 43 44 45 46 47 48
51 52 53 54 55 56 57 58
```

例如，要知道 a[3,4]周围有几个地雷，就只有去检测以下 8 个雷区是否放上了地雷：

```
a[2,3],a[2,4], a[2,5]
a[3,3],        a[3,5]
a[4,3],a[4,4], a[4,5]
```

仔细观察它们之间的数学关系，抽象出来就是：a[i,j]的地雷的个数就是由以下 8 个雷区决定的：

```
a[i-1,j-1],a[i-1,j],a[i-1,j+1]
a[ i ,j-1],         a[ i ,j+1]
a[i+1,j-1],a[i+1,j],a[i+1,j+1]
```

扫雷程序还会自动展开已确定没有地雷的雷区。如果 a[3,4]周围雷数为 1，a[2,3]已被标示为地雷，那么 a[2,4]、a[2,5]、a[3,3]、a[3,5]、a[4,3]、a[4,4]、a[4,5]将被自动展开，一直扩大到不可确定的雷区。这也是实现游戏的关键。我们可以把数组的元素设定为一个类对象，在它们所属的类中添加是否有雷标记、是否展开标记、周围雷数等属性，以及双击、左右单击的鼠标事件等方法，就可以实现扫雷程序的基本功能。

附录　习题参考答案

第1章

（1）开放的可扩展的 IDE：Eclipse 平台是一个开放的可扩展的 Java 集成开发环境，它允许工具开发者独立开发可以与其他工具无缝集成的工具。

独立的底层图形界面 API：Java 语言缺省的图形界面开发包 AWT 和 Swing 无论在速度和外观上都难以让人接受，Eclipse 中使用了自己编写的 SWT 开发包，从性能上和外观的美化程度上都得到了极大的提高。

强大的插件加载功能：整个 Eclipse 体系结构就像一个大拼图，可以通过不断地加载插件来实现功能的扩展，除了可以使用系统的插件之外，还支持用户插件，因此可以无限扩展，这也正是 Eclipse 的潜力和精华所在。

便于实现版本管理：Eclipse 平台提供了对于直接从工作区进行团队开发操作的支持。允许开发人员并发地与几个独立的资源库以及不同版本的代码或项目进行交互。

（2）安装步骤如下：

① 双击下载的 J2sdk-1_5_0-windows-i586-p.exe 安装文件，将弹出许可证对话框，并在其中选择 I accept the terms in the license agreement 单选按钮。

② 单击 Next 按钮，进入自定义安装对话框，在其中选择所需安装的 JDK 组件及其安装目录。

③ 修改安装路径后，单击 Next 按钮，将自动开始 JDK 的安装。在安装完 JDK 后自动进入到 JRE 的安装，JRE 的安装步骤同 JDK，进入自定义安装对话框后，单击 Change 按钮选择要安装 JRE 的路径。

④ 单击 Next 按钮，将显示浏览器注册对话框，在其中单击 Next 按钮。将进入自动安装过程。

第2章

① 单击 Eclipse 菜单栏中的 File→New→Java Project 选项，将弹出"创建 Java 项目"对话框，用来新建一个空的 Java 项目。

② 在 Project name 文本框中输入项目名称，其余的属性选项采用默认值，这样在工作空间就会建立一个同名的目录。然后单击 Next 按钮，将显示"Java 项目设置"对话框。在其中可以设置项目的编译路径、输出设置等属性。

③ 单击 Finish 按钮，就将完成 Java 应用程序项目工程的创建。

第3章

（1）class　public　static

（2）_aa　s$4　webHtml　userName

（3）① 8　② 2　③ true　④ 25311　⑤ 228 9　⑥ 2.0 2.1

第 4 章

（1）B （2）C （3）C （4）C （5）C

第 5 章

（1）B （2）B （3）C （4）C （5）B （6）A （7）A

第 6 章

（1）A （2）A

第 7 章

（1）B （2）B （3）C （4）B （5）D

第 8 章

（1）B （2）C （3）A （4）C （5）A （6）C